일본 위스키의 모든 것

JAPANESE WHISKY

브라이언 애시크래프트 지음

가와사키 유지 테이스팅 노트 ✣ 우에다 이즈히코 사진 ✣ 루 브라이슨 서문

이주민 옮김

책 소개

일본 위스키를 제대로 이해하려면 더 큰 맥락에서 이해해야 한다. 일본은 1500여 년간 언어, 종교, 문화를 수입해왔으며 이 세 가지 모두에 독특한 흔적을 남겼다. 일본인은 자신들이 원하거나 필요로 하는 것을 가져와서 현지인의 입맛에 맞게 수입품을 솜씨 있게 개량하고 현지화한다. 위스키가 바로 그런 경우이다. 어떻게 그런 일이 가능했을까? 그리고 왜 그렇게 했을까? 이 책의 1부에서는 일본의 역사, 문화, 종교가 일본 위스키에 어떤 영향을 미쳤는지 살펴본다. 2부에서는 오늘날 최고의 일본 위스키 제조업체들을 살펴보고 그 제품이 특별한 이유를 보여주면서 다양한 위스키에 대한 리뷰와 평점을 제공해 독자들이 현재뿐만 아니라 미래에 출시될 일본 위스키에 대한 유용한 정보를 얻을 수 있도록 한다. 마지막 장에서는 일본의 신생 증류소 몇 곳을 소개하고 향후 트렌드에 대해 논의한다. 이 책은 독립적인 저작물이다. 저자 중 누구도 일본 위스키 제조업체에서 일하거나 컨설팅을 한 적이 없으며, 검토하고 평가한 모든 위스키의 비용은 자비로 지불했다.

브라이언 애시크래프트는 애주가들에게 값진 선물을 선사했다. 일본 위스키의 기원과 생산자들에 대한 이야기, 현명한 위스키 선택을 위한 세심한 조언을 담은, 내가 간절히 바라온 지침서이다. 이제 이 책을 들고 당장 주류 매장으로 달려갈 일만 남았다.

애덤 로저스, 《와이어드*Wired*》 부편집장,
《프루프: 술의 과학*Proof: The Science of Booze*》 저자

단연 역작이다. 흡입력 있고 탄탄한 역사 서술과 믿을 수 있는 테이스팅 노트, 흥미로운 증류소 가이드, 수준 높은 사진을 한데 엮은 책이다.

크리스 번팅, 《드링킹 재팬*Drinking Japan*》 저자

이 책은 일본 위스키의 역사에 대한 깊은 통찰력과 함께 이 술이 지닌 특별함을 철저하게 파헤친다.

호르스트 뤼닝, 위스키닷컴*whisky.com* 운영자

모든 페이지마다 '생명의 물(위스키)'에 대한 애정이 빛을 발한다. 일본 위스키의 방대한 기록부터 생산 라벨에 대한 상세한 설명까지, 일본 싱글 몰트 위스키 한 잔을 곁들이기에 더없이 완벽한 동반자이다.

저스틴 매커리, 《가디언*The Guardian*》 도쿄 특파원

일본 위스키는 이제 막 100년의 역사를 넘어섰지만 현재 주요한 국제 대회에서 상을 모두 휩쓸고 있다. 어떻게 이런 일이 일어났으며, 일본 위스키 장인들의 비결은 무엇일까?

이 책은 이전에 공개되지 않았던 자료와 인터뷰를 통해 일본 위스키의 선구적인 제조자들의 잊힌 이야기를 들려준다. 일본산 오크(참나무)인 '미즈나라', 일본 보리, 일본 고유의 생산 방식 등 일본 증류업체가 사용하는 특별한 재료와 공정에 대해 상세히 설명한다. 또한 일본 위스키 애호가들과 그들이 즐겨 찾는 위스키는 사이의 밀접한 문화적 연관성을 살펴본다. 일본을 대표하는 위스키 리뷰어 가와사키 유지가 작성한 100여 편의 독립적인 테이스팅 노트를 소개하고, 일본에서 가장 유명한 싱글 몰트와 그레인 위스키 및 블렌디드 위스키에 대한 새로운 시각을 제시한다.

WHISKY DISTILLERY
No. 0001
LA CASTEL Cº
PURE MALT WHISKY
CADIZ
1923
YAMAZAKI
WHISKY DISTILLERY
No. 2K6002
POT STILL
PURE MALT WHISKY
1960
YAMAZAKI
WHISKY DIS
No. 2K6
POT STI
PURE MALT W
1960
YAMAZ

일러두기

◆ 외래어 표기는 국립국어원의 외래어 표기법을 따르는 것을 원칙으로 하되, 일부는 위스키 업계에서 통용되는 관용적 표현을 반영했다.

◆ 본문의 붉은 점(●)이 표시된 단어는 '용어 해설'(144~146쪽)에서 해당 설명을 확인할 수 있다.

일본 위스키는 어쩌다 그렇게 맛있어졌을까?

루 브라이슨Lew Bryson, 《위스키 마스터 클래스》 저자

2015년경까지만 해도 사람들이 나에게 일본 위스키가 정말 실재하느냐고 자주 물었다. 확실히 존재한다는 확신 다음의 질문은 필연적으로 '그럼 그게 맛이 있느냐'였다.

가장 확실한 대답은 '그렇다'이다. 일본의 위스키 산업은 상대적으로 젊고 증류소의 수도 적지만 위스키의 품질과 개성은 의심의 여지가 없다. 단순히 좋은 위스키가 아니라 훌륭한 위스키이며 그중 일부는 세계 최고로 손꼽히는 위스키이다.

일본 위스키는 어떻게 그렇게 좋은 술이 되었으며, 어쩌다 오랫동안 알려지지 않았을까? 위스키의 진화에서 나타나는 다른 많은 상황과 마찬가지로, 여기서도 핵심은 스카치 위스키였다. 1800년대 중·후반 일본이 수 세기에 걸친 고립에서 벗어나면서 지배층은 서양, 특히 해군 강국인 영국제국을 받아들였다. 그러면서 자연스럽게 스카치가 들어왔다.

1920년대 초, 일본 주류업계의 진취적인 거물 도리이 신지로鳥井信治郎는 위스키를 전 세계에서 수입하는 것보다 일본에서 직접 제조하면 큰돈을 벌 수 있다는 것을 깨달았다. 마침 일본의 젊은 화학자 다케쓰루 마사타카竹鶴政孝는 스코틀랜드에서 위스키 제조를 공부한 경험이 있었기에 일본에서 위스키를 만드는 데 필요한 것이 무엇인지 알고 있었다.

도리이는 지금의 산토리인 회사를 운영했고, 다케쓰루는 산토리의 증류소를 관리했다. 그러나 두 사람 사이에 이견이 생기면서 마찰이 발생했다. 다케쓰루는 독자적으로 닛카를 설립하고 자신의 증류소도 세웠다. 그 뒤로 두 회사는 또 다른 몰트 위스키 증류소를 세웠고, 그보다 훨씬 작은 규모의 다른 증류소들도 그 뒤를 따랐다.

일본 위스키는 번창했지만, 다른 위스키 산지, 특히 스코틀랜드의 위스키가 워낙 선구적이어서 전혀 두각을 드러내지 못했다. 현실적으로, 일본 위스키를 마시고 싶다면 일본에 가야만 했다.

운이 좋게도 나는 이러한 상황을 뒤집는 획기적인 순간을 함께할 수 있었다. 당시 잡지 《몰트 애드보케이트Malt Advocate》의 편집장이었던 나는 2005년 위스키페스트 시카고WhiskyFest Chicago에 참석했을 때 산토리 관계자들이 야마자키山崎 위스키 병을 쌓아놓고 테이블 뒤에서 머뭇대고 있는 모습을 보았다.

어떻게 될지 아무도 몰랐지만, 나는 쇼가 시작되기 전에 이 새로운 선시업제의 위스키를 맛보려고 그쪽으로 건너가보있다. 그

때까지 나는 일본 위스키를 마셔본 적이 없었다. 나는 18년 숙성 위스키를 요청했다. 한 모금 맛보자마자 입이 떡 벌어졌다. 정말 맛있었다! 여러 성분의 풍미가 조화를 이루고 있었고, 몰트 본연의 맛이 뚜렷했으며, 나무 향이 지나치게 강하지도 않았다. 나는 미소를 지으며 시음 관계자들에게 감사를 표했다. 그리고 그날, 내게 위스키를 추천해달라는 사람들에게 이렇게 답하기 시작했다. "야마자키 한번 마셔보세요."

소문을 퍼뜨린 사람이 나만은 아니었나 보다. 쇼가 끝날 즈음 산토리 관계자들은 멍한 표정으로 미소 지으며 빈 테이블 뒤에 서 있었다. 자신들의 제품에 열광적인 반응을 보여준 사람들에게 둘러싸인 채로. 내가 그 테이블에 들러 축하 인사를 건네자 그들은 미소 지은 채 고개 숙여 감사를 표했다. 그들이 내게 왜 그런 인사를 했는지 잘 모르겠다! 위스키페스트에 참석한 소매업자, 위스키 바 주인, 영향력 있는 위스키 소비자 등 참석자들의 영향력 덕분에, 야마자키만이 아니라 일본 위스키 전체가 미국에서 주목받게 되었다.

소식이 빠른 사람들은 일본 위스키에 뛰어들었다. 훌륭한 품질에 비해 잘 알려지지 않아서 한동안 저렴한 가격에 판매되기도 했다. 나는 시음 행사 때마다 일본 위스키를 선보였다. 행복한 시간이었다.

수요가 급격히 늘면서 오래 숙성된 위스키의 재고가 빠르게 고갈되자 현실이 발목을 잡았다. 일본 증류업체는 그 흐름을 따라가기 쉽지 않았다. 증류 과정을 가속화할 수는 있어도 위스키 숙성에는 시간이 걸리기 때문에 서두를 수 없었다. 이런 사정으로 지금은 찾기 힘든 위스키일수록 가격이 높아진 상태다.

위스키 시장은 가이드가 필요한 곳이다. 이 책의 독자들에게 축하를 전한다. 당신은 가이드를 찾았다! 브라이언 애시크래프트의 일본 위스키 가이드를 따라가면 실제로 구매 결정을 내리는 데 필요한 세부 정보를 얻을 수 있다. 위스키의 맛은 어떨까, 누가 실제로 위스키를 만들까, 어떻게 만들까? 흥미롭고 체계적인 가이드를 통해 이 모든 것을 파악할 수 있다.

지난 십수 년 동안 일본 위스키와 전 세계 위스키 산업은 급격한 수요 증가에 놀라움을 금치 못했다. 앞으로 상황이 나아질 것이고, 더 많은 공급이 이루어질 것이다. 그러는 동안 위스키에 대해 알아보고 현명하게 선택해서 즐겨보시길!

1부

일본 위스키, 성년이 되다

위스키에 대한 전 세계적 열풍은 그리 오래되지 않았지만, 일본은 100년 동안 위스키를 만들어왔다. 일본인들이 위스키를 마셔온 역사는 그보다 길다. 1923년 일본 최초의 합법적인 위스키 증류소인 야마자키 증류소가 세워졌고, 이듬해인 1924년부터 위스키 제조가 본격적으로 시작되었다. 제대로 된 위스키 제조 과정은 1918년 다케쓰루 마사타카라는 젊은 화학자가 스코틀랜드로 건너가 직접 위스키 제조법을 배운 후에야 알려졌다.

길을 열어준 이들은 스코틀랜드인이었을지 모르지만 위스키를 처음 소개한 이들은 미국인이었다. 1853년 7월, 200여 년간 이어진 자발적 고립을 깨뜨리고 일본을 강제로 개방하기 위해 미 해군 함정이 도쿄만에 나타났을 때다. 미국인들은 '양키의 노하우'를 과시하기 위해 미니어처 증기기관차, 초창기 카메라, 전신기 telegraph 등 다른 선물과 함께 위스키가 담긴 캐스크•를 가져왔다. 그로부터 100년에 걸쳐 일본은 이 모든 것을 마스터해 세계 최고 수준의 기차, 카메라, 통신 시스템을 생산하게 된다. 그리고 이제 일본 위스키는 스코틀랜드·아일랜드·캐나다·미국 위스키와 나란히 세계 5대 클래식 위스키로 꼽힌다.

20세기 내내 일본 위스키는 그에 걸맞은 존경을 받지 못했으나 이제는 상황이 바뀌었다. 2001년부터 2017년까지, 산토리 Suntory(サントリー)와 닛카Nikka(ニッカ)의 위스키는 업계에서 가장 권위 있는 국제 대회에서 각각 100회 이상 수상했으며, 벤처 Venture(ベンチャ) 위스키, 마르스Mars(マルス), 기린Kirin(キリン) 증류소와 같은 다른 일본 제조업체도 수상과 함께 국제적 찬사를 받았다. 이렇듯 현재 일본 위스키는 세계 최고의 자리를 차지한다. 일본의 증류업체와 블렌더blender(서로 다른 원액을 섞어 새로운 위스키를 만드는 전문가) 또한 그 우수성을 인정받았다.

일본 위스키가 쌓아올린 것은 수상 경력만이 아니다. 1980년대 이후 서서히 감소하던 일본 위스키 판매량은 산토리의 하이볼 캠페인 덕분에 2008년부터 다시 증가하기 시작했다. 2014년에는 야마자키 증류소를 창립하고 초창기에 경영을 맡은 다케쓰루 마사타카의 삶을 다룬 일본 드라마 〈맛산マッサン〉의 영향으로 매출이 124%로 급증했다. 닛카는 수상으로 국제적인 관심을 끌면서 1년 만에 요이치余市 증류소와 미야기쿄宮城峡 증류소에서 숙성 기간을 표기한 위스키를 더는 출시하지 못하게 되었다. 재고가 없었기 때문이다. 15년 전만 해도 일본뿐만 아니라 전 세계에서 일본 위스키를 그리 많이 마시지 않고 그만큼 생산량도 적었다는 뜻이다. 닛카는 어쩔 수 없이 라인업을 개편해 숙성 기간 표기가 없는

싱글 몰트 위스키•를 출시했다. 마찬가지로 산토리의 야마자키 몰트도 숙성 기간을 표기한 제품이 일시적으로 매장에서 사라진 것처럼 보였다. 몇십 년 전만 해도 일본의 위스키 제조업체들은 자신들이 세계에서 가장 인기 있는 위스키, 나아가 가장 비싼 위스키를 만들고 있다는 사실을 알 수 없었을 것이다.

경매에서는 희귀한 일본 위스키가 엄청난 가격에 낙찰된다.

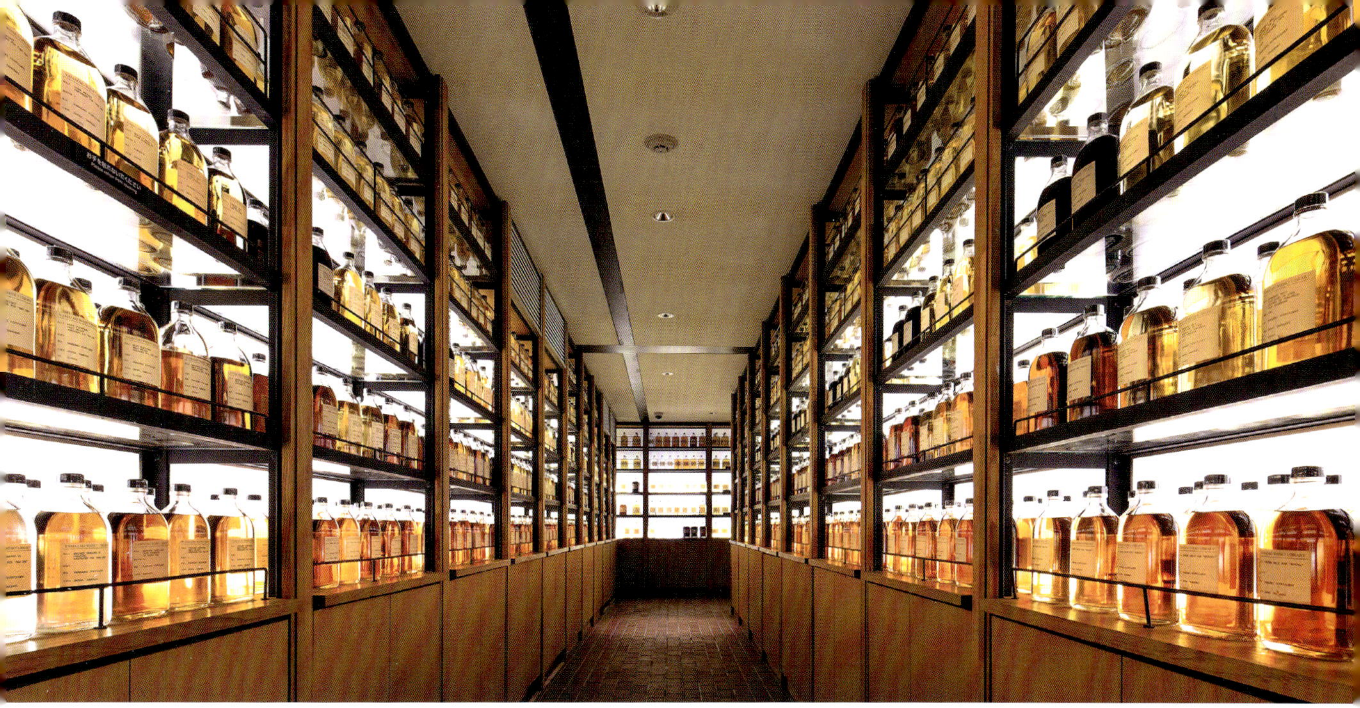

8쪽 산토리는 1984년에 첫 야마자키 싱글 몰트를 출시했다. 같은 해, 닛카는 지금은 요이치 증류소라고 부르는 닛카 홋카이도 증류소에서 싱글 몰트를 출시했다.

위 산토리 야마자키 증류소의 방문객은 위스키 라이브러리에 있는 수천 개의 샘플을 살펴볼 수 있다.

위 많은 일본 바텐더가 흰색 셔츠와 넥타이 차림이지만 모두가 그런 것은 아니다. 오사카시 다카쓰키高槻에 있는 후쿠다 바福田バー의 후쿠다 유타카는 녹색 기네스 티셔츠를 입고 있다. 이 바에는 일본 위스키 외에도 스카치, 버번 등 다양한 종류의 위스키가 준비되어 있다.

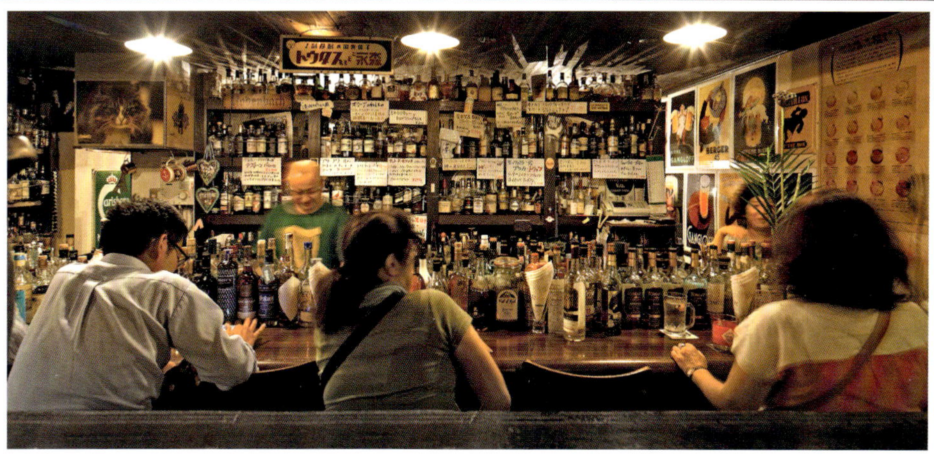

2015년에는 옛 하뉴羽生 증류소의 54병 세트가 380만 홍콩달러(미화 48만 6588달러)에 낙찰되었고, 2년 후에는 한 입찰자가 52년 산 가루이자와軽井沢에 129만 8000홍콩달러(미화 16만 6207달러)를 써냈다. 하뉴와 가루이자와처럼 지금은 사라진 옛 증류소에서 생산된 위스키에만 입이 떡 벌어지는 가격을 부르는 것은 아니다. 2016년에는 50년 숙성 야마자키 한 병이 경매에서 85만 홍콩달러(미화 10만 8842달러)에 낙찰되어 역대 가장 비싼 위스키로 기록되기도 했다. 하지만 희귀한 위스키만 가격이 비싼 것도 아니다! 숙성 기간 표기가 없는 일본산 싱글 몰트 위스키와 블렌디드 위스키•도 프리미엄 가격에 판매되고 있으며, 종종 오래된 스코틀랜드산보다 약간 더 비싼 가격에 판매되기도 한다. 하지만 위스키 팬들은 그만한 가치가 있다고들 말한다.

일본 위스키 산업은 1980년대 초반의 전성기를 되찾지는 못했지만, 해외에서의 관심 증가와 증류소에서 생산한 고품질 위스키 덕분에 해마다 매출이 증가해 그 어느 때보다 호황을 누리고 있다. 불과 몇 년 전만 해도 위스키는 오래되고 고루하고 힙하지 않다고 생각했던 일본 소비자들이 싱글 몰트 위스키, 고가의 블렌디드 위스키, 하이볼을 전국의 레스토랑, 바, 가정에서 즐기며 또 다시 위스키 애호가로 변신하고 있다.

이 책에 소개된 증류소들은 세계적인 수준의 높은 평가를 받는 위스키를 생산한다. 품질을 칭찬으로 측정한다면, 일본 증류소

에서 만드는 위스키보다 더 좋은 위스키는 거의 없을 정도이다.

일본 최대·최고의 위스키 제조업체

일본 문화에서 '류코龍虎(용호)'는 '용과 호랑이'라는 뜻으로, 거대한 두 라이벌을 가리킨다. 일본 위스키의 경우 산토리와 닛카가 바로 그들이다. 《닛케이 비즈니스 데일리*Nikkei Business Daily*》의 2016년 추산에 따르면 산토리가 위스키 시장 점유율의 56.3%를, 닛카가 27.8%를 차지하고 있으며, 나머지는 다른 생산업체가 나눠 갖고 있다. 위스키 애호가 중에는 산토리의 제품을 선호한다고 말하는 사람도 있고, 닛카의 제품을 가장 좋아한다고 말하는 사람도 있다. 위스키 애호가인 우리는 두 가지가 다 있다는 사실에 감사해야 한다.

우리가 알고 있는 일본 위스키는 산토리와 닛카, 그리고 산토리와 닛카를 설립한 도리이 신지로와 다케쓰루 마사타카가 없었다면 탄생할 수 없었을 것이다. 하지만 산토리와 닛카만 있는 것은 아니다. 사실 1950년대 중반부터 1960년대 초반까지 닛카는 일본에서 두번째로 많이 팔린 브랜드가 아니었다. 오션Ocean(オーシャン) 위스키에 이어 세번째였다(오션 위스키, 그리고 지금은 철거된 가루이자와 증류소에 대한 자세한 내용은 28쪽 참조). 그러다 1965년경에 닛카가 산토리에 이어 2위로 올라서면서 상황이 바뀌었다. 그로부터 수십 년이 흐른 오늘날 기린, 마르스, 화이트 오크White Oak(ホワイトオーク) 위스키, 벤처 위스키는 저마다 고유한 방식과 역사를 자랑한다. 이들 모두가 빛나는 수상 경력에 어울리는 세계적 수준의 제품을 생산한다.

하지만 일본 위스키는 여기서 멈추지 않는다. 새로운 증류소들이 문을 열고 저마다의 이야기를 들려주고 있다. 이 글을 쓰는 시점에도 새로운 위스키 증류소가 막 생산을 시작했다. 점점 더 많은 일본 주류 회사가 위스키를 생산 라인업에 포함하거나 위스키 생산을 재개하는 중이다. 시간이 지나면 새로 문을 연 증류소와 재개된 증류소가 더 뛰어난 위스키를 선보일 것으로 기대한다. 언젠가는 이들이 일본 최고의 위스키와 어깨를 나란히 하게 될지도 모른다.

오른쪽 산토리 위스키의 마스터 블렌더 후쿠요 신지가 히비키 21년으로 상을 받고 있다. 이 위스키는 월드 위스키 어워즈에서 연속으로 수상했다.

맨 오른쪽 닛카의 마스터 블렌더 사쿠마 다다시는 다케쓰루 퓨어 몰트 17년으로 세계 최고의 블렌디드 몰트상, 최고의 일본 블렌디드 몰트상을 수상했다.

철자법에 대한 참고 사항

영어로는 '일본 위스키Japanese Whisky'로 표기하는데, 일반적으로 병과 라벨에 'whisky'에 'e'가 없는 스코틀랜드의 전통을 따른다. 캐나다·아일랜드·미국에서는 위스키에 'e'를 붙인 'whiskey'가 일반적인 철자이다. 하지만 이러한 구분이 항상 철칙인 것은 아니다. 예를 들어, 미국인들은 'whisky'와 'whiskey' 모두 사용해왔다. 이런 불일치는 이제 서로 다른 전통을 구분하는 하나의 방법이 되었다. 그러나 일본 위스키 철자는 스카치 위스키의 영향을 인정하는 증거인 동시에, 일본에서 위스키라는 단어에 관한 언어학적 역사의 산물이기도 하다.

1814년, 일본에서 초창기 영어-일본어 사전이 출판되었다. 당시 일본에서 무역이 허용된 유일한 서양인이었던 네덜란드인이 의뢰한 이 사전은 단어가 네덜란드식 발음으로 표기되어 있어 영어 원어민과 소통하고자 하는 사람에게는 다소 쓸모없는 사전이었다. 특히 네덜란드인이 전통적으로 진을 즐겨 마셨기 때문인지 '위스키'라는 단어조차 수록되지 않았다. 하지만 최초의 제대로 된 영어-일본어 사전에는 '위스키'라는 단어가 있었다. 약 50년 후인 1862년에 출간된 이 사전은 페리 제독의 방문 당시 통역관이었던 호리 다쓰노스케가 편찬했다. '수염whisker'과 '속삭임whisper' 사이에 '위스키whisky'라는 항목이 있는데, 이 단어에는 'e'가 없다(당시 영국과 미국에서는 위스키의 철자가 아직 유동적이어서 두 나라 모두 'e'를 붙이기도 하고 빼기도 했다). 1862년의 사전에서는 위스키를 "독한 음료의 이름"이라고 정의한다. 맞는 말 같다.

일본어로 위스키를 표기하는 표준 방법은 'ウイスキー(우이스키이)'이다. 하지만 20세기 초에는 위스키를 'ウイスキ(우이스키)' 'ヰスキー(위스키이)' 'ウヰスケ(우이스케)' 등 여러 가지 방법으로 표기했다. 고토부키야壽屋(현 산토리)가 최초의 진정한 일본 위스키인 시로후다白札(화이트 라벨)를 출시했을 때 위스키는 '우물'을 뜻하는

왼쪽은 1940년에 출시된 닛카의 첫 위스키 포스터, 위는 1960년대의 토리스 광고판, 아래는 2017년 삿포로에 있는 닛카 광고. 일본어로 '위스키'를 뜻하는 세 가지 철자가 다르다.

한자 井(이)를 더해 'ウ井スキー(우이스키이)'였다. 제2차 세계대전 이후 수십 년 동안 산토리는 'ウイスキー(우이스키이)'라는 표준 명칭으로 변경해서 사용했다.

초기에 닛카는 한자와 가타카나를 섞어 'ウ井スキー(우이스키이)'라고도 썼다. 간단히 말해, 일본의 복잡한 문자 체계에서는 표의문자에는 한자를, 동사 활용 또는 한자 대용에는 히라가나 문자를, '위스키'와 같은 수입 외래어와 의성어에는 가타카나 문자를 사용한다. 따라서 닛카가 위스키를 '우물'을 뜻하는 한자 井(이)와 소리 나는 가타카나 문자를 섞어서 'ウ井スキー(우이스키이)'로 표기한 것은 좋은 위스키에는 좋은 물이 필요하다는 다케쓰루 마사타카의 신념을 드러내는 방식이었다. 그러나 오늘날 닛카에서는 공식적으로 원래 한자 井을 기반으로 한 일본 가타카나 문자 ヰ(이)를 사용해 'ウヰスキー(우이스키이)'로 표기한다. 닛카가 표기를 바꾼 이유는 무엇일까? 공식적인 이유는 1952년 '닛카 위스키'라는 회사명을 등록할 때 표준 일본어에서 권장하지 않는, 한자와 가타카나의 혼용을 피하기 위해서이다. 닛카는 한자 대신 가타카나 문자 ヰ

(위)를 사용하는 방식을 택했다. 닛카의 웹사이트와 요이치 증류소 정문에는 독특한 'ウヰ스키—(우이스키이)'가 등장한다. 하지만 이전 스타일인 'ウ井스키—(우이스키이)'도 여전히 요이치 사진 촬영 명소에서 볼 수 있다. 또한 소비자의 이해를 돕기 위해, 닛카에서 출시하는 모든 위스키 병에 일본에서 나오는 모든 위스키와 마찬가지로 표준화된 'ウイスキー(우이스키이)'가 작은 글씨로 표기되어 있다.

일본어의 이러한 변형은 영어의 whisky와 whiskey 갑론을박에 가장 가깝지만, 이 책은 일본·스코틀랜드·캐나다 위스키는 'whisky', 미국·아일랜드 위스키는 'whiskey'라는, 지역별로 통용되는 철자법을 따른다.

일본의 위스키 역사가 시작되다

1853년 7월 8일, 미국 군함 네 척이 석탄 증기기관에서 연기를 내뿜으며 해안을 향해 대포를 겨누고 도쿄만으로 다가갔다. 일본인들은 이 배를 구로후네黑船, 즉 '검은 배'라고 불렀다. 오늘날에도 이 용어는 외부에서 들어와 기존 상황을 뒤흔드는 것을 묘사하는 데 사용된다. 미국이 일본과 접촉한 것이 이때가 처음은 아니었지만, 매슈 페리Matthew C. Perry 제독은 일본을 강제로 개방시켜 외교 관계를 맺고 무역을 하고자 했다. 1630년대에 일본은 포르투갈 선교사들을 쫓아내고 네덜란드·조선·중국과의 국제 무역을 제한하는, 이른바 '사코쿠鎖国(쇄국)' 고립주의 정책을 실시했다.

철수하라는 경고가 무시되자 일본은 어쩔 수 없이 물러섰다. 그 후 며칠 동안 사무라이들은 페리 제독의 증기 호위함에 승선해 회담을 시작했다. 영토 확장과 함선 외교를 내세운 미국인들은 불청객이었지만, 배에서는 멀쩡한 호스트라면 당연히 해야 할 일을 했다. 바로 미국 위스키를 대접한 것이다. 듣자 하니 이 증류주는 히트작이었다. 미국 측 공식 보고서에 따르면 적어도 사무라이 관료들은 이 서양의 증류주를 설탕과 섞어 "엄청나게 많이" 마시며 "즐기는 것 같았다"고 한다.

페리 제독은 며칠 후인 7월 17일에 일본을 떠났지만, 이듬해인 1854년 2월 더 많은 함선에 병력과 술을 싣고 돌아왔다. 서양의 우월함을 과시하기 위해 천황과 최고위 사무라이들에게 줄 선물도 가져왔다. 그러나 페리 제독은 자신이 일본의 실질적 통치자인 쇼군의 대표단이 아니라 제국의 보좌관들을 만나고 있다고 생각했기 때문에 진짜 천황이 누구인지, 그가 무슨 일을 했는지 전

혀 알지 못했다. 일본인들은 네덜란드의 서적과 보고서, 지도 덕분에 미국인들이 일본인에 대해 아는 것보다 미국인에 대해 훨씬 더 많이 알고 있었다! 300여 킬로미터 떨어진 교토에 있던 진짜 천황은 미국산 위스키라면 한 배럴•(또는 샴페인, 망원경, 머스킷 총, 검, 권총, 향수, 책 등 양키들이 가져온 그 어떤 선물)도 원하지 않았을 것이다. 고메이孝明 천황이 바란 것은 오로지 미군이 떠나는 것이었다. 그는 여생을 그 야만인들이 떠나주기를 기도하며 보냈다. 저녁에 샴페인을 몇 병씩 마셨다고 알려진 아들 메이지明治 천황이 외국 술을 좋아했을 뿐만 아니라 근대화와 서구화를 추진했다는 사실을 그가 알았다면 경악했을 것이다.

고메이 천황이 못마땅해하는 동안 충성스러운 사무라이들은 곤욕을 치르고 있었다. 양국이 첫 외교 조약을 체결하기 불과 며칠 전인 같은 해 3월 27일, 미국인들은 일본 측 대표단을 위해 미 해군전함 포우하탄Powhatan호 선상에서 축하 파티를 열었다. 승

12쪽 포우히탄호에서 음식과 술을 나누는 사무라이들과 해군 장교들.

위 가운데가 접히는 일본 병풍. 1853년에서 1868년 사이에 제작된 것으로 추정되며, 페리 탐험대가 가져온 선물이 그려져 있다. 가운데에 미국 위스키로 채워졌을 것으로 추정되는 캐스크가 있다. (도쿄대학교 역사학연구소)

무원 J. W. 스팰딩Spalding은 회고록에서 말 그대로 '쾅' 하는 소리로 시작된 호화로운 연회를 생생하게 묘사했다. 곡사포 시범이 끝난 후 저녁 식사가 제공되었는데, 일본 대표단을 훨씬 더 사교적으로 만든 것은 술이었다고 스팰딩은 전했다. "존 발리콘John Barleycorn은 특히 조약 체결 시 이런 사람들에게 매우 강력한 힘을 발휘한다."

'존 발리콘'이란 보리와, 보리로 만드는 알코올 음료, 즉 몰트 맥주와 위스키를 의인화한 것이다. 스코틀랜드의 위대한 시인이자 위스키 애호가인 로버트 번스Robert Burns가 1782년에 존 발리콘에 대한 발라드 형식의 시를 발표한 적이 있었으니, 당시 미국 전함에서는 미국 위스키뿐 아니라 스카치 위스키도 제공되었을 것이라고 작가 쓰치야 마모루土谷守는 주장했다. 그럴지도 모르지만 19세기 미국에서 '존 발리콘'은 스카치만을 가리키는 말은 아니었다. 맥주를 뜻할 때도 있고 미국 위스키를 가리킬 때도 있었다. 예를 들어, 1854년 8월 30일자 《워싱턴 텔레그래프*Washington Telegraph*》는 "미국 대통령이 일본 천황에게 보낸 여러 선물 중에 미국산 위스키 한 배럴도 있다"라고 보도하

19세기 히로시게広重 목판화. 미국 구로후네(검은 배)에서 연기가 피어오른다.

면서 "공화주의자 존 발리콘"이 천황에게 어떤 영향을 미치는지 알고 싶다고 덧붙였다. 여기서 '공화주의자'는 일본의 황제 통치자와 대조되는 미국의 민주 정부를 의미한다. 이것이 어떤 종류의 미국 위스키였는지를 알려주는 기록은 남아 있지 않은 것 같다. 미국인들이 맥주도 가져왔으니 맥주가 스팰딩이 언급한 "매우 강력한" 존 발리콘일 수도 있다. 맥주는 네덜란드인이 먼저 소개했기 때문에 일본인에게 새로운 술은 아니었다. 그러나 페리가 도착한 뒤에 한 일본인이 남긴 기록에는 맥주를 "말 오줌"에 비유한 내용이 있다.

전함에서 내온 술이 미국산 위스키든 스카치 위스키든 '말 오줌'이든, 이 행사는 꽤나 흥겨운 파티였던 것으로 보인다. 나중에 연회가 끝나고 당시 완전히 취한 일본 대표단이 배를 떠날 때 그중 한 명이 "일본과 미국은 같은 마음"이라는 "일미동심日米同心"을 외치며 자신에게 팔을 뻗었다고 페리 제독은 회상했다. 술에 취한 그 사무라이는 제독의 새 견장을 망가뜨렸다.

일본 전통주: 사케와 쇼추

미국 위스키가 일본에 들어오기 훨씬 이전부터, 그리고 위스키보다 먼저 알려진 와인, 맥주, 진 등 다른 서양 술이 전해지기 전부터 일본에는 이미 일본 고유의 음주 전통이 있었다. 일본 위스키는 흔히 백지 상태로 소개되곤 한다. 그러나 일본 위스키를 제대로 이해하려면 현재 일본 현지의 증류주와 양조주에는 어떤 것들이 있는지, 그리고 이것들이 일본 위스키에 직간접적으로 어떤 영향을 미쳤는지 알아야 한다.

사케

'사케sake'라는 용어는 번새 영어에서 널리 사용되지만, 일본어에서 '사케酒'와 더 공손한 '오사케お酒'는 모든 술을 지칭하기도 한다. 정확히 말하면, 모든 술이 아닌 사케를 지칭할 때는 혼동을 피하기 위해 문자 그대로 '일본 술'이라는 뜻의 '니혼슈日本酒'를 쓴다.

3세기 중국 기록에서는 일본인들이 사케를 좋아한다고 언급되어 있으며, 8세기에 쓰인, 일본에서 가장 오래된 연대기《고사기古事記》에서도 사케가 언급된다. 사케는 종교 의식과 축하 행사에 쓰이며, 일본 문화의 영혼을 상징한다.

위스키와 사케가 완전히 다른 술인데도 1950년대 후반까지 영어권 저자들은 사케를 '일본 위스키'로 정의했다. 여기에는 역사적 선례가 있다. 스코틀랜드계

맨 위 오사카 기요쓰루주조清鶴酒造의 양조자들이 프리미엄 사케를 위해 도정률 35%의 쌀을 씻고 있다.

바로 위 찐 쌀은 누룩 접종을 위해 식힌다.

왼쪽 쌀은 전통적으로 일본 삼나무로 만든 고시키라는 통에 넣어서 찐다.

미국인 모험가 래널드 맥도널드Ranald MacDonald는 1848년에 죽음을 무릅쓰고 무허가 항구를 통해 일본에 들어와 사무라이들에게 영어를 가르칠 정도로 현지의 신뢰를 얻었다. 그리고 10년 뒤 미 해군이 일본에 찾아왔을 때 영어로 큰 도움을 주었다. 맥도널드는 나중에 사케를 "위스키와 매우 비슷하다"라고 묘사하면서 "쌀을 증류한 것"이라고 잘못 설명했다. 페리 제독의 탐험 공식 보고서에서도 사케를 "쌀을 증류한 위스키의 일종"이라고 표현해 같은 실수를 저질렀다. 위스키가 대체로 투명하니까 사케도 증류주라고 생각했을 가능성이 높다.

쌀을 발효시켜서 만드는 사케는 양조주醸造酒로, 만드는 과정은 다음과 같다. 우선 쌀을 곱게 도정해 물에 담가 두었다가 찐다. 이 찐 쌀은 '고지균(누룩균)麴菌'이라는 누룩곰팡이와 효모* 스타터의 도움으로 효소*가 분해되어 전분이 당분으로 바뀐다. 알코올 생산의 필수 단계인 사케의 발효 과정은 위스키나 맥주보다 훨씬 더 복잡하다. 하지만 일본에서는 양조장 집안 출신이거나 양조장 마스터로 일한 경험이 있어 사케에 대한 배경 지식을 갖춘 증류주 업자가 드물지 않다. 미국 위스키 업계에서 일한 최초의 일본인인 다카미네 조키치高峰讓吉는 사케 양조장 집안 출신이며(자세한 내용은 24쪽 참조), 일본 위스키의 아버지로 불리는 닛카의 창립자 다케쓰루 마사타카도 사케 양조장 집안 출신이다. 위스키와 사케의 인연은 오늘날에도 계속되고 있다. 지치부秩父 증류소의 아쿠토 이치로肥土伊知郎는 사케 양조장의 대를 이은 인물이며, 아카시あかし 화이트 오크 위스키 증류소의 마스터 증류사는 수십 년 동안 사케를 만들다가 위스키 증류 일을 하게 된 인물이

다. 물론 사케는 위스키와 다른 술이지만, 일본 위스키 증류소에 영향을 미치기도 한다. 일본의 여러 위스키는 보통 사케나 와인을 연상시키는 우아하고 기분 좋은 마우스필•을 가지고 있다.

쇼추

위스키는 사케보다는, 말 그대로 '태운 술'이라는 뜻을 가진 쇼추焼酎와 공통점이 더 많다. 이 술의 증류법은 중국에서 일본으로 건너왔다는 설이 있으며, 증류법이 발명된 곳은 중국으로 알려졌다. (또 다른 설은 동남아시아를 통해 당시 완전히 다른 왕국이었던 오키나와를 거쳐 일본 본섬으로 들어왔다는 것이다.) 쇼추에 대한 최초의 직접적인 언급은 16세기에 작성한 것으로, 현재 쇼추로 유명한 가고시마의 한 신사에서 발견되었다. 신사의 주지가 너무 인색한 나머지 자신들에게 쇼추를 주지 않았다고 두 목수가 나무판자에 적은 기록이다. 전통적으로 쇼추는 초기 스카치가 그랬듯이 가정에서 만들었다. 19세기 후반에 이르러서야 기업들이 쇼추를 증류해 판매하기 시작하면서 쇼추 산업이 등장했다. 오늘날 규슈에는 최고의 쇼추 증류소가 많이 있으며 훌륭한 쇼추를 생산하고 있다. 역사적으로 쇼추는 술꾼이나 하층민이 마시는 술로 여겨졌지만, 1980년대에 투명한 술white liquor 붐이 일면서 상류 사회에서 받아들여졌다. 2003년에는 처음으로 사케를 앞지르기 시작했다.

혼카쿠쇼추本格焼酎, 즉 '본격 쇼추'는 쌀, 보리, 사탕수수, 메밀, 고구마, 당근, 케일, 토마토, 밤, 심지어 선인장 같은 다양한 주재료로 만들 수 있다. 주재료를 찐 뒤에 쌀 전분을 당으로 바꾸는 일본 토착 미생물인 고지균을 접종한다. 이것을 발효한 매시•에 넣고 한 번 더 발효시켜서 한 번 증류하는 것이 보통이다. 고루이쇼추甲類焼酎는 연속 증류 방식으로 만들어서 맛과 개성이 약하다. 혼카쿠쇼추는 일반적으로 철제 팟 스틸•에서 증류하는데, 위스키 스틸•처럼 생긴 쇼추용 구리 팟 스틸도 있으며 일부는 실제로 쓰였다! 이것이 무기조추麦焼酎, 즉 보리 쇼추가 위스키와 가장 유사한 이유 중에 하나다. (최근 몇 년 사이에는 피트peated 무기조추도 매장에 등장하기 시작했다. 피트에 대한 자세한 내용은 34쪽 참조) 무기조추 증류소를 둘러보면 위스키 증류소와 비슷한 풍경, 소리, 냄새를 떠올릴 수 있다. 캐스크가 가득한 쇼추 숙성 창고에서 위스키 애호가들에게 익숙한 부드럽고 달콤한 향이 은은하게 퍼진다.

그러나 쇼추의 숙성 기간은 위스키의 경우보다 일반적으로 짧으며, 최상의 맛을 내는 기간sweet spot은 보통 한 달에서 3년 사이이다. 물론 예외도 있지만, 위스키와 달리 쇼추를 마시는 사람들은 짙은 호박색이나 갈색 술을 기대하지 않기 때문에 쇼추는 그보다 더 오래 숙성하지 않는 것이 일반적이다. 전통적으로 쇼추는 항아리에서 숙성하지만, 캐스크에서 숙성하는 것이 새로운 방법은 아니다. 1950년대 중반, 덴엔주조田苑酒造는 보리 스피릿•을

맨 오른쪽부터 시계 방향으로
· 가메甕라고 불리는 항아리 뒤편에는 나무로 만든 스틸(증류기)이 있다.
· 노동자들이 고구마 쇼추인 이모조주芋焼酎를 만들기 위해 고구마 껍질을 벗기고 있다.
· 쿠퍼cooper(캐스크 제조 기술자) 하야사카 히로쓰구가 쇼추 제조업체 사쓰마주조에서 캐스크를 개조하고 있다.
· 덴엔주조의 철제 팟 스틸은 위스키 팟 스틸처럼 구리로 만들지 않는다.

오크 캐스크에서 장기간 숙성시킨 최초의 회사들 중 하나였으며, 같은 시기 주류 제조업체인 고마사양조小正醸造는 '멜로우드 코즈루Mellowed Kozuru'로 알려진 이중 증류식 쌀 쇼추를 캐스크에서 숙성시켜 평소보다 알코올 도수가 약 두 배 높은 41%로 병입bottling했다.

그 후 수십 년 동안 위스키가 인기를 끌자 보리 쇼추 제조업체들은 나무통 숙성법을 더 자주 이용해 위스키와 더 유사한 술을 제조했다. 일본 정부가 쇼추 증류소에 자체 캐스크를 제조할 권한을 부여하면서 일본 캐스크 제조업에 새로운 활기를 불어넣은 것도 도움이 되었다. 일본의 쿠퍼• 업체인 아리아케산업有明産業은 1963년부터 사케 병 전용 나무 상자를 만들기 시작했고 그 후 10년 동안 쇼추 캐스크를 만들었다. 현재는 산토리나 지치부 증류소처럼 통합 생산 라인을 갖추지 못한 마르스 위스키의 혼보주조本坊酒造나 에이가시마주조江井ヶ嶋酒造 같은 소규모 위스키 제조업체에 제품을 공급하고 있다. 위스키 업계에서 일한 경험이 있는 쿠퍼는 쇼추 캐스크를 만드는 일을 할 수도 있고 그 반대의 경우도 마찬가지이다.

쇼추 업계에서 사용되는 오크 캐스크는 위스키 업계에서 사용되는 것과 동일하지만, 일본에서는 쇼추 캐스크의 크기가 표준화되어 있지 않아 증류소마다 다를 수 있다. 쇼추는 강한 냄새가 나지 않아서 쇼추 캐스크를 일본 위스키 캐스크로 재활용할 수도 있다. 쇼추용 캐스크를 만들던 쿠퍼는 위스키 캐스크 제조 업무로도 쉽게 전환할 수 있고 그 반대의 경우도 마찬가지이다. 예를 들어, 하야사카 히로쓰구는 닛카에서 14년 넘게 쿠퍼로 일한 다

음 20년 가까이 쇼추 제조업체인 사쓰마주조薩摩酒造에서 캐스크를 만들었다. 그의 제자 나가에 겐타는 현재 벤처 위스키의 지치부 증류소에서 캐스크를 만들고 있다. 쇼추 산업이 위스키 산업으로부터 영향을 받았다는 것은 의심의 여지가 없지만, 일본에 쇼추 제조업체가 없었다면 많은 중소 위스키 증류소에서 고품질의 캐스크를 조달하기는 어려웠을지 모른다.

"쇼추와 위스키는 같은 술이에요."라고 하야사카는 말한다. 같지는 않지만 분명 같은 종류의 주류이며, 일본 쇼추 업계 일부에서는 쇼추가 위스키라는 큰 우산 아래의 독자적인 카테고리에 속한다고 생각하는 분위기가 있다. 오늘날 많은 쇼추 제조업체가 어두운 색의 도수 높은 캐스크 스피릿을 병입하기 위해 알코올 도수를 20~25%까지 희석해야 하는 현실을 안타까워한다. 심지어 일부 쇼추 생산업체는 전통적으로 쇼추 하면 떠올리는 옅은 노란색이나 투명한 색보다 더 높은 알코올 도수와 더 어두운 색상으로 제품을 출시하고 싶어 한다. 요컨대 그들은 캐스크에 담긴 원액 그대로의 도수인 캐스크 스트렝스•로 병입하길 원하는 것이다. 이러한 시도가 오랜 기간 쇼추를 마셔온 소비자들에게 거부감을 주지는 않을 것이다. 더 높은 도수의 쇼추는 기존 제품을 대체하는 것이 아니라 확장된 제품군의 일부가 될 것이기 때문이다. 그러나 일본 위스키 업계는 새로운 국내 경쟁자의 등장을 달가워하지 않으며 반발할 수 있다. 이것이 쇼추 증류업체들이 주저하는 이유다.

서양 술의 일본 침공

포르투갈인, 네덜란드인, 미국인 모두 일본 해안에 도착했을 때 술을 가지고 있었다는 공통점이 있다.
시간이 지나면서 이 외국 술은 일본 고유 음주 문화의 일부가 되었다. 일본인은 단순히 술을 마시는 데 그치지
않고 시간이 지남에 따라 술을 만드는 방법을 터득하기 시작했다.

요슈

요슈洋酒는 문자 그대로 '서양 술(양주)'을 의미하며
주로 위스키, 브랜디, 진, 보드카, 럼과 같은 증류주
를 말한다. 원산지가 외국이더라도 와인과 맥주는
요슈가 아닌 독자적인 카테고리로 분류되는 경우
도 있다. 16세기 중반 포르투갈인이 주정 강화 와
인 캐스크를 들고 일본에 발을 들여놓은 이래로 일
본에는 서양식 주류酒類가 존재해왔다. 이런 술을
대중이 마시지는 않았지만 오래전부터 일본에 있
었기 때문에 꼭 요슈의 범주에 들어가지는 않았던
것이다.

　일본에서 증류된 최초의 서양 증류주는 위스키
가 아니라 진이었다. 이왕 진을 만들 거라면 브랜디
도 증류하면 어떨까? 1812년 나가사키 주재 네덜란
드 공사 헨드릭 두프Hendrik Doeff가 바로 그 일을
해냈다. 나폴레옹 전쟁으로 무역 활동이 단절된 두프는 일명 '네
덜란드 진'으로 불리는 예네버르jenever 한 병을 간절히 원했다.
그는 현지 일본 치안판사와 함께 간단한 스틸을 이용해 진과 브랜
디를 증류하고 맥주 양조도 시도했다. 결과는 기껏해야 반쯤 성
공한 정도여서, 두프로서는 무역선이 다시 들어올 때까지 기다리
는 수밖에 없었다. 흥미롭게도 최근 위스키의 대량 판매로 공급
이 부족해지자 닛카와 같은 일본 제조업체들은 증류주 라인업을
강화하기 위해 진으로 눈을 돌리고 있다. 일본에서 진이 오랜 역
사를 가지고 있다는 점을 고려하면 이해가 되는 부분이다.

　'요슈'라는 용어는 메이지 시대(1868~1912년)에 한자 '요洋(양)'를
외국에서 들어온 모든 것에 붙여 일본인에게 이국적인 것으로 인
식되던 시기에 비로소 등장했다. 이 시기에 서양은 새롭고 현대적
인 것과 동일시되었다. '요후쿠洋服(양복)' '요라쿠洋楽(서양 음악)'
'요쇼쿠洋食(양식)' '요가쿠洋学(서양 학문)'가 생겼다. 그중 '요가쿠'
는 오래전부터 네덜란드 학문을 직접적으로 지칭하던 단어 '란가
쿠ランガ学'를 점차 대체했다('란'은 네덜란드의 일본어 이름인 '오란다'

멋진 옷차림의 젊은 여성들이 외국 술을 파는 '요슈 카페'에서 술을
즐기고 있다. 이 사진은 1934년 《마이니치신문》에 실린 것이다.
카운터의 '후루쓰フルーツ(과일)'라는 단어가 오른쪽에서 왼쪽으로 읽도록
쓰였는데, 제2차 세계대전 이전의 표기 방식이다. 오늘날에는 단어의
글자가 왼쪽에서 시작한다.

에서 유래했다). 일본 정부는 1870년에 처음으로 요슈를 공식 용어
로 채택했다. 오늘날 '요洋'는 여전히 널리 사용되고 있으며, 일반
적으로 일본인들은 요후쿠를 입거나 요쇼쿠를 먹거나 동네 슈퍼
마켓에서 요슈 코너를 훑어보는 것에 대해 별다른 감정을 갖지 않
는다.

　19세기 중반이 넘어갈 무렵 주로 외국인 소비용이었지만 점점
더 많은 위스키가 일본에 들어왔다. 1860년대 초에 버번*, 아이리
시 위스키, 스카치 위스키를 제공한다는 광고를 내건 최초의 서
양식 바가 요코하마에서 문을 열었다. 비슷한 시기에 마르가레타
베프너Margaretha Weppner라는 독일 여행자가 한 말에 따르면, 이
항구 도시는 "타락과 퇴화의 밑바닥에서" 위스키에 취한 외국인

선원으로 가득했다고 하는데, 그 말이 맞는 것 같다.

그러나 서양 생활의 대부분은 일본인에게 여전히 미스터리였다. 일본의 가장 큰 금액 지폐인 1만 엔 지폐의 초상화로 등장할 정도로 근대 일본을 형성하는 데 중요한 역할을 한 저술가이자 번역가인 후쿠자와 유키치福澤諭吉는 1860년 미국을 방문한 최초의 일본 사절단 중 한 명이었다. 당시만 해도 보통의 일본인에게는 해외 여행이 허용되지 않았다. 후쿠자와는《서양 의식주西洋衣食住》라는 가이드북을 저술했다. 그는 현관 매트와 요강 등 일본 독자들이 궁금해할 만한 온갖 물건을 설명하는 것 외에도 위스키를 포함한 음식과 술에 대해 설명하면서 식사할 때 함께 마시기에는 "너무 독하다"라고 덧붙였다. 메이지 천황이 미국과 유럽에 파견되었던 또 다른 외교 사절단인 이와쿠라岩倉 사절단(1871~73년)이 가져온 올드 파 Old Parr 블렌디드 스카치 위스키 한 병을

받았다는 주장이 비교적 최근에 나오기도 했다. 이 이야기의 한 버전에는 정치가인 이와쿠라 도모미岩倉具視가 올드 파의 메인 위스키를 제조하는 크래건모어Cragganmore 증류소를 방문했다는 내용이 있다. 그러나 이 브랜드를 소유한 디아지오Diageo의 일본 및 영국 지사 대변인은 이 이야기의 출처를 알지 못하며 이러한 주장을 입증할 만한 역사적 기록이 없다고 덧붙였다. 올드 파는 영국에서는 1909년에, 일본에서는 1921년에야 상표 등록을 마쳤다. 1870년에 설립된 크래건모어는 1989년 전에는 올드 파를 위한 위스키를 제조하지 않았다.

브랜디는 거의 19세기 내내 런던에서 가장 인기 있는 주류였다. 하지만 1800년대 후반 필록세라(포도뿌리혹벌레) 전염병이 프랑스 포도밭을 황폐화시켜 유럽 와인 생산이 중단되고 브랜디 증류가 불가능해지자 상황이 바뀌기 시작했다. 파리의 카페에서는 사람들이 새로 부상한 국민 술인 압생트absinthe에 빠져들고 있었고, 런던에서는 브랜디를 즐겨 마시던 사람들이 위스키와 탄산음료를 찾았다. 스코틀랜드와 아일랜드에서는 위스키 산업이 호황을 누리고 새로운 증류소가 우후죽순처럼 생겨났다. 한편, 일본의 초기 와인 생산은 1880년대 중반에 수입된 대목臺木에 무시무시한 필록세라 해충이 유입되면서 거의 전멸할 뻔했다.

19세기 후반 일본에서 볼 수 있었던 위스키 브랜드에는 무엇이 있었을까? 사실 매우 다양했다. 1871년의 기록에 따르면 요코하마에 본사를 둔 무역회사 J. 커노 앤드 코J. Curnow & Co.는 '고양이 마크 cat mark'(네코지루시猫印) 아이리시 위스키를 수입했다. 이 별명은 버크스Burke's 아이리시 위스키를 가리키는 것으로 추정된다. 이 위스키 업체는 고양이 로고를 1876년에 가서야 등록했지만 1870년부터 이미 사용해왔다.《위스키 매거진 재팬Whisky Maga-zine Japan》이 발굴한 동일한 기록에는 '사슴 브랜드'(시카지루시鹿印) 위스키도 나오는데, 이 증류소는 1867년부터 지금까지 유명한 왕실 사슴 엠블럼을 사용하는 달모어Dalmore를 지칭했을 가능성이 높다. 19세기에는 J. 커노 앤드 코가 앤드루 어셔Andrew Usher의 글렌리벳Glenlivet 위스키와 샌프란시스코의 크라운Crown 증류소, 로버트 브라운Robert Brown의 포 크라운Four Crown 위스키의 공식 에이전트이기도 했다. 일본의 다른 무역 회사들은 카토스Catto's의 블렌디드 스카치 위스키, 브라운슈바이거 라이Braunschweiger Rye, E. A 파고Fargo의 스피릿 오브 76 버번Spirit of 76 Bourbon과 같은 브랜드를 수입했다. 이러한 수입은 현지인이 아닌 외국인 커뮤니티를 겨냥한 것이었다. 당시 일본에서 위스키는 여전히 외국 술이었다. 그러나 이런 흐름은 곧 바뀐다.

1800년대 후반에 일본의 주류 산업은 빠르게 발전해 기업들이 최신식 칼럼 스틸•로 술을 증류하기 시작했다. 1800년에 주류 판매점을 설립한 가미야 덴베에神谷傳兵衛는 독일에서 칼럼 스틸을 수입해 쇼추를 생산하는 데 사용했는데, 쇼추는 전통적으로 단식 스틸에서 한 번만 증류하는 술이었다. 이 '새로운 스타일'의 쇼추는 1899년 그가 소유한 도쿄의 '가미야 바'에서 판매되었는데, 이 술집은 100년이 훌쩍 지난 지금도 외국 술을 전문으로 취급하며 여전히 영업하고 있다. 일본의 칼럼 스틸 증류에 기여한 가미야는 비록 본격적인 위스키 제조가 아직 시작되지 않았던 시기였

지만, 이후 일본에서 서양식 스피릿을 증류할 수 있는 토대를 마련했다. 당시 일본의 위스키 시장은 아직 규모가 작았기 때문에 곡물을 증류한 후 몇 년 동안 숙성시킨다는 개념은 사업적으로 좋지 않은 선택으로 보였다. 특히 가짜 위스키를 만들 수 있는 다른 방법들이 있던 때였기에 더욱 그랬다. 예를 들어, 감자를 칼럼스틸로 증류한 뒤 그 결과물인 알코올에 첨가제를 섞어서 사용했다. '가지쓰슈果実酒(과실주)'도 증류하고 숙성시켜 가짜 위스키를 만들었다. 모조 위스키를 만드는 또 다른 방법으로는 소량의 수입 스카치에 증류 알코올 및 기타 첨가물을 섞는 방법이 있었다. 지금에 와서는 이런 술을 얕잡아보기 쉽지만, 당시 일본에서 이 방식은 현대의 인공 향료 기술에 비견될 만한 19세기식 최첨단 음료 제조 공정이었다.

스카치 제조업체들은 지구 반대편에서까지 이러한 위조품이 유통되는 것을 그냥 보고만 있지는 않았다. 1907년, 오사카 요슈 딜러인 니시카와 데이기라는 위조 라벨과 가짜 위스키로 제임스 뷰캐넌 앤드 코James Buchanan & Co의 블랙 앤드 화이트Black and White 블렌디드 위스키 상표를 침해했다는 이유로 법정 소송을 당했다. 이 사건은 《가디언The Gardian》과 로이터 통신이 보도하면서 국제적인 뉴스가 되었다. 제임스 뷰캐넌 앤드 코는 요코하마에 공식 딜러를 두고 있었고 일본 상표도 등록되어 있었기에, 일본 법원은 결국 스카치 제조업체의 손을 들어주었다. 그럼에도 대다수 일본 고객은 진짜 위스키를 마셔본 적이 없었기 때문에 가짜 위스키로도 충분했다. 하지만 일본의 엘리트층은 그렇지 않았다. 같은 해인 1907년, 일본 황실은 영국 왕실을 위해 특별히 제조된 뷰캐넌의 로열 하우스홀드Royal Household 블렌디드 스카치 위스키에 대한 황실 납품 허가서를 발급했다. 그해에 이 위스키를 주문한 왕족에는 일본 황실만이 아니라 그리스 왕세자도 있었다. 뷰캐넌 브랜드를 소유한 디아지오의 기록 보관소에는 메이지 천황이 로열 하우스홀드 블렌디드 스카치를 처음 접한 경위에 대한 기록은 없지만, 디아지오의 아카이브 매니저 크리스틴 매카퍼티Christine McCafferty는 20세기 초에 영국과 일본이 국제 동맹을 체결하면서 천황이나 황실 관계자 중 한 명이 국제 모임에서 위스키를 접했을 가능성이 있다고 지적한다. 아니면 오랫동안 서양 주류를 좋아했던 메이지 천황이 단순히 영국 왕실을 염두에 두어 황실 납품 허가서를 발급하게 했을 수도 있다. 이유가 무엇이든 간에, 이 사실은 일본 엘리트들이 이 호박색 액체를 좋아했다는 증거임이 틀림없다. 오늘날 일본은 세계에서 유일하게

뷰캐넌의 로열 하우스홀드를 일반 대중에게 판매하는 나라이다.

요슈가 널리 퍼지면서 일본의 국민 술인 사케 제조업체들 사이에서 예상치 못한 동맹이 생겼다. 19세기가 막바지로 접어들고 일본이 현대화를 거듭하면서 많은 사케 양조장이 통합되어 대기업이 생겨났다. 사케 생산은 전통적으로 가을과 겨울에 이루어지기 때문에 이 대기업들은 포트폴리오를 확장하고 계절에 구애받지 않는 제품을 제공할 방법을 모색하기 시작했다.

서양 주류는 트렌디하고 국제적일 뿐만 아니라 시장의 요구에 부합했다. 그러한 필요에 따라 가짜 위스키가 생겨났고, 오사카의 셋쓰주조摂津酒造('주조'는 문자 그대로 '술 제조업체'라는 뜻이지만 양조장이나 증류소를 지정할 수도 있다)와 같은 업체들이 가짜 요슈를 생산했다. 현재 90대 중반인 전 셋쓰주조 사장 아베 기헤이阿部喜兵衛 4세에 따르면 당시 회사는 '알프Alp 위스키'라는 이름의 술을 만들었는데, 산맥을 뜻하는 '알프스Alps'에서 's'가 없는 어설픈 이름이었다. 아베는 이 술이 스카치 스타일이라고 말하지만, 할아버지 아베 기헤이 2세 때 어떻게 만들어졌는지는 정확히 알지 못한다고 말한다. 어쩌면 모르는 편이 나을지도 모르겠다. 그러나 일본이 영국과 더 많은 제휴를 맺고 더 많은 진짜 위스키가 일본에 들어오자 주류 제조업체들은 소비자들이 결국 더 현명해져서 가짜 술을 거부할 것임을 알았다. 이때 셋쓰주조에서 가짜 요슈 제조를 담당하던 한 젊은 화학자가 일본 위스키의 판도를 완전히 바꾸게 된다. 그의 이름은 다케쓰루 마사타카이다. 아베 2세는 그를 스코틀랜드로 보내 위스키 제조를 공부하게 했다.

스코틀랜드와의 인연

"일본 위스키를 버번이나 스카치 위스키와 비교한다면 분명히 스카치 위스키에 더 가깝습니다."라고 산토리 마스터 블렌더 후쿠요 신지는 말한다. 몰팅(몰트 제조), 당화*, 발효, 증류 및 숙성과 같은 일반적인 과정은 스코틀랜드에서 개발된 방법과 유사하다. 물론 이 과정에서 일본 위스키만의 개성을 부여하는 데 도움이 되는 일본식 변형이 일어난다. 페리의 탐험을 통해 일본 엘리트들이 일찍이 미국의 위스키를 맛보게 되었음에도 불구하고 스코틀랜드와의 인연이 그토록 강했던 이유는 무엇일까?

일본 역사에서 가장 영향력 있는 외국인 중 몇몇이 스코틀랜드인이 있기 때문인지 모른다. 특히 '스코틀랜드 사무라이'로 불리진 토머스 블레이크 글로버Thomas Blake Glover를 꼽을 수 있다. 1859년 당시 21세였던 글로버는 홍콩의 무역회사인 자딘, 매더슨 앤드 코Jardine, Matheson, and Co.의 대리인으로 녹차 구매를 위해 일본에 파견되었는데, 사무라이 반군을 위해 총을 운반하는 일을 하게 되었다. (참고로, 회사의 공동 설립자인 알렉산더 매더슨Alexander Matheson은 면화, 차, 아편을 팔아서 번 돈으로 1839년 스코틀랜드 하일랜드에 달모어 증류소를 설립했다.) 글로버는 수많은 업적을 세웠는데, 그중에서도 일본 최초의 현대식 탄광 건설을 감독하고 기린 양조장에 투자한 일, 미쓰비시三菱 초창기에 맡은 중요한 역할을 들 수 있다.

19세기 후반 스코틀랜드의 공학과 과학 혁신이 세계적 수준이었기 때문일 수도 있다. 일본은 이와쿠라 사절단(1871~73년)을 파견할 당시 스코틀랜드 학계와 긴밀한 관계를 맺었으며, 그 뒤로 엘리트들이 글래스고로 유학을 떠났다. 스코틀랜드에 머무르는 동안 일부 학생들은 당연히 스카치 위스키를 좋아하게 되었다! 다케쓰루 마사타카가 스코틀랜드에 갔을 당시에는 자국의 최고

영재들이 영국에서 유학하는 전통이 확립되어 있었다. 그의 비자에는 와인 신상 박생으로 스코틀랜드에 왔다고 적혀 있었지만, 그는 다른 목적, 다시 말해 서양 술을 공부하기 위해 그곳에 갔다.

다케쓰루는 히로시마의 상류층 사케 양조장 집안 출신이다. 그와 그의 형제들은 최고의 학교에 다녔지만 다케쓰루는 지금의 오사카 대학교를 졸업하지 못했다. 그 대신 1916년 당시 일본에서 가장 유명한 대량 생산 주류 제조업체 중 하나였던 셋쓰주조에 취직해 주류 사업을 배웠다. 셋쓰주조는 이미 증류를 하고 있었지만 아직 진짜 위스키를 만들지는 못했다. 그보다는 위스키의 향 또는 적어도 당시 일본인들이 위스키의 향이라고 생각하는 것을 재현하기 위한 혼합물을 만들고 있었다. 제1차 세계대전이 끝나자 일본 경제는 호황을 누렸고 중산층이 늘어났다. 일본인들이 서양 옷에 익숙해진 것처럼, 제대로 된 서양 주류에 익숙해지면 모조품을 외면하게 될 것이고, 그 결과 셋쓰주조의 사업이 망하게 될 것이라는 관측이 있었다.

셋쓰주조가 다케쓰루를 선택한 것은 그가 사케 양조 가문 출신이라거나 화학자로서 가짜 술을 만들어낼 수 있는 능력 때문만은 아니었다. 의심의 여지없이 그의 유창한 영어 실력도 한몫했

맨 왼쪽 다케쓰루가 바이블로 삼은 낡은 위스키 제조 서적. 여백에 그의 메모와 주석이 빼곡히 적혀 있다.

왼쪽 닛카와 스코틀랜드의 인연은 여전히 굳건하다.

다. 외국인을 본 일본인이 거의 없던 시절, 다케쓰루는 영어를 공부하면서 자랐다. 당시 일본인에게 드문 영어 실력을 갖춘 것이 젊은 시절 스코틀랜드의 위스키 제조법을 배우려는 그에게 도움이 되었다. 여러 면에서 국제적 인물이었던 다케쓰루는 1920년대에 '모던 보이'를 뜻하는 일본 속어인 '모보'의 선구자였다. 1918년 7월, 다케쓰루는 고베 인근에서 캘리포니아행 배에 올랐다. 스코틀랜드 글래스고로 가기 전 미국 와인 제조 현장을 견학하기 위해서였다. 그에게 세속적인 관심과 언어 능력이 없었다면 감당하기 어려웠을 여정이었다. 다케쓰루는 나중에 자서전에서 일본을 떠날 때 부모님과 셋쓰주조의 사장인 아베 기헤이 2세, 그리고 현재 산토리라는 회사를 설립한 도리이 신지로가 배웅을 나왔다고 회상했다.

스코틀랜드 엘진에 도착하자마자 다케쓰루는 위스키 제조를 배우기 위해 네틀턴J. A. Nettleton을 찾아갔다. 네틀턴은 다케쓰루가 위스키 제조의 바이블로 삼았던 《위스키와 플레인 스피릿의 제조The Manufacture of Whisky and Plain Spirit》를 저술한 인물이다. 이렇게 전문가에게 상세한 수업을 들을 수 있었지만, 한 가지 문제가 있었으니 바로 수강료였다. 네틀턴은 다케쓰루가 감당하기에는 너무 많은 돈을 원했다.

진취적인 인물이었던 다케쓰루는 곧 론던에서 무료로 배울 수 있는 또 다른 견습생 자리를 얻었다. 증류소의 총지배인 그랜트J. R. Grant가 열망에 찬 이 방문객을 반갑게 맞이한 첫날, 다케쓰루는 당시에는 일반적인 복장이 아니었던 깨끗한 흰색 실험복을 입고 나타났다. 이 젊은 화학자는 아마 신기한 구경거리였겠지만, 론던 증류소 직원들은 그가 던지는 모든 질문에 인내심을 가지고 대답해주었다. 그는 공책에 팟 스틸 및 기타 장비의 설계도를 상

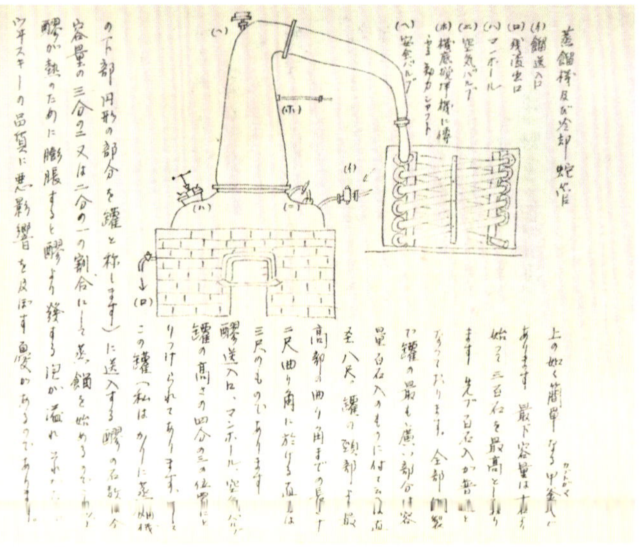

세하게 그렸다. 그는 롱몬에서 다양한 숙성 기간에 따라 다른 캐스크를 사용하는 방법, 위스키에 일정한 색조를 입히기 위해 캐러멜 색소를 첨가하는 방법, 사용한 매시를 동물 사료로 판매하는 방법 등을 5일 동안 쉬지 않고 배웠다. 다른 사람들은 이런 것들을 위스키 제조에서 사소한 과정으로 여겼을 수도 있다. 하지만 다케쓰루에게는 일생일대의 교육이었다.

스코틀랜드 특유의 관대함 덕분에 다케쓰루는 더 많은 스코틀랜드 증류소에서 환영을 받으며 지냈다. 그런 다음 로랜드 지역의 보네스와 캠벨타운의 헤이즐번에서 더 긴 시간을 보냈다. 이 견습 기간에 미래의 라이벌을 가르친다고 생각한 스코틀랜드 증류업자는 아마 거의 없었을 것이다. 특히 가장 큰 경쟁자가 일본에서 등장할 것이라고는 상상도 할 수 없었을 것이다. 그럴 가능성은 거의 없었고, 설령 예상했다고 해도 위스키 생산에는 변수가 너무 많아서 다케쓰루가 스스로 위스키를 증류하더라도 그 결과물이 자신들의 위스키와 다를 것임을 알았다. 동일한 재료, 동일한 장비, 동일한 유형의 캐스크를 사용한다 해도 다른 장소에서 각각 위스키를 만들면 두 가지 다른 위스키가 나올 수 있기 때문이다.

1920년 가을, 다케쓰루는 스코틀랜드에서 만나 결혼한 새 신부 리타 카원Rita Cowan과 함께 오사카로 돌아왔다(90~91쪽 참조). 그는 제대로 된 위스키를 만들 준비가 되어 있었으나, 재정이 열악했던 셋쓰주조는 진짜 위스키를 증류하지 않기로 결정했다. 다케쓰루는 연구실로 돌아와 가짜 위스키를 만들다가, 자신을 스코틀랜드로 보내준 회사를 1922년에 그만두었다. 이듬해에 그는 '행복의 집'이라는 뜻의 고토부키야壽屋라는 오사카의 또 다른

음료회사에 취직했다. 그 회사가 바로 오늘날의 산토리이다.

일본 위스키의 발상지

고토부키야의 창립자인 도리이 신지로는 1907년에 일본인의 입맛에 맞게 블렌딩하여 출시한 주정 강화 와인인 아카다마赤玉 포트와인의 판매로 큰 부자가 되었다. 그는 위스키가 차세대 대세 주류가 되리라 확신하고, 일본에서 직접 위스키를 증류하겠다는 꿈을 품었다. 이를 위해 마사타카 다케쓰루를 비롯한 최고의 인재들을 고용해 일본에서 최초로 제대로 된 증류소를 설립하고 관리했다. 다케쓰루는 기후가 스코틀랜드와 비슷하다는 이유로 일본 최북단에 위치한 홋카이도 등 여러 곳을 위스키 증류소 후보지로 제안했다. 그러나 도리이는 도쿄와 오사카 같은 수익성 높은 시장이 있는 혼슈 지역으로 위스키를 운송하는 데 비용이 많이 든다며 그 제안을 받아들이지 않았다.

다케쓰루가 공책에 "좋지 않다"라고 적은 교토의 야하타, "괜찮다"라고 적은 오사카의 히라카타, "이상적인 장소"라고 적은 오사카의 야마자키 등 다른 가까운 장소도 고려 대상이었다. 그의 측량 도면에는 가장 가까운 기차 노선과 수로에 대해 상세히 작성한 메모가 각각 덧붙어 있었다. 고토부키야에서는 양질의 위스키를 생산할 수 있을 뿐만 아니라 위스키를 쉽게 운반하고 판매할

수 있는 곳, 지나가는 기차에서 보이는 장소를 찾는 것이 중요했다. 도리이 신지로는 어쩌다 우연히 성공한 사업가가 된 것이 아니다.

그 결과 일본에서 가장 오래된 증류소인 야마자키 증류소와 오늘날의 싱글 몰트라고 할 수 있는 일본 최초의 진짜 위스키인 시로후다(문자 그대로 '화이트 라벨')가 탄생했다. 일본 위스키의 발상지로서 국제적인 도시인 도쿄가 더 논리적인 선택으로 보일 수도 있지만, 미나베 마사하루三鍋昌春가 저서 《일본 위스키의 탄생日本ウイスキーの誕生》에서 설명한 것처럼 오사카는 불가피한 선택이었다. 오사카는 20세기 초에 경제 호황을 누렸고 물가도 도쿄보다 낮았다. 무엇보다 오사카에는 화학 분야의 첨단 연구를 수행하는 학술기관이 있었고, 많은 제약회사가 오사카에 설립되었

다. 여기에 오사카의 철도와 수로, 일본 내에서의 중심적인 위치, 풍미 있는 소울푸드와 전통 요리의 영향을 받은 활기찬 음식 문화까지 갖추었으니, 일본 위스키가 오사카에서 탄생한 것은 놀라운 일이 아니다.

하지만 다케쓰루는 오사카에 머물지 않았다. 시로후다의 실패 이후 그는 요코하마 외곽에서 고토부키야 맥주 양조장을 맡아 운영하게 되었다. 그러나 그가 스코틀랜드에 맥주 제조법을 배우려고 갔던 것은 아니었기에, 고토부키야와 맺은 10년 계약이 끝나자 독자적으로 다이닛폰카주大日本果汁라는 회사를 설립했다. 나중에 그는 회사명을 닛카로 줄였다.

위 다케쓰루는 오사카와 교토 주변을 스케치하면서 증류소 부지가 될 만한 곳을 세세하게 조사했다. 이 스케치는 오사카의 니시요도가와를 그린 것인데, 강줄기와 한신 철도선까지 보인다. 다케쓰루는 '부적당'이라고 적었다.

오른쪽 위 오사카의 어느 바에서 발견된 다케쓰루와 도리이의 콜라주 사진. 그 옆으로는 1940년 닛카가 처음으로 선보인 위스키의 현대판 모델이 놓여 있는데, 흔히 '닛카 가쿠빈' 혹은 '닛카 스퀘어 보틀'로 불리는 제품이다. 한편, 산토리의 대표작인 가쿠빈은 이보다 3년 앞서 출시되었다.

오른쪽 야마자키 증류소 노동자들이 1929년에 최초의 일본 위스키와 함께 포즈를 취했다. 가운데에, 콧수염을 기른 사람이 증류소 매니저 다케쓰루 마사타카이다.

사케에서 영감을 받은 혁신적인 양조 공정

일본 위스키는 스카치 스타일에서 발전했다. 그런데 어쩌면 미국적인 성격이 지금보다 더 강했을 수도 있었다. 19세기 후반에 다카미네 조키치가 개발한 새로운 몰팅 공정(몰트, 즉 보리를 발아시켜 당을 만드는 과정)이 도입되었다면 미국 위스키가 오히려 더 일본적인 성격을 띠게 되었을지도 모른다. 다카미네는 위스키 제조업자가 아니라 생화학자였다. 그는 페리 제독이 일본을 떠난 지 불과 몇 달 후인 1854년 도야마에서 의사인 아버지와 사케 양조장 집안 출신인 어머니 사이에서 태어났다. 다카미네 가문은 부유했다. 조키치는 어릴 때부터 현지 네덜란드인 가정에서 영어를 공부하며 그들의 억양을 익혔고, 그 억양을 평생 간직했다.

스코틀랜드에서 대학원 과정을 마친 뒤 뉴올리언스에서 결혼 생활을 하던 다카미네는 사케 양조업자들이 쌀 전분을 알코올로 전환하기 위해 밀기울에서 배양하는 누룩곰팡이인 고지균을 사용하는 방법을 알아냈다. 이 공정을 통해 최대 8일이 걸리는 일반적인 몰팅 기간 대신 48시간 만에 보리 효소를 분해할 수 있었으며, 양조장에서 효모가 알코올을 생산하는 데 필요한 당을 더 빨리 만들어 귀중한 시간을 절약할 수 있었다. 당시 미국에서 가장 큰 주류 독점 기업 중 하나인 위스키 트러스트Whisky Trust가 다카미네를 영입해 일본인 최초로 위스키 업계에서 일하게 된 것은 당연한 결과였다.

시작할 때는 모든 것이 낙관적이었다. 1891년 2월 20일, 《시카고 데일리 트리뷴The Chicago Daily Tribune》은 다카미네의 몰팅 기술 덕분에 위스키가 더 저렴해질 것이라고 보도했다. 나중에 그의 방식은 표준 도수 1갤런당 3센트를 절약할 수 있다고 알려졌다. 이 과정은 위스키 애호가들을 기쁘게 했을지 모르지만 몰트스터maltster(몰트 생산자)들을 격분시켜 시위를 불러일으켰다. 그해 10월, 다카미네가 일하던 증류소에서 의문의 화재가 발생해 새로 설치한 모든 설비가 불에 탔다. 다카미네는 증류소를 재건하는 데 성공하고 '본자이Bonzai 위스키'는 시련을 딛고 재탄생한 듯이 보였다. 럿거스 대학의 곰팡이 유전학자이자 다카미네 전문가인 조앤 베넷Joan Bennett 교수는 1980년대에 다카미네 회사를 인수한, 지금은 사라진 마일스Miles 연구소의 기록 보관소에서 본자이 위스키 병을 발견했다. 그러나 마일스 연구소가 독일 바이엘에 인수된 후 본자이 위스키 병은 행방불명된 것으로 보인다. 당시 마일스의 아카이브 담당자였던 도널드 예이츠는 '본자이'의 철자와 병의 노란색 라벨이 신기했다고 회상한다. 이것이 '반자이Banzai(만세)'의 오기였을까, 아니면 '본사이Bonsai(분재)'를 의도한 것이었을까? 분명한 사실은, 이 모험이 실패로 돌아가 다카미네와 위스키 트러스트의 관계는 틀어지고 그의 고지균 증류법은 결코 성공하지 못했다는 것이다. 이렇게 다카미네의 증류 사업은 완전히 실패했지만 다른 과학 연구와 벤처에서는 그렇지 않았다. 그는 아드레날린을 분리하고 미국 역사상 최초의 생명공학 특허를 출원해 수백만 달러를 벌었다. 나중에 워싱턴 DC의 저수지 타이들 베이슨Tidal Basin에 늘어선 벚나무를 위해 자금을 지원하기도 했다.

한편, 미래의 닛카 창립자인 다케쓰루 마사타카가 스코틀랜드의 헤이즐번 증류소에서 견습생으로 일할 때, 증류소 매니저 피터 이네스가 그에게 고지균 몰팅 과정에 대해 물어보았다. 다케쓰루는 이를 테스트하기 위해 봉투에 쉽게 넣을 수 있는 고지균 가루를 일본에서 공수해왔다. 그의 가족이 운영하던 양조장인 다케쓰루주조에 따르면, 집에서 보내온 것 같지는 않고 당시 다케쓰루의 고용주였던 셋쓰주조도 사케를 만들었던 점을 고려하면 오사카 사무실에서 우편으로 보낸 것 같다고 한다. 그러나 다케쓰루는 자서전에서 이 실험이 성공하지 못했다고 회고했다.

노년의 다카미네가 공장 노동자들에게 말을 건네고 있다. 캐스크에 든 것은 위스키가 아니라 방직 공장에서 고무 불순물을 제거하는 데 사용하는 당화 추출물인 폴리진이다. 다카미네는 1922년에 사망했으며, 이 사진은 1910년대 후반에 촬영되었다.

일본 위스키는
어떻게 세계를 사로잡았나

일본 위스키는 하루아침에 성공하지 못했다. 잘못된 시작과 실패도 있었지만 끈질긴 집념이 결국 위대한 결과를 가져왔다. 한때 경멸과 멸시를 받았던, 때로는 그럴 만한 이유가 있었던 일본 위스키가 마침내 전 세계적으로 존경과 찬사를 받고 있다.

초기 시도

시로후다는 완전한 실패작이었지만 고토부키야는 해외 진출에 열중했다. 금주법이 폐지된 지 1년 후인 1934년, 처음으로 미국에 위스키를 수출하기 시작했다. 미국인들이 관심이 없었다는 표현은 예의를 차린 것이다. 1934년 1월 24일자 《시카고 트리뷴*Chicago Tribune*》에 실린 일본 위스키의 첫 미국행 선적에 관한 기사는 예의가 전혀 없었다. "외로운 순간에 떠올릴 수 있는 끔찍한 것들이 많지만, 왠지 일본 위스키가 가장 끔찍해 보인다."라며 "아마도 일본 스카치가 그럴 것이다! 일본 스카치보다 더 악몽 같고 모든 의미에서 더 끔찍한 것이 있을까?"라고 덧붙였다. 당시 야마자키 증류소는 이제 겨우 걸음마를 뗀 단계였고, 스코틀랜드 증류업자들은 수 세기에 걸쳐 기술을 완성해왔다는 사실은 안중에도 없었다. 일본 위스키는 미국에서 성공할 기회가 없었고, 곧 다가올 제2차 세계대전의 서막은 상황을 더욱 악화시켰다.

하지만 일본에서는 달랐다. 위스키는 알코올 도수가 높고 보관하기가 좋아서 전쟁 중에 쓰이는 독주로 이상적이었다. 제2차 세계대전 중에는 고토부키야와 닛카가 모두 동원되어 라벨을 비롯한 모든 곳에 닻을 달고 일본 해군을 위한 위스키를 생산했다. 하지만 그들은 단순히 술만 만드는 데 그치지 않았다. 산토리는 오키나와에 증류소를 세워 일본 전투기용 연료 알코올을 생산했다. 홋카이도의 닛카는 포도에 함유된 타타르산 결정을 채취해 군용 레이더를 제작할 목적으로 스위트 와인을 생산했다. 다카라주조宝酒造와 같은 다른 대형 주류 제조업체도 '제로 전투기'용 연료 알코올과 일본 군인용 위스키를 만들기 위해 참여했던 만큼 이는 드문 일이 아니었다.

야마자키 증류소와 요이치 증류소 모두 군용 공장이어서 보리와 석탄이 배급되었기 때문에 위스키 생산은 계속되었다. 해군 정박지가 있던 요이치 마을은 폭격을 받았지만 증류소는 무사했다. 오사카시가 화염 폭격을 받는 동안에도 야마자키 증류소는 외곽에 위치한 데다 연합군이 공격 대상에서 제외한 교토와 가까워서 제2차 세계대전을 온전히 버텨낼 수 있었다. 전쟁이 끝났을 때, 이 지역의 몇 안 되는 군수 공장 중 하나였던 이곳에는 대량으로 비축된 원료와 위스키 캐스크가 지하 저장고에 남아 있었다.

미군 점령기(1945~52년)에 일본 위스키는 현지 미군들을 고객층으로 확보하며 다시 한번 세계적인 인지도를 얻기 시작했다. 예를 들어, 고토부키야는 라벨에 적힌 대로 "미군을 위해 특별히 블렌딩한" 레어 올드 위스키Rare Old Whisky와, 미국 맥주 브랜드인 팹스트 블루 리본Papst Blue Ribbon에서 영감을 받은 것으로 보이는 블루 리본 위스키Blue Ribbon Whisky를 판매했다. 특히 산토리 위스키는 장교들 사이에서 인기가 높았다.

야마자키의 위스키는 진품이었지만 비축된 위스키 전량이 그런 것은 아니었다. 1946년 2월 후쿠오카에서 송고된 미국 언론 보도에 따르면, 제32사단 미군이 위스키로 추정되는 산토리 병이 가득 찬 창고를 발견했는데, 이상하게도 라벨에 일본어로 "해안가에 도착할 때까지 마시지 말 것"이라고 적혀 있었고 내부의 액체는 유백색으로 보였다고 한다. 이 술을 마시고 심한 숙취를 겪은 병사들이 내용물을 분석해보았다. 이 음료는 '가미카제神風' 임무를 수행하는 조종사들을 위한 '특수 강장제'였고, 실험실 분석 결과 벤제드린, 스트리크닌, 코카인이 함유된 것으로 밝혀졌다. 위스키가 아니었던 것이다.

전후에 생산된 위스키도 전부가 음용에 적합했던 것은 아니다. 1945년 12월, 도쿄 주재 미국 헌병대장은 대도시에서 일곱 명의 사망자를 낸 '레드 하트Red Heart'라는 일본 위스키에 대해 경고했다. 실명 또는 사망에 이르게 할 만한 양의 메탄올이 함유된 가짜 스카치 57병을 연합군이 압수했다는 보고도 있었다. 전쟁이 막바지에 이르면서 생필품이 부족해지고 가격이 비싸지사 이저

1950년에 제작된 산토리 가쿠빈 위스키 광고의 하단에는 포켓 사이즈 병도 판매한다는 문구가 명시되어 있다.

럼 위험하고 탐욕스러운 모조품이 등장했던 것이다. 가격도 저렴하지 않았다. 1945년 9월까지 암시장에서 2~3엔이었던 일본 위스키 한 병이 350~500엔으로, 수입 스카치 한 병이 7엔에서 1000엔으로 폭등했다. 일본이 재건되기 시작하면서 가격은 다시 제자리로 돌아왔고, 일본에서는 전쟁이 끝난 후에도 위스키 소비가 계속 이어졌다.

하지만 전후에 생산된 대다수의 일본 제품처럼 산토리도 연합군을 상대로 승리를 거두기 시작했는데도 전 세계는 여전히 일본 위스키를 진지하게 받아들이지 않았다. 일본 자동차와 마찬가지로 사람들의 인식이 바뀌는 데는 수십 년이 걸렸다.

일본, 위스키를 품다

제2차 세계대전 이후 몇 년 동안 일본의 술집은 호황을 누렸다. 《브루드 인 재팬*Brewed in Japan*》에 따르면 1944년 일본에는 음식점과 술집이 2만 5600개가 있었다. 1959년에는 그 수가 18만 6000여 개로 늘어났다. 최초의 토리스 바Torys Bar가 1950년에 도쿄 이케부쿠로 지역에서 문을 열었고, 산토리의 저렴한 토리스 위스키와 땅콩 스낵을 제공했다. 산토리가 대중을 겨냥해 만든 토리스 바는 사람들이 마음 편히 들어올 수 있는 장소였다. 그 뒤로 수십 년 동안 일본 전역에 2000개가 넘는 토리스 바가 문을 열었지만 현재는 몇 군데만 남아 있다. 위스키 소비량은 매년 증가했고(1980년에는 500% 이상 증가), 맥주가 사케를 추월하고 냉장고가 중산층의 표준 가전제품으로 자리 잡으면서 가정에서의 소비가 증가했지만, 위스키는 더 이상 외국산, 이국적인 것 또는 엘리트의 전유물로 여겨지지 않았다. 여전히 위엄 있는 이미지였지만 위스키는 일본 술이었다. 다카라주조, 산라쿠 오션山楽オーシャン, 도요양조東洋醸造와 같은 라이벌 업체들도 위스키를 만들었는데, 특히 도요는 일본 해군이 유인 어뢰를 보관하던 동굴 속에서 위스키를 숙성시켰다!

일본의 젊은 남성들은 전쟁 중에 위스키를 마시기 시작했고, 군대에서 위스키를 맛보면서 그 어느 때보다 위스키를 좋아하게 되었다. 전후 수십 년 동안 여성들도 요슈를 더 많이 마시기 시작했다. 《마이니치신문每日新聞》에 따르면 1960년대 후반 들어 도

쿄의 트렌디한 바에서 저렴한 위스키를 제공한 덕분에 요슈를 마시는 일본 여성의 수가 더욱 증가했다. 일본의 경제 기적이 본격적인 궤도에 오르자 일본 위스키 업계는 다시 한번 글로벌 진출을 모색했고, 산토리가 그 선두에 섰다. 상황은 유망해 보였다. 1958년 9월, AP통신은 "최고의 일본 위스키는 '모조 스카치'라는 표현보다 더 나은 표현이 어울린다."라고 평가하는 등 일본 위스키의 이미지가 재평가되고 있었다. 1960년대 미국에서 진행된 산토리 올드Suntory Old의 다음과 같은 인쇄 광고 문구는 지금 보면 다소 과장되어 보인다. "일본의 다른 고전 예술처럼, 산토리는 고대의 유산과 다름없습니다. 2000여 년 전 세계 최초의 증류주를 증류했던 조상을 둔 장인들이 만든 술입니다." 산토리는 불과 10년 전만 해도 적대국이었던 나라를 대상으로 제2차 세계대전 이전의 낭만적인 옛 일본의 이미지를 내세우며 일본 위스키를 재포장했다. 마케팅 전략은 차치하고라도 산토리는 최고의 위스키를 만들기 위해 노력했다.

1970년대와 1980년대에 일본에서는 가벼운 음식을 제공하는 스낵바가 번성했고, 이브닝웨어 차림의 젊은 여성들이 담배에 불을 붙이고 유혹하며 위스키를 따르는 호스티스 바도 성행했다. 이런 곳들뿐만 아니라 "술만 파는" 바에서는 '보틀 킵(병 보관)'이라는 선불 시스템이 표준이 되었다. 고객들이 바에서 약간의 웃돈을 얹어서 좋아하는 위스키 한 병을 구입해두면, 이후 방문할 때마다 그 술을 잔으로 마실 수 있는 방식이다. '보틀 시스템'은 오늘날까지 이어져 호스티스 클럽뿐만 아니라 야마자키 증류소 근처의 히로ㄴㅁ와 같은 전통적인 업소에서도 유지되고 있다. "보틀 킵 시스템은 지위의 상징일 뿐만 아니라 자신이 마시는 술이 어떤 술인지, 의심스러운 바에서 혹여 속이지 않았는지 확인할 수 있는 방법이었다고 생각합니다. 또한 자신이 맡긴 병을 동료나 고객과 나누어 마시는 데에는 특별한 의미가 있죠." 히로의 기타자와 다쓰야의 말이다.

붐이 붕괴하다

제2차 세계대전 이후 수십 년 동안 일본은 세계에서 두번째로 큰 경제 대국이 되었다. 일본 내에서는 위스키 사업이 호황을 누렸다. 1976년 산토리에서만 2억 5500만 병의 위스키(그중 8500만 병이 산토리 올드)를 생산했으나 수출은 4~5%에 불과했다. 68개국에 제품을 수출하고 있었지만 미국과 중남미에 집중되었다. 산토리는 1960년대 후반부터 영국에 위스키를 판매하기 시작했고, 1977년에는 런던의 고급 백화점 해로즈Harrods에서 산토리 위스키를 만날 수는 있었지만 대부분은 일식 레스토랑에서 판매되었다. 10년 후 미국 뉴욕 타임스 스퀘어에 산토리 로열 위스키Suntory Royal Whisky 광고판이 세워졌어도 여전히 수출은 극히 일부에 불과했다. 일본 내에서는 1980년대 중반에 신생 증류소들이 소비자 선택의 폭을 넓히기 위해 '지우이스키地ウイスキー', 즉 '로컬 위스키'를 생산하기 시작할 정도로 현지 사업이 호황을 누렸다.

스카치 제조업체들은 보호주의라고 비난받던 일본 시장을 공략하기 위해 열을 올렸다. 1983년 일본의 위스키 총 생산량은 37만 9000킬로리터(1억 12만 1208갤런)로 정점을 찍었지만, 보드카나 진 같은 술이 '투명함'과 '건강함'을 동일시하면서 10년 만에 감소세로 돌아섰다. 1985년 '플라자 협정' 이후 엔화 가치가 급등하면서 경기 침체가 시작되었다. 1990년대 초, 일본의 경제 기적은 끝났고 성장이 정체되는 '잃어버린 10년'이 시작되었다. 1996년 스카치 위스키 업계는 현지 위스키를 보호하기 위해 외국산 위스키에 매긴 일본 관세를 철폐하라는 세계무역기구의 판결을 받아냈다. 이전에 비쌌던 스카치 위스키의 가격이 그 어느 때보다 저렴해졌고 일본산 위스키 판매량은 계속 줄어들었다. 2000년대 초반에는 하뉴, 가루이자와 같은 상징적인 증류소는 희생양이 되었다.

세기가 바뀌면서 일본 위스키는 자국 내 판매조차 부진했고, 해외에서는 여전히 무시당하는 술이었다. 하지만 보드카나 진과 같은 투명한 술white spirit이 10년 동안 인기를 끌고 나서, 1990년대 중반부터 스카치, 특히 고급 싱글 몰트가 다시 주목받기 시작했다. 1990년대 후반에는 일본 위스키도 마찬가지였다. 예를 들어, 온라인 소매업체 위스키닷컴Whisky.com의 마스터 테이스터인 호르스트 뤼닝Horst Lüning은 1999년 회사에서 12년 숙성 야마자키 싱글 몰트를 판매하기 시작하면서 일본 위스키를 시음했다. "12년 숙성 위스키라고 하기에는 가격이 꽤 비쌌지만, 첫 시음을 해보니 품질이 좋고 가격도 합당하다는 확신이 들었습니다."

위스키 세계를 정복하다

2001년, 닛카가 처음으로 국제적인 상을 수상하면서 일본 위스키는 성과를 내기 시작했다. 또한 2003년 소피아 코폴라Sofia Coppola 감독의 영화 〈사랑도 통역이 되나요?Lost in Translation〉에서 망한 영화배우를 연기한 빌 머리Bill Murray가 히비키響 위스키 광고를 일본에서 촬영하면서 "편안한 시간에는 산토리 타임을 만드세요."라는 대사로 국제적인 인기를 얻기도 했다. 이는 외국 유명 인사가 일본 광고, 특히 위스키 광고에 출연하는 오랜 전통을 따른 사례였다. 소피아 코폴라 감독의 아버지 프랜시스 포드 코폴라Francis Ford Coppola 감독도 1980년에 구로사와 아키라黒澤明 감독과 함께 산토리 위스키 광고 시리즈에 출연한 적이 있다. 부진했던 일본 위스키 판매량은 2006년에 바닥을 치고 다시 반등하기 시작했다. 2008년에는 영화 〈라스트 사무라이The Last Samurai〉로 유명한 슈퍼모델 겸 배우 고유키小雪가 출연한 일련의 산토리 광고 덕분에 하이볼 붐이 시작되었다. 다시 한번 일본 젊은 여성들 사이에서 위스키와 탄산음료를 함께 마시는 것이 유행했다. 더 많은 국제적인 상과 찬사도 이어졌다. 2014년 닛카의 창립자 다케쓰루 마사타카의 이야기를 다룬 드라마 〈맛산〉이 TV를 통해 방영되자 일본에서 열기는 최고조에 이른 듯했다. 이듬해에는 세계적인 위스키 평론가 짐 머리Jim Murray가 야마자키 싱글 몰트 셰리 캐스크Yamazaki Single Malt Sherry Cask를 세계 최고의 위스키라고 칭송했다. 수많은 수상과 새로운 팬들 덕분에 일본 위스키는 세계 정복의 길을 걸었다. 마침내 일본은 국제적인 성공을 거두었다.

왼쪽 영화감독 오슨 웰스Orson Welles는 말년에 프랑스 코냑 제조업체와 광고 계약을 맺었는데, 이 회사의 사장이 오슨 웰스의 닛카 G&G 위스키 광고가 여전히 방영되고 있다는 사실을 알게 된 후 계약을 해지한 것으로 알려졌다.

아래 1980년대 초, 영국의 로커 로드 스튜어트Rod Stewart는 닛카 블랙 50의 광고 시리즈에 출연했으며, 그의 히트곡 〈오 세상에, 오늘 밤에 내가 집에 있었으면Oh God, I Wish I Was Home Tonight〉을 이 위스키의 테마음악으로 사용했다.

전설적인 존재, 가루이자와 증류소

한때 이곳에 위대한 증류소가 있었다. 2016년 가을에도 가루이자와 증류소의 흔적을 찾을 수 있었다. 1955년 설립 당시에 쓰인 최초의 팟 스틸은 그 아래 벽돌로 된 화덕이 철거되었는데도 여전히 정면에 서 있다. 건물은 사라졌고, 굴뚝은 그해 초에 철거되었으며, 포장된 대형 진입로는 정체불명의 상업 개발로 무언가 들어서기를 기다리고 있다. 가루이자와 증류소는 이렇게 끝나서는 안 되는 곳이지만 아쉽게도 그렇게 되었다.

이 증류소의 부지는 원래 포도밭이었다. 모기업(가루이자와는 역사상 여러 차례 주인이 바뀌었다)은 1956년 가루이자와를 가동하기 전 이미 도쿄와 시오지리에서 오션 위스키 브랜드 생산에 박차를 가했다. 1950년대 말과 1960년대 초 오션 위스키는 일본에서 두번째로 큰 위스키 제조업체였으나 나중에 급부상한 닛카에 밀려나기도 했다. 1961년 12월, 《가디언》이 오션이 영국 수출까지 모색하고 있다고 보도할 정도로 사업이 호황을 누렸다. 10여 년 후인 1976년, 가루이자와 증류소는 일본 최초의 브랜드 싱글 몰트를 출시했는데, 당시에는 '스트레이트 몰트'라고 불렀다. "가루이자와는 일본 위스키는 깔끔해야 한다는 인식을 깨뜨렸죠." 라고 넘버원 드링크Number One Drinks의 공동 설립자 데이비드 크롤David Croll은 말한다. "거

대하고 거칠고 대담했어요." 이 증류소는 골든 프로미스Golden Promise 보리로 위스키를 만들고 숙성을 위해 셰리 캐스크를 사용하는 것으로 유명하다. 활화산 기슭에 위치한 이곳은 숨이 멎을 정도로 아름답다. 연평균 기온은 7℃로 여름에는 시원하고 겨울에는 눈이 내린다. 수세기 동안 가루이자와는 사무라이 엘리트들이 도쿄의 습한 더위를 피해 여름을 보내려고 즐겨 찾던 곳이다. 또한 천천히 숙성된 위스키를 즐기기에 좋은 장소이기도 하다.

1983년, 일본의 위스키 산업이 정점을 찍은 후 상황은 점점 나빠졌고, 그 후 더 악화되었다. 가루이자와 증류소는 2000년 메르시언Mercian 주식회사가 인수했고, 6년 후 기린이 다시 인수했다. 결국 2011년 증류소는 문을 닫았다. 그 10년 동안 일본 위스키 판매가 계속 부진한 가운데, 도쿄에 본사를 둔 수입 및 유통 업체 넘버원 드링크가 가루이자와 위스키를 전 세계 사람들에게 선보이기 시작했다. 크롤과 그의 공동 설립자이자 《위스키 매거진Whisky Magazine》의 전 발행인인 마신 밀러Marcin Miller는 메르시언의 인맥을 통해 가루이자와 캐스크에 담긴 위스키를 개별적으로 병입할 수 있었다. 보도에 따르면 밀러는 이 증류소를 매입하겠다고 제안하기까지 했지만, 소유주들이 절대 응하지 않았을 것이라고 한다. 결국 토지는 개발업자에게 팔렸고, 장비는 용도가 변경되었다는 소문이 돌았다. 남은 것은 경매를 통해 매각되었다. 시즈오카에 본사를 둔 위스키 유통업체 가이아플로Gaiaflow는 경매에서 가루이자와의 오래된 장비를 505만 엔(당시 미화 4만 5000달러)에 낙찰받아 2016년에 설립한 시즈오카 증류소에서 사용하기로 했다. "우리는 몇 년 동안 한 번에 캐스크 한 통씩을 병입한 후, 지분을 늘리기로 결정하고, 남은 재고 매입을 제안했어요. 우리는

수백 통을 구입했습니다." 크롤의 설명이다. 그의 말에 따르면 정확한 캐스크 수를 말하기는 어렵다고 한다. 그 캐스크들은 벤처 위스키의 지치부 증류소에 보관되어 있다가 지금은 일본 내 다른 장소에 있다. 크롤은 "얼마 남지 않았어요."라고 말한다. 수요와 천문학적인 가격이 그의 말을 뒷받침한다.

"개인적으로, 위스키는 마시기 위해 만들어졌다는 오래된 격언을 믿습니다. 지난 몇 년 동안 수집가와 투자자의 역할이 커졌다는 것은 위스키가 일반적으로 더 높은 인기를 누리고 있다는 증거죠." 크롤은 이어서 이렇게 말한다. "누구도 이런 높은 가격을 억지로 지불하도록 강요받고 있는 것은 아니지만, 일부 경매 결과를 보면 솔직히 조금 불안한 기분이 들기도 합니다. 하지만 한편으로는 넘버원 드링크가 이 소외된 증류소에 스포트라이트를 비추는 역할을 했다는 사실에 자부심을 느낍니다." 가루이자와 위스키는 현재 경매에서 가장 비싼 가격에 팔리는 술 중 하나가 되었다. 온라인에서 수천 달러를 호가하는 병들이 떠돌아다니고 있다. 물론 구할 수 있다면 무척 괴로우면서도 즐거운 일이 되겠지만. 하지만 과연 가루이자와에서 새로운 위스키가 나올 수 있을까? 크롤은 "불가능한 건 없겠지만, 개인적으로는 다시는 그곳에서 증류하지 않았으면 하는 바람입니다. 분명 김이 빠지는 결말이 될 테니까요."라고 말한다. 가루이자와의 위스키는 이제 전설 같은 존재가 되었다.

위 가루이자와 증류소의 몇 안 되는 유물 중 하나는 이 증류소에서 사용한 최초의 팟 스틸이다.

맨 왼쪽 넘버원 드링크는 아름다운 일본 예술 작품이 라벨에 그려진 가루이자와의 위스키를 판매한다.

왼쪽 가루이자와의 오션 위스키 시절 10년 숙성 싱글 몰트.

일본 위스키의 제조 과정

모든 일본 위스키 제조업체가 같은 방식을 고수하지는 않는다. 증류소마다 제조법에 차이가 있고 접근 방식이 다르기 때문에 일본식 위스키 제조 공정은 단일하지 않다. 하지만 일본식 위스키는 본래 그 바탕이 된 스카치 위스키와 비교되곤 한다. 둘 다 비슷한 생산 공정과 장비를 사용하지만, 일본식 위스키에는 몇 가지 독특한 점이 있다.

곡물

스코틀랜드와 마찬가지로 일본에서는 몰트*로 몰트 위스키를 만들고, 그레인 grain 위스키*는 옥수수, 호밀, 밀로 만든다. 그레인 위스키 제조 시 전분을 당으로 전환하는 데 도움을 주기 위해 약간의 몰트를 첨가하기도 한다. 전통적으로는 수작업을 통해 보리를 몰트로 만든다. 보리를 물에 불려서 몰팅실 바닥에 펼쳐놓은 다음 삽으로 뒤집는다. 이렇게 하면 보리 알갱이가 봄으로 착각하여 싹이 트기 시작하고 전분을 발효 가능한 당으로 전환하는 것을 도와주는 효소가 방출된다. 싹이 트는 것을 막기 위해 보리를 뜨거운 공기로 말려서 언피티드unpeated 위스키를 만들거나, 피트*를 연료로 사용해 그 연기로 말려서 피티드 위스키를 만드는 방법도 있다. 이렇게 하면 피트 연기의 작은 입자들이 보리에 달라붙어 증류 과정에서 독특한 향을 남긴다. 하지만 요즘은 대부분 보리를 산업용 기계로 몰팅한다.

보리는 싱글 몰트 위스키를 만드는 곡물이다. 사진은 일본 위스키 산업의 필수품인 수입 몰트이다.

다. 일부 스코틀랜드 증류소에서도 투명한 워트를 사용하지만 락톤이라는 화합물에서 더 고소한 향이 나기 때문에 대체로 탁한 워트를 선호한다. 필요한 경우 일본 증류소에서도 탁한 워트를 생산하기도 한다.

스코틀랜드에서 '싱글 몰트single malt'라는 용어는 단일 증류소에서 제조된 몰트 위스키를 의미한다. 위스키 병의 숙성 기간 표기는 병에 들어 있는 위스키 중에 가장 어린 것을 나타낸다. 라벨에 '싱글 캐스크*single cask'라고 표시되어 있지 않는 한, 모든 위스키는 서로 다른 캐스크에 담긴 몰트 스피릿을 블렌딩한 것이다. 숙성 기간 표기가 없는 위스키 역시 숙성 과정을 거치지만 대개 숙성한 지 얼마 안 된 위스키와 오래된 위스키가 함께 사용된다. '블렌디드 위스키*blended whisky'는 여러 증류소에서 생산된 위스키를 혼합해서 만든 위스키를 말한다. 그러나 전통적으로 위스키가 여러 제조업자 사이에서 거래된 스코틀랜드와 달리 일본에서는 거의 대부분 같은 회사가 여러 증류소를 소유하고 있다.

'싱글 그레인 위스키'는 한 가지 곡물로 만든 위스키가 아니라 한 증류소에서 만든 그레인 위스키를 의미한다. '싱글 블렌디드 위스키'는 한 증류소에서 나온 몰트 위스키와 그레인 위스키로 구성된 위스키를 말한다. 일본에는 여러 증류소의 몰트 위스키를 혼합한 '퓨어 몰트 위스키pure malt whisky'가 있는데, 일본에서는 이 증류소들을 같은 회사에서 소유하고 있다. '퓨어 몰트'는 이전에는 스카치에도 쓰였지만 2009년부터 금지되었다. 이 용어가 여전히 널리 쓰이는 일본에서는 이러한 규정이 없다.

일본 증류소에서는 일반적으로 수입 몰트를 사용하는데, 껍질을 벗기거나 벗기지 않은 상태로 주문할 수 있다(껍질에 대한 자세한 내용은 35쪽 참조). 몰트는 분쇄한 뒤 뜨거운 물에 담그면(매시) 곡물의 전분을 분해해서 '워트(맥아즙)*'라는 단맛이 나는 액체를 만든다. 이 워트에 효모를 섞은 혼합물을 사흘 정도 발효한다. 효모가 당분을 먹어치우면 알코올 도수 5~10%의, 홉을 넣지 않은 맥주 형태의 발효액이 만들어지는데, 이것을 '워시'라고 한다. 일본에서는 매시의 고체 찌꺼기를 최대한 제거해 액체 워트를 걸러내어 가능한 한 맑은 워트를 얻는 것을 선호한다. 그 결과 일본 위스키를 유명하게 만든 과일 향과 꽃 향이 나는 워시가 만들어진

키를 혼합해서 만든 위스키를 말한다. 그러나 전통적으로 위스키가 여러 제조업자 사이에서 거래된 스코틀랜드와 달리 일본에서는 거의 대부분 같은 회사가 여러 증류소를 소유하고 있다.

'싱글 그레인 위스키'는 한 가지 곡물로 만든 위스키가 아니라 한 증류소에서 만든 그레인 위스키를 의미한다. '싱글 블렌디드 위스키'는 한 증류소에서 나온 몰트 위스키와 그레인 위스키로 구성된 위스키를 말한다. 일본에는 여러 증류소의 몰트 위스키를 혼합한 '퓨어 몰트 위스키pure malt whisky'가 있는데, 일본에서는 이 증류소들을 같은 회사에서 소유하고 있다. '퓨어 몰트'는 이전에는 스카치에도 쓰였지만 2009년부터 금지되었다. 이 용어가 여전히 널리 쓰이는 일본에서는 이러한 규정이 없다.

그레인 위스키의 경우, 옥수수가 주원료이지만 호밀이니 밀과

같은 다른 곡물도 사용한다. 옥수수는 몰팅을 할 수 없기 때문에 고압으로 찌는 쿠커cooker에서 분해해야 하며, 그 결과 생성된 액체는 증기로 가득 찬 높은 칼럼 스틸을 통과시켜 알코올 증기로 만든 다음 스피릿으로 응축시킨다. 이렇게 하면 알코올 도수가 높고 보다 가벼운 풍미의 스피릿이 나온다. 일본의 대규모 제조업체들은 고급 그레인 증류소를 보유하고 있으며, 이들의 그레인 위스키는 일본에서 가장 유명한 블렌디드 위스키의 근간이 된다.

물

일본의 위스키 제조업체들은 스코틀랜드와 미국의 위스키 제조업체들처럼 거의 신화적인 품질의 물을 자랑하길 좋아한다. 오사카 시마모토에 있는 야마자키 증류소 근처의 물은 일본 최고로 꼽힐 정도로 맛있다. 요이치에서는 현지 주민들이 증류소의 물이 얼마나 좋은지 증명하기 위해 수돗물 한 잔을 기꺼이 내어주며, 기린 증류소의 생산용수는 후지산의 눈 녹은 물을 용암으로 걸러낸 것이니 당연히 좋을 수밖에 없지 않을까?

1917년에 산토리에 입사해 2016년까지 생산용 지하수를 조사하는 산토리 자연수림 프로그램에 참여했던 산노 쓰요시는 "일본에서는 연수가 가장 흔하며, 밥과 생선 같은 일본 전통 음식에 가장 잘 어울립니다."라고 말한다. 그의 말에 따르면 프랑스 같은 나라에서 나는 경수는 서양 음식, 특히 육류와 빵에 아주 잘 어울린다고 한다.

일본 위스키는 대체로 향이 풍부하고 특히 꽃 향이 풍부한 경우가 많다. 심지어 페놀 함량이 높은 위스키조차 스코틀랜드의 '피트 몬스터(강력한 피트 향을 지닌 위스키를 통칭)'들 만큼이나 진한 스모키 향을 풍긴다. 일본에서 사용되는 다양한 효모가 이와 관련이 있을 수도 있지만, 산토리의 마스터 블렌더 후쿠요 신지는 그 이유가 야마자키의 물일 수 있다고 생각한다. 산토리는 물의 섬세한 부드러움이 일본인의 입맛을 만족시키는 위스키를 만드는 바탕이 된다고 믿는다. 반면, 물이 발효 과정에서는 맛과 향을 끌어내는 데 도움이 될 수 있지만 발효, 이중 증류, 그리고 오랜

닛카의 요이치에서는 많은 증류소가 그렇게 하듯이 효모를 쏟아붓는 대신 '슈보'라는 농축 효모 스타터를 만든 다음 워시백washback(발효조)에 넣는다.

숙성 후에는 그 영향이 최소화된다는 주장도 있다. 하지만 산노가 지적한 대로, 좋은 연수는 위스키를 희석해 병입할 수 있는 강도로 낮추는 데 사용되므로 그 중요성을 쉽게 무시할 수 없다. 그러나 물이 가장 큰 영향을 미치는 때는 위스키를 구입한 후 소비자가 자신의 취향에 맞게 물(또는 얼음)을 추가할 때이다.

효모

알코올을 만들려면 효모가 필요하다. 효모는 발효에 필요하며 당분이 많은 워트를 먹이 삼아 알코올을 만들고, '에스테르ester'라는 천연 향이나 과일 향이 나는 유기 화합물을 생성한다. 스카치 위스키에는 전통적으로 증류용 효모와 양조용 효모, 이렇게 두 가지 종류가 쓰인다. 대부분의 스코틀랜드 증류소에서는 높은 알코올 수율을 위해 산업용 대량생산 증류용 효모를 동일하게 사용하기 때문에 개별 효모 유형의 중요성은 덜하다.

하지만 일본 증류업체들은 특정 향을 내기 위해 다양한 효모를 사용한다. 닛카는 여러 가지 효모를 사용하는데, 정확히 몇 가지 효모를 사용하는지는 확인되지 않았으나 위스키 전용 효모는 열 가지 미만이라고 밝혔다. 하지만 산토리는 약 150가지의 효모 품종을 보유하고 있다. 기린은 수백 가지의 독특한 균주를 보유하고 있다. 각 증류소는 특정 아로마를 만들어 최종적인 위스키에 전달할 수 있는 최적의 균주를 선택할 수 있다. 이 점에서 일본의 위스키 제조업체는 미국의 버번 증류업체와 비슷하게 독특한 효모 균주의 중요성을 강조한다.

닛카, 마르스, 에이가시마주조와 같은 일본 위스키 제조업체에서는 사케 제조 기술인 슈보酒母(주모)라는 순수하고 농축된 효모 스타터를 만든다(81쪽 참조). 슈보를 만들면 공정이 복잡해지지만 발효 과정에서 통제할 수 있는 요소가 많아져서 고품질의 워시를 만들 수 있다. 효모에 대한 이러한 관심은 우연이 아니다 "일본의 균 배양 문화는 날씨와 밀접한 관련이 있습니다."라고 마르스 신슈 증류소(현 마르스 고마가타케 증류소)의 매니저 다케히라 고기는 말한다. 일본의 습도는 균류를 번식시키는데 일

본인들은 이를 유용하게 활용하는 법을 배웠다. 일본인들은 미소 시루(된장국)를 만들거나 낫토라는 냄새나는 발효 콩을 먹는 등 요리할 때 매일 균류를 사용한다. 일본 위스키 생산자들이 효모와 효모가 풍미에 미치는 영향에 대해 깊이 이해하는 것은 당연하다.

증류

몰트 위스키는 팟 스틸에서 두 번 증류한다. 일본 증류소에서는 스틸을 직접 가열하는 방법부터 간접 가열하는 방법까지 다양한 기술을 사용한다. 요이치 증류소는 전 세계에서 유일하게 전통적인 방식인 석탄으로 팟 스틸을 가열하는 곳이다.

닛카, 산토리, 혼보주조의 마르스, 기린은 미야케제작소三宅製作所의 '메이드 인 재팬' 스틸을 사용하는데, 이 스틸은 이전에 하뉴 증류소를 위해 제조했던 것이다. 그러나 오늘날 지치부나 앗케시堅展와 같은 소규모 증류소에서는 스코틀랜드에서 직접 수입하는 스틸이 더 적합하다고 설명한다.

산토리와 닛카 모두 칼럼 스틸로 고품질의 그레인 위스키를 생산하는데, 칼럼 스틸의 탑 구조물은 보기에 예쁘지는 않지만 우뚝 솟아 증류액을 끊임없이 뿜어내는 일꾼 역할을 한다. 기린 증류소는 가벼운 위스키를 만드는 멀티 칼럼 스틸*, 중간 스타일의 위스키를 만드는 칼럼 스틸과 케틀*, 무거운 버번 스타일의 위스키를 만드는 비어 칼럼*과 더블러*, 이렇게 총 세 가지 방식의 그레인 위스키를 생산하는 증류소로, 일본 내에서도 독보적인 자리를 차지한다. 마지막 두 가지 증류 시설은 일본 증류소들 중에서도 독특한 것들이다.

그레인 위스키를 위한 시설은 건물 높이만큼 거대하고 설치 비용이 많이 들기 때문에 산토리, 닛카, 기린과 같은 대형 업체만 자체적으로 그레인 위스키를 만들 수 있다. 일본의 소규모 증류소에는 이러한 장비가 없는데, 블렌딩에 그레인 알코올이 필요해도 이런 대형 일본 위스키 제조업체에서 구매할 수가 없다고 한다. 그 대신 스코틀랜드에서 그레인 위스키를 수입해 블렌딩해야 한다. 하지만 마르스는 일본산 그레인 스피릿을 사용하기 시작했다.

왼쪽 선 그레인 지타知多 증류소에서는 연속식 칼럼 스틸로 그레인 위스키를 생산한다.

아래 마르스의 쓰누키津貫 증류소에서 증류액이 팟 스틸에서 끓어오르고 있다. 2차 증류를 거치면 투명한 스피릿이 생기는데, 숙성 과정에서 특정한 색을 띠게 된다.

숙성

위스키의 맛과 향은 70% 이상이 캐스크에서 나온다고 한다. 숙성은 스피릿을 부드럽게 만들 뿐만 아니라 투명한 색에서 호박색과 갈색으로 변화시켜 꿀, 바닐라, 과일 등의 향을 불어넣는다. 위스키 제조 과정에서는 캐스크가 왕이다. 증류를 통해 생성된 스피릿은 투명하다. 호박색에서 갈색으로 색이 바뀌는 것은 나무통에서 숙성된 결과이다. 그러나 대부분의 일본 위스키는 천연 캐러멜 식용 색소로 착색된다. 라벨에 색소가 표시되어 있지 않다 해도 위스키 제조업체에서 색소를 사용 가능한 옵션으로 남겨두었다고 가정하는 게 좋다. 캐러멜 색소는 스카치 위스키 규정에도 허용되어 있으며, 스카치 위스키 업계에서도 100여 년째 널리 사용되고 있다. 제조업체가 색소를 첨가하는 이유는 일부 배치*의 색상이 더 밝을 수 있고 까다로운 소비자가 불만을 제기할 수 있기 때문에 소비자에게 일관된 색상 프로필을 보장하기 위해서이다. 위스키 제조업체들은 캐러멜 색소는 소량만 사용하며 그 맛을 느낄 수 없다고 말하지만, 애호가들 사이에서는 뜨거운 논쟁의 대상이 되고 있다. 하지만 캐러멜 색소에 거부감을 느낀다면 일본과 스코틀랜드의 최고급 위스키를 놓칠 수 있다.

일본에는 스코틀랜드에서처럼 숙성 기간 관련 규정이 없다. 하지만 일본 증류소에서는 스카치 제조 전통을 존중하고 그보다 숙성이 덜 된 위스키는 맛이 좋지 않을 수 있기 때문에 일반적으로 3년 숙성이라는 최소한의 규칙을 따른다. 숙성 기간에 스피릿이 캐스크와 상호 작용하면서 나무에 자연적으로 존재하는 맛과 향

을 끌어내어 위스키를 변화시키고 영향을 미친다. 매년 숙성 과정에서 증발로 인해 스피릿의 일부가 손실되는데, 이를 '엔젤스 셰어(천사의 몫)•'라고 하며 일본어로는 '덴시노와케마에天使の分け前'라고 번역한다.

전 세계의 다른 위스키 제조업체들과 마찬가지로 일본에서 숙성에 사용되는 가장 일반적인 캐스크는 미국산 화이트 오크•로 만든다. 이 나무는 견고함뿐만 아니라 캐러멜, 꿀, 바닐라 향을 위스키에 불어넣는 것으로도 유명하다. 대부분의 미국산 화이트 오크 캐스크는 중고품이다. 버번 위스키는 반드시 새 캐스크만 사용해야 하며 재사용할 수 없다는 미국 법에 따라 중고 시장이 활발하게 형성되어 있다. 스코틀랜드에서와 마찬가지로 일본에서도 위스키를 숙성할 때 셰리 캐스크•가 사용되어 진한 과일 풍미를 선사한다. 일본산 오크인 미즈나라• 캐스크도 소량 사용된다(자세한 내용은 36~38쪽 참조). 스코틀랜드와 그 밖의 지역에서는 와인 캐스크가 '피니싱finishing(추가 숙성)'에 사용되기두 한다. 즉 숙성된 스피릿을 와인 캐스크에 담아 풍미를 더하며 숙성 기간을 마무리한다.

이처럼 캐스크가 중요하기 때문에 일본 최대 위스키 제조업체인 산토리와 닛카는 자체 쿠퍼리지•를 운영하면서 캐스크 생산을 엄격하게 관리한다. 일본의 소규모 업체로는 드물게 지치부 증류소도 그렇게 한다. 전 세계 어느 증류소에서나 캐스크를 수리하고 재제작하는 쿠퍼를 두는 것은 흔한 일이지만, 이 일본 증류소들은 모두 정확한 사양에 따라 새 캐스크를 만들 수 있는 등 독보적인 체계화를 자랑한다. 위스키 수요 증가로 캐스크의 가격이 상승하면서 증류소에서는 좋은 버번 캐스크, 특히 셰리 캐스크를 구하기가 점점 더 어려워지고 있다. 짐빔Jim Beam을 소유한 산토리와 포 로지스Four Roses 증류소를 소유한 기린은 위스키 생산의 핵심인 고품질 버번 배럴을 확보하는 데 전혀 문제가 없다. 셰리 소비는 정체된 반면에 위스키 수요는 급증해 중고 셰리 캐스크의 수요가 높은데, 산토리는 스페인에서 직접 중고 셰리 캐스크를 꾸준히 확보해 위스키 생산량을 안정적으로 관리한다. 다른 위스키 제조업체들은 일본의 독립 쿠퍼 업체인 아리아케산업에 의존한다.

숙성 중에는 캐스크의 크기(작은 캐스크에서는 나무와 더 많이 접촉되기 때문에 숙성 속도가 빠르다), 캐스크가 보관되는 창고 유형, 심지어 창고 내에서 배치된 위치 등 수많은 변수가 풍미에 영향을 미친다. 창고의 상층부에 있는 캐스크는 열로 인해 더 빨리 숙성되고 하층부에 있는 것은 더 천천히 숙성된다. 같은 창고에서 두 개의 캐스크를 서로 다른 위치에 보관하면 두 가지 다른 위스키가 탄생할 수 있다!

기후

캐스크로 쓰이는 나무 외에 지역 기후도 위스키의 특성에 영향을 미칠 수 있다. 추운 날씨에는 캐스크가 수축하기 때문에 위스키가 나무에 스며든다. 서늘한 기후에서는 위스키가 천천히 숙성된다. 날씨가 더워지면 캐스크가 팽창해 스피릿을 밀어낸다. 따라서

지치부 증류소의 블렌더 실험실에는 아쿠토 이치로가 위스키를 만들 때 사용하는 위스키 샘플이 가득하다. 각 샘플에는 상세한 라벨이 부착되어 있어 아쿠토는 증류 시기뿐만 아니라 어느 캐스크에서 나온 스피릿인지도 알 수 있다.

더운 기후의 지역에 위치한 증류소에서는 위스키가 더 빨리 숙성된다.

일본 전역의 날씨는 대체로 균일하지 않다. 예를 들어, 닛카의 요이치 증류소는 일본 최북단 홋카이도 서해안에 있어서 겨울은 길고 추운 반면 여름은 온화하다. 그 결과 완만한 숙성 과정을 거친다. 혼슈의 후지산 기슭에 위치한 기린 증류소는 연평균 기온이 약 13°C로 온화하다는 점이 이곳을 선정한 이유 중 하나였다. 닛카 증류소와 기린 증류소는 자사가 스코틀랜드와 비슷한 기후를 가진 지역에 자리 잡았다는 점을 강조하고 싶어하지만, 그렇다고 이 두 증류소가 스코틀랜드에 있는 것은 아니다. 당연히 두 증류소는 제각각 다른 위스키를 생산한다.

오사카 시마모토에 있는 산토리의 야마자키 증류소나 인근 시가현에 있는 오미 에이징 셀러近江 Aging Cellar 같은 증류소에서는 숙성이 훨씬 더 빨리 이루어진다. 그렇기 때문에 산토리는 위스키가 너무 빨리 숙성되지 않도록 큰 캐스크를 선호한다. 이 지역의 아열대 기후는 스코틀랜드보다 미국 켄터키에 더 가깝다(시마모토의 자매 도시가 켄터키주 프랭크포트인 것도 당연하다!). 그러니 여름이 길고 겨울이 짧고 추운 야마자키 증류소에서 생산되는 위스키는 겨울이 길고 혹독하며 여름은 짧고 온화한 요이치에서 생산되는 위스키와 자연스럽게 다를 수밖에 없다. 마찬가지로 고베에서 한 시간 떨어진 곳에 위치한 에이가시마주조 역시 여름이 무더운 곳이다. 이곳의 증류소는 늦봄부터 7월까지만 위스키를 생산하는데, 이러한 기후 조건은 위스키의 풍미에 분명한 영향을 미친다. 에이가시마주조의 화이트 오크 위스키 증류소는 바다와 가장 가까운 곳에 위치한 일본 몰트 위스키 증류소로 자주 언급되며, 산토리의 선 그레인 지타 증류소는 말 그대로 나고야항의 거대한 산업 부두에 자리 잡고 있다. 화이트 오크 위스키 증류소는 그림 같은 풍경을 자랑한다. 반면 선 그레인 지타 증류소는 그렇지 않다.

블렌딩

위스키가 숙성되면 일본의 마스터 블렌더들이 작업에 들어간다. 어떤 블렌더는 일관된 미각을 유지하기 위해 매일 점심때 같은 음식을 먹을 정도로 까다롭다! 어떤 이들은 블렌딩하기 전에 매운 음식만 빼고 자신이 좋아하는 음식을 먹는다.

블렌딩 과정은 요리라고 생각하면 된다. 일본 블렌더는 종종 피티드 위스키를 사용해 블렌딩의 프로파일을 지배하지 않으면서도 다른 풍미를 끌어낸다. 이는 일본 요리에 설탕이나 미림이라는 달콤한 사케를 사용하는 것과 비슷한 기법으로, 단순한 단맛이 아닌 요리의 다른 감칠맛을 끌어내기 위한 것이다.

산토리는 히비키 블렌드에 그레인 위스키를 사용하는데, 이는 일본 요리에서 국물 맛을 내기 위해 말린 가쓰오부시 또는 다시마 국물인 다시를 사용하는 것과 비슷하다. 기본 육수는 일본 전역에 걸쳐 다양한데, 산토리의 가벼운 하우스 스타일은 도쿄의 진하고 묵직한 육수보다 오사카와 교토에서 흔히 맛볼 수 있는 육수에 가깝다.

일본산 보리와 피트에 관하여

일본 증류소들은 주로 스코틀랜드 등지에서 수입하는 피티드 몰트와 언피티드 몰트에 의존한다. 산토리와 닛카는 연간 수백만 리터의 위스키를 생산하기 때문에 고가의 일본산 보리를 대량생산에 사용하는 것은 현실적으로 쉽지 않다. 특히 보리가 위스키의 최종적인 풍미에 얼마나 영향을 미치는지 논란이 있는 만큼 더더욱 그렇다.

전 세계적으로 위스키 증류소는 상업용 몰트스터*에 의존하는 것이 일반화되었다. 소수의 스코틀랜드 증류소만이 여전히 직접 보리를 몰팅하고 피팅peating하여 위스키에 소량 사용한다. 스프링뱅크Springbank처럼 모든 것을 자체적으로 생산하는 증류소는 매우 드물다. "스코틀랜드에서도 위스키 제조업체가 필요로 하는 보리를 전량 생산할 수는 없기 때문에 독일과 같은 곳에서 수입해야 합니다."라고 마르스의 다케히라 고키는 말한다.

스코틀랜드에서조차 증류소에서 몰트를 건조하는 것은 이제 거의 과거의 일이 되었다. 킬른*의 전형적인 탑은 이제 연기를 뿜어내는 대신 '위스키는 이곳에서 만들어진다'는 것을 알리는 상징물이 되었다. 야마자키 증류소는 1970년대에 이르러 현장에서 위스키를 몰팅하고 피팅하는 작업을 중단했지만, 닛카의 미야기쿄 증류소는 1980년대 중반까지 그 작업을 계속했다. 요이치 증류소에서는 홋카이도 황무지에서 채취한 피트의 향이 나는 킬른이 여전히 작동되지만, 이 글을 쓰는 시점에서는 시범용으로만 사용되고 있다. 일본의 소규모 증류소들은 점점 더 일본산 곡물과 피트에 관심을 보이고 있다. 지치부와 같은 신진 증류소가 제 기능을 하는 킬른을 보유하고 수작업으로 몰팅하는 고된 전통 공정을 채택한 것은 놀라운 일이다.

일본 보리

수십 년 동안 일본 위스키는 일본 보리로 만들어졌다. 2000년대 초반까지 일본요슈주조조합은 위스키 생산에 일정 비율의 일본산 보리를 사용하기로 합의했지만, 위스키 시장이 바닥을 치면서 2004년에 일본맥주주조조합이 그 비율을 맞추도록 합의가 변경되었다. 예를 들어, 닛카는 맥주를 만들지 않지만 아사히朝日가 소유한 회사여서, 닛카의 마스터 블렌더 사쿠마 다다시에 따르면 그 의무를 이어받았다고 한다. 전통적으로 일본맥주주조조합이 구매하는 일본산 보리의 양은 정식 계약서를 작성하면 국제 무역 규정에 위배되기 때문에 구두 약속으로 이루어진다.

제2차 세계대전 이전과 그 후 수십 년 동안 일본 증류소에서 가장 흔하게 볼 수 있었던 두줄보리는 골든 멜론Golden Melon이다. 1870년에 '고용 외국인お雇い外国人'으로 일본에 온 전 남북전쟁 기병 장교이자 미국 농업청장 호러스 캐프런Horace Capron이 홋카이도 개발을 위해 처음 일본에 들여온 품종이다. 그는 새로운 가축을 도입하고 삿포로의 도시 계획에 힘쓰는 한편, 골든 멜론이 홋카이도 토양에 적합하다고 판단해 미국에서 씨앗을 수입했다. 그리고 골든 멜론은 1876년 삿포로 양조장이 문을 열면서 일본 맥주 산업의 탄생으로 이어졌다. 풍미가 뛰어난 골든 멜론은 일본 맥주 산업에서 먼저 번성했고 나중에는 위스키 업계에서도 성공을 거두었다. 사이타마에 위치한 지치부 증류소는 골든 멜론의 씨앗을 확보하고 향후 출시될 제품에 이 품종을 사용할 수 있을지 테스트하는 중이다. 지치부 증류소의 창립자 아쿠토 이치로는 "맛에 어떤 영향을 미칠지 단언하기는 어렵지만 직접 맛보고 싶습니다."라고 말한다.

대부분의 전통 보리와 마찬가지로 골든 멜론은 현대의 생명공학으로 개량된 보리처럼 알코올 도수가 높지는 않다. 하지만 수십 년 동안 일본 위스키 증류업체와 맥주 양조업체가 즐겨 찾던 보리였으니만큼 업체들에게 골든 멜론은 분명 만족스러웠을 것이다. 1920년대에 야마자키 증류소에서는 골든 멜론 자루가 창고 천장에 닿을 정도로 높이 쌓여 있었다. 1970년대 초까지만 해도 산토리는 올드 산토리 위스키에 '고급' 골든 멜론 보리를 사용한다고 광고했다. 1930년대 다케쓰루 마사타카가 처음 닛카를 설립했을 때와 그 후 수십 년 동안 요이치의 위스키에도 골든 멜론이 사용되었다. 그때는 그랬다.

"닛카에는 일본 보리로 만든 오래된 위스키가 지금도 남아 있습니다. 일본 보리로 새로운 위스키를 만든다면 분명 흥미로운 이야깃거리가 될 겁니다. 하지만 보리가 풍미에 그다지 큰 영향을 미치지는 않을 것 같군요." 닛카의 마스터 블렌더 사쿠마 다다시의 말이다. 사쿠마는 전 세계 증류소에서 쓰이는 보리 품종은 끊임없이 바뀐다고 지적한다. "특정 보리나 특정 물만을 고집한다고 하면 정직해 보이지 않습니다."라며 그는 이렇게 덧붙였다. "영

맨 왼쪽 홋카이도 이시카리의 늪지에서 채취되는 피트.

왼쪽 보리는 고대부터 일본에서 재배된 전통 작물이다. '무기차(보리차)'는 훌륭한 여름 음료이다.

아래 이 일본 보리는 일본산 맥주 생산에 사용된다. 일본에서는 보리와 밀을 가을에 수확하지 않고 보통 5월에서 6월 사이에 수확한다. 이 수확을 '바쿠슈麥秋'라고 부른다.

향력이 전혀 없다는 뜻은 아니지만, 사람들이 그 차이를 구분할 수 있을지 의문입니다."

일본산 보리는 수입산보다 최대 네 배나 비싸기 때문에 많은 업체가 겁을 먹는다. 게다가 맥주 양조장, 쇼추 양조장, 차 회사뿐만 아니라 국수 및 빵 제조업체와 같은 다른 식품 회사들 사이에서도 현지 곡물에 대한 경쟁이 이미 존재한다. 예컨대 보리가 풍부한 도치기현의 간토바쿠가關東麥芽와 같은 일본 몰트 제조업체는 대형 음료 회사와 연결되어 있다. 산토리는 1961년 위스키와 맥주용 보리를 몰팅하기 위해 간토바쿠가를 설립했으며, 이 회사는 현재 더 큰 산토리 그룹에 속한다. 산토리는 맥주에는 일정 비율의 일본산 보리를 사용하지만 위스키에는 사용하지 않는다. 맛의 차이가 미묘하거나 미미하거나 거의 인지할 수 없더라도 이러한 차이가 위스키의 특성에 영향을 미칠 수 있다는 점을 생각할 때 안타까운 선택이다. 그래서 소규모 증류업체들이 일본산 스피릿에 관심을 보이는지도 모른다. 또한 크래프트 맥주의 부상으로 일본산 몰트를 구하기가 더 쉬워졌지만 확실히 저렴하지는 않다. 맛의 변화가 미미하더라도 일본 위스키에 일본산 보리를 사용한다면 위스키의 지역적 특색이 더욱 강해지고 증류소가 최종 제품에 대한 통제력을 더 강화할 수 있을 것이다.

일본 피트

피트는 위스키에 페놀계의 스모키한 식물 향을 입힐 수 있다. 일본에서는 증류소들이 원하는 피트 페놀의 ppm을 지정해서 미리 피트 처리가 된 몰트를 주문한다. 일부 양조장에서는 한 단계 더 나아가, 필요에 따라 피티드 몰트와 언피티드 몰트를 혼합하기도 한다.

1970년대에 영국 언론은 일본에 피트가 없다고 잘못 보도했고, 1977년 11월 12일《가디언》은 "스코틀랜드 피트가 없었다면 일본 위스키는 사라질 것"이라는 기사를 썼다. 산토리가 자사 위스키를 스코틀랜드산 수입 피트로 만들었다고 미국 신문에 광고한 일도 일본 현지 피트의 전망에 도움이 되지 않았다. 그러나 보리와 마찬가지로 피트도 일본 전역에서 볼 수 있다. 제2차 세계대전으로 연료 부족을 겪을 때 일본에서는 피트를 에너지원으로 썼다. 일본에서 가장 큰 섬인 홋카이도는 오늘날 피트 생산의 중심지이며, 현재 평지의 6%가 피트로 덮여 있다. 최근까지도 닛카의 요이치 증류소에서는 매년 현지 피트를 채굴해 시범용으로 사용했다. 홋카이도의 다카하시高橋 피트모스Peat Moss처럼 피트를 전문으로 취급하는 일본 회사도 있지만 위스키 제조에는 사용되지 않는다.

소규모 증류소들은 눈에 띄는 위스키를 만들기 위해, 그리고 국내산 제품을 최대한 많이 만들기 위해 현지 보리를 건조하는 데 사용할 현지 피트를 찾고 있다. 사이타마에 있는 지치부 증류소는 스코틀랜드 하일랜드에서 발견되는 피트와 유사하다고 평가되는 현지 피트를 조달하고 있으며, 홋카이도에 새로 문을 연 앗케시 증류소는 현재 자체 보유 중인 피트의 고유한 성분을 연구하고 있다. 현지 피트를 쓰더라도 그 차이는 미미한 정도일 수 있지만 그렇더라도 일본 위스키를 최대한 현지에서 생산하거나, 궁극적으로 '올 재팬' 제품을 출시하려는 큰 흐름의 일부라고 할 수 있다.

'메이드 인 재팬' 캐스크의 가치

위스키 수요가 증가함에 따라 캐스크는 점점 더 가격이 올라가고 구하기 어려워지고 있다. 따라서 오래된 캐스크를 잘 관리하는 것이 그 어느 때보다 중요해졌다. 많은 스코틀랜드 증류소가 중고 캐스크에 의존하지만, 일본 위스키의 거인인 산토리와 닛카는 새 캐스크 또는 버진 캐스크를 직접 제작하기도 한다. 이렇게 하면 생산 과정을 완벽하게 통제할 수 있다. 일본에서 가장 작은 규모인 벤처 위스키의 지치부 증류소에도 고품질의 새 캐스크를 생산하는 자체 쿠퍼리지가 있다.

버진 캐스크

그러나 일본 위스키의 숙성에 사용되는 버진 캐스크virgin cask(한 번도 술을 담지 않은 새 캐스크)는 한정되어 있으며, 스코틀랜드에서와 마찬가지로 일본 전역의 증류소 창고에는 대부분 버번 배럴이 가득 차 있다. "일본에는 서양식 캐스크를 만드는 쿠퍼가 많지 않습니다."라고 닛카 위스키 전용 쿠퍼리지인 닛카세이타루ニッカ製樽에서 근무했던 마스터 쿠퍼 하야사카 히로쓰구는 말한다. 지금은 기업 물류 회사로 변신한 후쿠이요다루福井洋樽나 목제 바닥재 전문 업체인 쇼와요다루昭和洋樽처럼 이전 쿠퍼리지들은 문을 닫거나 다른 방식으로 전환했다. (하지만 분사한 회사인 쇼와요다루 콘키近喜는 기린 증류소에서 직접 캐스크를 관리한다.) 하뉴 증류소의 캐스크를 담당했던 업체인 마루에스요다루는 마스터 쿠퍼인 사이토 미쓰오가 은퇴한 뒤로는 운영하지 않는다. 이 회사의 장비는 현재 지치부 증류소의 쿠퍼리지에서 사용되고 있다.

와다루和樽(일본식 술통) 쿠퍼는 요다루洋樽(서양식 캐스크) 쿠퍼보다 많다. 일본 고유의 술통 제작 전통은 14~15세기 이후 중국에서 목공 대패가 도입된 이후에야 시작되었다. 일본식 술통은 대나무 줄기로 묶은 원통 모양의 용기로, 서양식 캐스크처럼 중간 부분이 불룩하게 튀어나오지 않고 윗부분이 약간 퍼진 모양이다. 이 스타일의 술통은 위스키 숙성에는 사용되지 않고 쇼추와 사케 숙성에 주로 사용된다. 일본의 전통 사케다루酒樽(사케통)는 일본 삼나무로 제작되어 사케에 깨끗하고 신선하며 선명한 향기를 입히는 역할을 한다. 일본에는 숙성에 사용되는 목재에 대한 규정이 별도로 없어서, 산토리는 저렴한 가격의 제품인 토리스 블렌드에 일본 삼나무를 일정 비율 사용하여 위스키를 숙성하기도 한다.

자체적으로 캐스크를 만들거나 수리할 수 없는 일본의 소규모 증류소는 일본에서 마지막으로 남은 독립 쿠퍼리지인 아리아케산업을 이용한다. 이 업체는 다른 쿠퍼들이 떠난 업계의 공백을 메우고 있다. 1973년에 설립된 아리아케산업은 사케 병을 담는 상자를 만드는 일로 시작했다. 주요 사업은 쇼추 통 제작이지만 점차 위스키용 캐스크 제작 비중이 늘고 있다.

규슈에 있는 아리아케산업의 쿠퍼리지에서는 열두 명 남짓의 작업자가 희귀한 일본산 오크 캐스크를 포함해 다양한 종

류와 크기의 새 캐스크와 리퍼브 캐스크refurbished cask를 연간 4000~5000개씩 생산하느라 분주하다. 예를 들어, 미국산 버번 배럴은 일반적으로 기능에 충실하고 겉모양이 투박한 반면에, 아리아케산업은 전통적으로 외관이 수려한 와인 캐스크를 만든 역사가 있어서 근사한 새 캐스크를 만들 수 있다. 과거에는 아리아케산업의 수작업 캐스크 중 약 90%가 쇼추 숙성에 사용되었는데, 요즘은 위스키 숙성에 사용되는 캐스크가 늘어나면서 상황이 바뀌고 있다.

아리아케산업에서는 캐스크를 전통 방식으로 차링*하는 작업을 한다. 작은 불 위에 캐스크를 올려놓고 삽으로 톱밥을 던져서 불이 천장까지 치솟으며 캐스크에 불이 붙도록 만든다. 불타는 캐스크를 창고 바닥에 굴리면 불길이 뿜어져 나오며 장관을 이루는데, 이때 다른 쿠퍼가 호스로 물을 뿌려 불을 끈다. 일본의 다른 쿠퍼리지에서는 보통 기계로 캐스크를 차링하지만, 아리아케산업은 장인들의 경험에 의존한다.

희귀한 일본산 화이트 오크, 미즈나라

일본 위스키뿐만 아니라 대다수 위스키가 미국산 화이트 오크 캐스크에서 숙성되며, 유럽산 오크 캐스크가 그 뒤를 잇는다. 하지만 일본에서는 미즈나라ミズナラ 또는 일본 오크라고 불리는 독특하고 희귀한 나무로도 위스키 캐스크를 만드는데, 그 수는 훨씬 적다. 위스키를 모르는 일본인들은 미즈나라를 돈구리노키ドングリの木(도토리나무)라고 부르기도 한다. 하지만 미즈나라는 단순한 도토리나무가 아니다. 이 나무는 세계에서 가장 비싸고 고급스러운 위스키 캐스크의 재료로 쓰인다. 보모어Bowmore와 시바스 리

갈Chivas Regal 같은 스카치 업체가 미즈나라 캐스크에서 숙성한 위스키를 출시하는 것도 이해할 만하다.

'미즈水'는 '물'을 뜻하는 단어로, 오크에 함유된 수분을 의미하고 '나라楢'는 '오크'를 뜻한다. 미즈나라는 '오나라大楢(큰 오크)'라고도 하는데, 문자 그대로 '작은 오크'를 의미하는 고나라コナラ(小楢)와 밀접한 관련이 있다. 하지만 고나라는 미즈나라만큼 크게 자라지 않기 때문에 캐스크에 널리 사용되지 않는다. 미즈나라는 오사카 같은 온대 지역을 비롯해 일본 전역에서 볼 수 있다. 하지만 홋카이도와 같이 추운 지역에서 자라는 일본 오크는 결이 더 세세하고 나이테가 더 촘촘해서 캐스크 제조에 이상적이다.

야마자키 증류소는 1923년에 설립되어 1924년 위스키 증류를 시작할 때부터 짙은 과일과 향신료의 풍미를 더해주는 유럽산 오크로 만든 셰리 캐스크만을 사용했다. 당시 스코틀랜드에서는 셰리 캐스크가 위스키 숙성의 표준이었다. 창업자 도리이 신지로의 와인 사업 인맥은 좋은 셰리 캐스크를 확보하는 데 큰 도움이 되었다. 제2차 세계대전 중 수입이 어려워지자 야마자키 증류소는 미즈나라 캐스크로 전환했다. 이러한 방식을 사용한 것이 처음은 아니었다.

홋카이도에서는 1870년대에 이미 일본 와인 제조업체들이 미즈나라 캐스크를 사용했다. 맥주 양조업자들도 마찬가지였다. 당시 일본인들은 오늘날의 위스키 증류소들처럼 미즈나라로 특별한 특성을 끌어내려고 하지는 않았다. 그보다는 캐스크를 만들 나무가 필요했고, 일본산 화이트 오크면 충분해 보였다. 미즈나라가 캐스크에만 사용되었던 것도 아니다. 사람들은 미즈나라로 식탁, 의자, 썰매, 수레바퀴, 집 등 온갖 것을 만들었다.

미즈나라를 자르면 도라후虎斑(호랑이 줄무늬)라고 불리는 멋진 무늬가 단면에 나타난다. 이러한 매력적인 특성 덕분에 19세기 말과 20세기 초에는 책상, 식탁, 난간, 목재 패널, 심지어 변기 솔과 관을 만들기 위해 영국으로 수출되기도 했다. 이렇게 수출된 미즈나라는 캐스크를 만드는 데에도 사용되었다. 예를 들어, 1926년 영국《내셔널 쿠퍼스 저널 *National Cooper's Journal*》은 제1차 세계대전 이전 벨기에서 일본 오크가 "특히 맥주용 고급 배럴에 상당히 사용되었다."라고 기록했다. 그러나 1959년 영국 양조산업연구재단의 보고서에서는 "일본 오크가 캐스크 만드는 데 사용되었는데, 구멍이 너무 많아서 맥주를 오래 보관할 수 없었다고 한다."라고 언급했다.

야마자키 증류소가 제2차 세계대전으로 셰리 캐스크 수입이 어려워지면서 일본산 오크를 사용한 것과 달리, 다케쓰루 마사타카가 1934년 닛카의 첫 증류소를 짓기 위해 홋카이도를 선택한 이유 중 하나는 미즈나라를 구할 수 있어서였다. 또한 일본 오크를 자르고 쪼개서 캐스크를 만드는 장인인 고마쓰자키 요시로를 요이치로 데려온 이유도 바로 이 때문이었다. 미즈나라는 1965년 위스키 숙성을 위해 미국산 화이트 오크를 테스트하기 시작할 때까지 닛카의 창고를 장악했다. 5년 후에는 누수가 덜한 미국산 오크로 전환했고, 현재는 일본산 오크는 거의 사용하지 않는다. 하지만 위스키 업계에서 미즈나라보다 더 선호되고 더 값비싼 나무는 없다. 그렇다면 그 이유가 무엇일까?

미즈나라가 특별하고 까다로운 이유

미즈나라는 단순히 일본에서 자라는 오크가 아니다. 위스키의 맛과 향의 범위를 넓혀준다. 산토리와 에든버러의 헤리엇와트 Heriot-Watt 대학교의 공동 연구에 따르면 미즈나라 캐스크에서 27년간 숙성된 위스키는 미국산 오크 캐스크에서 숙성된 위스키와는 약간 다른 풍미를 가졌다고 한다. 미즈나라에서 숙성한 위스키는 몇 안 되는 곡물, 풀, 신선한 과일 노트*가 있지만 약간 더 옅고 성냥불을 켤 때 나는 듯한 유황 향이 조금 더 강하다. 그래서인지 미즈나라에서 숙성된 위스키를 절이나 사원의 향과 촛불에서 나는 향에 비유하기도 한다.

화학 분석 결과, 미즈나라 캐스크에서

1876년 9월에 촬영되어 홋카이도 대학교 도서관에 소장된 이 사진은 미즈나라 캐스크가 전면에 쌓여 있는 삿포로 와이너리를 보여준다. 서 있는 사람들 대부분이 정장을 입고 있지만 일부 남성은 전통 의상을 입고 있다.

숙성된 위스키는 미국산 화이트 오크 캐스크에서 숙성된 위스키보다 높은 농도의 트랜스락톤translactone으로 인해 '코코넛' 계열의 아로마가 훨씬 더 높은 것으로 나타났다. 연구 결과에 따르면 일본 오크 캐스크에서는 시간이 지날수록 코코넛 아로마와 향(인센스)의 아로마가 모두 증가한다고 한다. 일례로 40년간 숙성된 미즈나라 위스키는 향의 아로마가 두 배, 코코넛 아로마가 세 배 이상 높다. 그러나 수령이 짧은 미즈나라는 미국산 화이트 오크의 꿀 같은 달콤함보다 훨씬 더 미묘하고 건조한 우디 노트가 강하다. 이 모든 점 때문에 미즈나라가 더 우월하다는 뜻은 아니며 단지 다를 뿐이다. 위스키의 종류가 다양해지면 블렌더의 팔레트*가 더 풍부해져서 다양한 아로마와 풍미를 표현할 수 있다.

왼쪽 미즈나라가 캐스크로 만들 수 있을 만큼 자라려면 최소 150년이 걸린다.

아래 미즈나라를 재단하면 '도라후'라고 불리는 매력적인 호랑이 무늬가 나타난다.

일본 위스키를
더욱 일본답게 만드는 것들

일본에는 위스키를 숙성하는 나무에 대한 별도의 규정이 없기 때문에 쿠퍼들이 선택할 수 있는 목재가 더 다양하다. 주로 쓰이는 것은 미국산 화이트 오크이고, 비싸고 까다로운 대안으로 미즈나라가 있지만, 위스키 제조업체에게는 좀 더 독특한 일본 위스키를 만들 수 있는 다른 옵션도 있다. "과거에는 단순히 위스키 제조업체를 위한 캐스크만 만들었습니다. 하지만 우리는 증류소들이 미처 알지 못했던 니즈를 더 잘 충족시켜야 한다고 생각했죠." 아리아케산업의 오다와라 다카요시의 말이다.

아리아케산업의 교토 본사에서 오다와라는 원목 테이블 위에 병을 여러 개 올려놓았다. 각각의 병에는 구리クリ(밤나무), 스기スギ(삼나무), 사쿠라サクラ(벚나무) 등 일본어로 라벨이 붙은 호박색 중성neutral 스피릿이 채워져 있다. 이는 알코올을 넣고 숙성시킨 목재를 표시한 것으로, 어떤 풍미 구현이 가능한지 파악하기 위한 테스트 샘플이다. 핵심 개념은 위스키를 미국산 화이트 오크 캐스크에서 숙성할 때 캐스크의 양쪽 끝부분인 뚜껑, 즉 헤드만 이러한 목재로 만들어 사용하면 새롭고 독특한 아로마

를 만들어낼 수 있다는 개념이다. 각 샘플은 해당 나무 블록과 함께 일주일만 숙성시켜 스피릿이 어떤 영향을 받는지 보여준다. 일본에서는 이러한 향을 내기 위해 캐스크 속에 나무 칩을 넣는 것이 합법적이지 않기 때문에 그 대신 캐스크의 헤드를 다양한 목재로 사용하기로 결정했다고 오다와라는 설명한다. 이 목재들은 작업하기가 까다로울뿐더러 스피릿을 압도할 수 있기 때문에 캐스크 전체에 사용하기에는 적합하지 않지만, 부분적으로 사용하면 새롭고 자연스러운 풍미를 끌어내 다양한 일본 고유의 가능성을 열어줄 수 있다.

"자, 냄새를 맡아보세요." 오다와라가 중성 스피릿 한 병을 건네주며 말한다. "알코올 함량은 30%이고, 투명하고 특징이 없는 스피릿입니다." 그러더니 다른 병을 하나 더 집어주며 말한다. "이번엔 이걸 맡아보세요." 몽블랑으로 알려진 밤 크림 디저트 냄새가 나는데, 라벨에 일본어로 '밤'이라고 적혀 있어서 이해가 간다. 하지만 단순히 견과류의 고소함만이 아니라 맛있는 단맛이 느껴진다. 일본인에게 밤은 가을을 연상시키며 밥과 섞어서 '구리고한栗ご飯(밤밥)'이라는 요리로 먹는 경우가 많다.

오다와라가 또 다른 금속 뚜껑을 열며 냄새를 맡아보라고 권한다. 일본 사람들에게는 익숙한 향이 난다. 벚나무 잎과 꽃으로 만드는 사쿠라모치의 향이다. 호박색 스피릿으로 채워진 또 다른 유리병에는 일본어로 '링고リンゴ(사과)'라는 라벨이 붙어 있다. 오다와라는 이렇게 설명한다. "스카치의 경우 반드시 오크를 사용해야 하지만 일본 위스키의 경우 다양한 종류의 나무를 사용할 수 있습니다. 이 점을 활용해 일본 특유의 풍미를 만들고 싶었습니다." 그들의 목표는 이미 달성된 셈이다.

위 아직 원형으로 자르기 전의 캐스크 헤드를 차링하고 있다.

왼쪽 미야자키현의 아리아케산업 쿠퍼리지에서 오다와라 다카요시가 캐스크 헤드를 점검하고 있다.

오른쪽 구리(밤나무), 사쿠라(벚나무), 스기(삼나무), 미즈나라에서 각기 숙성한 스피릿이 담긴 작은 병들. 스기와 미즈나라는 차링을 거쳤다.

일본 최초의 서양식 캐스크 견습생

만지로 나카하마万次郎中濱(일명 존 만지로John Manjiro)는 최초로 아메리카 대륙에 도착했을 뿐만 아니라 그곳에서 서양식 캐스크(그중 배럴) 제조 견습 생활을 한 일본인으로 기록되어 있다.

1841년, 열네 살의 만지로와 작은 어선의 선원들이 태평양의 한 섬에서 난파를 당했다. 당시만 해도 일반인은 일본을 떠나면 법적으로 사형에 처할 수 있었다. 미국 포경선에 의해 구조된 만지로는 매사추세츠주 페어헤이븐으로 옮겨져 고래 기름을 보관하는 통 만드는 법을 배웠다. 포경선을 타고 전 세계를 여행한 만지로는 스물네 살에 일본으로 돌아가는 위험한 결정을 내린다. 운 좋게 그는 귀국 후 사형을 피하고 귀중한 조언자이자 통역사가 되어 미국인과 막부 사이의 의심을 누그러뜨리는 데 기여했다.

미국에 머무르는 동안 만지로가 미국 위스키를 마셔 보았을 가능성은 있지만 역사적 기록은 없다. (설탕이 많이 들어간 커피를 좋아했다고 알려져 있다!) 만지로를 연구한 역사학자 기타다이 준지北代淳二에 따르면 귀국 이후 외국 상인들과 술을 마실 기회도 있었지만 역시 기록은 없다. 1866년, 우라도만에 정박했던 영국 증기선에 대한 이야기가 있다. 만지로가 선원들에게 그 배가 일본을 침입했다고 지적하자 선원들은 사과하며 만지로와 그의 동료인 사무라이 정치가 고토 쇼지로後藤象二郎를 선상에 초대해 다과를 대접했다. 한 기록에 따르면 스카치가 제공되었고, 늘 술을 좋아했던 고토는 처음으로 위스키를 맛보았다고 한다. 이 기록에서는 만지로가 마셨는지 여부는 명시되어 있지 않지만, 일본에서 스카치 위스키가 등장한 초기 사례 중 하나다.

여기서부터 일이 까다로워지고 비용이 많이 들기 시작한다. 일본에서 근대화가 추진되자 건축을 위해 점점 더 많은 목재가 필요했고, 많은 미즈나라 거목이 내수용과 수출용으로 베어졌다. 미즈나라가 원목으로 사용할 수 있는 크기가 되려면 최대 200년이 걸린다. "나무의 지름이 70~80cm가 될 정도로 크지 않으면 캐스크로 만들 수 없습니다."라고 아리아케산업의 매니징 디렉터 오다와라 다카요시는 말한다. 크기만이 문제가 아니다. 미즈나라의 성장 방식도 일을 복잡하게 만든다. 가지가 뒤틀리고 구부러져 통에 사용되기에 적합하지 않은 경우가 많다. 게다가 19세기 후반과 20세기에 수출이나 국내 수요가 증가하면서 크고 두꺼운 미즈나라가 많이 베어졌다. 이처럼 키가 크고 곧은 일본 오크를 찾기 어려운 만큼, 지치부 증류소에서 발효에 사용되는 160cm 크기의 미즈나라 워시백*은 더욱 주목힐 만하다.

미즈나라는 구하기가 어렵다. 야마자키 싱글 몰트와 히비키 블렌드에 미즈나라 캐스크에서 숙성된 위스키를 사용하는 산토리조차 연간 150개의 캐스크를 만들 수 있는 분량의 미즈나라만 확보할 수 있다. 경쟁사인 닛카는 미국산 화이트 오크를 선호하지만 연간 미즈나라 캐스크를 다섯 개 정도 조달할 수 있다. 한편 아리아케산업은 연간 최대 약 200개의 미즈나라 캐스크를 생산한다. 미즈나라가 희소하기 때문에 미즈나라 캐스크는 미국산 오크보다 두 배 이상 비싸다. 예를 들어, 아리아케산업은 450리터(119갤런) 미국산 화이트 오크 캐스크를 13만~14만 엔에 판매하지만, 미즈나라 캐스크는 개당 가격이 최대 32만 엔까지 치솟는다.

일부 일본 위스키 제조업체는 미즈나라 목재를 구입하기 위해 홋카이도의 경매장에 가서 일본 가구 제조업체는 물론 최근에는 외국 바이어와도 경쟁해야 한다. 그 결과 이미 비싼 목재가 더 비싸졌다. 오다와라는 "경매 가격이 너무 높아져서 이제는 아리아케산업에서 직접 구매하고 있습니다."라고 말한다. 미즈나라를 쌓은 팰릿이 아리아케산업의 쿠퍼리지에 도착하면 캐스크로 만들어질 준비가 된다. 가구 제작자는 캐스크용 미즈나라를 사용할 수 있지만, 쿠퍼들은 식탁이나 의자 용도의 미즈나라를 사용할 수 없다. 가구는 결이 이상적이지 않은 미즈나라로도 만들 수 있지만 캐스크는 그렇지 않기 때문이다. 미즈나라가 위스키 숙성 과정에서 두번째 생명을 얻으려면 특정 방식으로 절단해야 한다.

일단 미즈나라를 베어낸 다음 '미칸와리みかん割り(귤 쪼개기)'라고 불리는 방식으로 그 목재를 여러 조각으로 쪼개는 작업을 한다. 나무를 가로지르지 않고 나뭇결을 따라 쪼개는 방식이다. 오다와라는 "이런 식으로 지르지 않으면 위스키가 비닥으로 줄줄 흘러버려요."라고 말한다. 미즈나라는 자르는 방법뿐만 아니라 사용할 수 있는 양도 중요하다. 미국산 화이트 오크 통나무는 절

반 정도에서 나무껍데기나 속심과 같은 부분을 제외하고 캐스크의 널빤지인 스테이브*로 사용할 수 있는 목재가 충분히 나온다. "하지만 미즈나라의 경우 통나무의 20~30% 정도만 사용할 수 있어요."라고 오다와라는 설명한다. 이 차이는 통나무를 다양한 방식으로 절단해 통의 각 패널 또는 스테이브를 만들 수 있는 미국산 화이트 오크의 특성에서 기인한다. 미국 화이트 오크는 목재가 자연적으로 타일로시스tyloses라고 불리는 세포 증식체를 형성하기 때문에 나뭇결 방향과 반대로 잘라도 된다. 타일로시스가 천연 밀봉제 역할을 하기 때문이다. 이 점이 이 나무가 위스키 용기에 이상적인 여러 이유 중 하나이다. 그러나 미즈나라는 타일로시스가 훨씬 적게 생성되며, 이는 이 목재의 재질이 훨씬 더 다공성임을 의미한다. 이에 대해 오다와라는 이렇게 지적한다. "미국산 화이트 오크 캐스크 열 개 중 하나에서 물이 새는 것은 엄청난 일이지만, 미즈나라의 경우 캐스크가 열 개라면 결국 열 개가 다 새어버리죠." 나무를 자르고 쪼개는 방법과 캐스크를 만드는 방법에 세심한 주의를 기울여도 예상치 못한 곳에서 누수가 발생할 수밖에 없다. 오다와라는 "미즈나라도 물론 새지만 프랑스산 오크도 마찬가지예요."라고 지적하

며, 과거 위스키 증류소들은 제2차 세계대전 이후 주로 버번을 담았던 미국산 화이트 오크 캐스트로 전환한 지금보다 새는 통에 더 익숙했을 것이라고 덧붙였다.

아리아케산업은 캐스크가 새는 문제를 해결할 천연의 방법을 찾았는데, 바로 가키시부柿渋(떫은 감즙)이다. 일본 역사 전반에 걸쳐 가키시부는 천연 밀폐제로 사용되어왔다. 사케를 제조할 때도 나무 뚜껑, 일본식 술통, 발효 등에 쓰이는 대형 나무통 등에 이 즙을 발라 방수 처리한다. 미즈나라 캐스크는 전체를 가키시부로 칠하지 않고 새는 부분에만 칠해 술이 숙성되는 동안 통이 계속 숨을 쉬고 술과 상호 작용할 수 있도록 한다.

미즈나라가 모든 일본 위스키에 어울리는 것은 아니다. 비싸고 까다로우며 지속적인 관찰이 필요하기 때문이다. 한마디로 미즈나라는 골치 아프다. 하지만 미즈나라는 아름답고 강하면서도 섬세한 위스키를 만들 수 있으며, 블렌딩을 할 때도 그 훌륭한 특성이 잘 유지된다. 이 귀중한 미즈나라 캐스크를 만드는 데 필요한 주의력과 적절한 숙성에 필요한 관리 탓에 일부 증류소는 좌절감에 두 손 들기도 한다. 이때 떠오르는 단어는 '가만我慢'이다. '인내' '견디기' 또는 '자제력'으로 번역되는 단어이다. 이것은 단순한 단어가 아니라 불교철학 용어이며, 미즈나라 캐스크와 미즈나라 숙성 위스키를 만들려면 많은 '가만'이 필요하다. 많은 돈은 말할 것도 없고!

오른쪽 산토리는 제2차 세계대전 중 미즈나라 캐스크에서 위스키를 숙성하기 시작했다. 오늘날 미즈나라 숙성 위스키는 산토리의 싱글 몰트 및 블렌디드 위스키의 필수 요소이다.
아래 나가하마長浜 증류소의 미즈나라 캐스크.

위 맨 왼쪽 지치부 쿠퍼인 나가에 겐타가 미즈나라 통나무를 쪼개고 있다.

위 가운데 이 미즈나라 캐스크의 짙은 갈색 부분이 가키시부를 칠한 부위이다.

위 오른쪽 아리아케산업은 가키시부가 누수를 방지하는 데 도움이 된다고 믿지만, 지치부 증류소는 증류된 스피릿이 캐스크에 남아 있도록 도끼로 나무를 쪼개는 방식을 택한다. 한편 아리아케산업에는 미즈나라 목재가 미리 절단된 상태로 팰릿에 실려 입고된다.

일본의 위스키 문화

1929년 일본 최초의 위스키인 시로후다가 출시되었을 때, 일본 고객들은 술잔에서 탄내와 고약한 냄새가 난다며
코를 막았다. 일본인들은 그렇게 독한 술을 마시는 데 익숙하지 않았고, 위스키는 사케와 쇼추보다 훨씬 강하게
느껴졌다. 오늘날 많은 일본 위스키 애호가와 증류업체는 매우 스모키한 스카치 위스키에 열광하지만,
일본 요리의 향이 굉장히 섬세하다는 점을 고려하면 일본이 위스키에 익숙해지는 데는 시간이 필요했다.

하이볼

탄산음료, 얼음, 위스키. 이것은 일본 전역에서 위스키를 즐기는
가장 일반적인 방법이다. 일본에서 위스키는 오랜 역사를 가지고
있으며, 즐기는 방식도 오랜 시간에 걸쳐 변화해왔다. 1918년에 고
베에서 문을 연 바 삼보아Bar Samboa는 여전히 제2차 세계대전
이전의 하이볼 위스키와, 탄산음료, 레몬 한 조각을 넣고 얼음은
넣지 않은 위스키를 제공하고 있다.

일본 위스키 중 최초의 히트작인 산토리 위스키 12년은 하이볼
에 이상적이었다. 고토부키야가 아직 산토리라는 공식 명칭을 사
용하지 않았던 1937년에 출시된 이 블렌드는 부드러운 꽃 향이
특징이었는데, '가쿠빈角瓶(사각병)'이라고 불리며 인기를 끌었다.
그 이름은 그대로 이어졌다. 오늘날 공식 명칭은 '가쿠빈 위스키'
이며, '가쿠하이角ハイ'라는 고유명사까지 있을 정도로 하이볼에
가장 많이 사용되는 희석 음료다.

1930년대에 위스키가 처음 일본 대중에게 알려지기 시작했을
때 사람들은 위스키를 물을 섞은 미즈와리水割り나 탄산수를 섞
은 소다와리ソーダ割り로 마셨다. 이 방식은 지금까지 크게 변하지
않았으며 얼음을 채운 잔에 위스키를 붓는 '온더락on the rocks'

과 함께 여전히 위스키를 즐기는 가장 일반적인 방식이다. 1960년대에 산토리는 토리스 위스키를 쇼추처럼 뜨거운 물에 타서 마시는 오유와리お湯割り 스타일 음료로 홍보했다. 사케 역시 따뜻하게 즐기기도 하지만, 오늘날 일본인들은 날씨가 쌀쌀해도 따뜻한 위스키를 마시는 경우는 드물다. 그런데 요즘에는 지치부와 같은 일부 일본 증류소에서는 위스키를 니트neat(물이나 얼음 없이 상온 그대로 마시는 방식)로 마실 수 있도록 디자인하고 있다.

1960년대 초, 산토리는 하이볼을 캔에 담아 사람들이 초고속 열차 안에서나 한창 붐이 일던 캠핑과 피크닉을 즐기면서 더욱 쉽게 마실 수 있도록 만들었다. 19세기 후반 영국인들이 브랜디에서 위스키로 주류의 중심을 옮겼을 때처럼 위스키는 탄산음료와의 혼합을 통해 더 많은 대중에게 알려졌다.

2000년대 일본 위스키 산업이 사상 최저치를 기록했을 때, 영화 〈라스트 사무라이〉로 유명한 여배우 고유키가 등장하는 2008년 광고 시리즈를 통해 하이볼의 부활을 이끈 위스키가 바로 가쿠빈이다. 위스키에 전혀 관심을 보이지 않던 일본의 젊은 여성들이 갑자기 탄산수 3, 가쿠빈 1의 비율로 만든 하이볼을 마시기 시작했

맨 위 1954년경 신주쿠의 한 토리스 바. 전성기에는 2000개가 넘는 토리스 바가 있었다. 현재는 몇 곳만 남아 있다. 가장 상징적인 토리스 바 중 하나인 주소＋ㅌ 토리스 바는 2014년에 화재로 소실되었지만 다행히 재건되었다.

위 크리스 번팅의 저서 《드링킹 재팬》에서 지적한 것처럼, 일본은 정말 세계에서 술을 마시기에 가장 좋은 곳이다.

42쪽 1955년 토리스 바에서 말쑥한 차림의 바텐더들이 고객에게 서비스를 제공하고 있다.

왼쪽 교토의 훌륭한 바 코르동 누아르Cordon Noir에서 바텐더 오노 마코토가 셰리 캐스크 야마자키를 선보이고 있다.

아래 출시 당시 토리스는 '싸고やすい' '맛있는うまい' 술로 홍보되었다.

아주 일본스러운 칵테일 만들기

"적절한 경우라면 일본 문화를 칵테일에 녹여내고 싶습니다."
바텐더 후지이 류의 말이다. 이 칵테일에는 그 말이 더없이 잘
어울린다. 오사카의 바 케이Bar K에서 일하는 후지이는 2016년
디아지오 월드 클래스 바텐딩 대회에서 일본 대표로 결선에 진
출한 세계 최고의 젊은 바텐더 중 한 명이다. 그의 시그니처 칵
테일 중 하나는 '자포니즘Japonism'이라는 오리지널 칵테일(바
텐더가 직접 고안한 창작 레시피)로, 멘토인 바 케이의 옛 바텐더 다
나카 슈이치의 아이디어를 바탕으로 개발한 것이다. "일본에서
는 이런 오리지널 칵테일이 비교적 드물었죠." 후지이는 이렇게
설명하며 대부분의 일본 바텐더는 기존 레시피를 완벽하게 완
성하거나 변형하는 것을 선호하는 경향이 있다고 말한다. 그래
서 완벽한 맨해튼 칵테일을 원한다면 일본에서 주문하면 된다.
하지만 후지이처럼 독창적인 창작물로 새로운 영역을 개척하는
일본 바텐더도 점차 늘어나고 있다.

"이 칵테일의 목표는 야마자키의 깊은 풍미를 살리면서도 위
스키 부케*의 섬세함을 해치지 않는 것이었죠."라고 후지이는
말한다. 칵테일의 모든 재료가 바로 그런 역할을 한다. '자포니
즘'은 호지차, 브라운 시럽, 약간의 오렌지 비터스orange bitters,
야마자키 12년 한 샷으로 만들어진다. "투명한 술로 만든 칵테일
에는 말차를 사용하지만, 갈색 증류주에는 호지차가 가장 좋습
니다." 호지차를 숟가락으로 찻주전자에 떠 넣으며 후지이가 덧
붙인다. 말차의 쌉쌀한 맛은 호지차가 지닌 캐러멜 풍미만큼 위
스키와 조화롭게 어울리지 않기 때문이다.

후지이는 부탄 라이터로 히노키(편백나무) 부스러기에 불을

"대부분의 일본 바에는 오리지널 칵테
일이 없습니다." 빛나는 수상 경력의 바
텐더 후지이 류가 자신의 시그니처 칵테
일인 '자포니즘'을 만들면서 말한다. "그
대신 '맨해튼'처럼 기존 칵테일을 개량
하는 것을 선호하죠."

1-5 먼저 호지차를 우린다. 부탄 라이터로 히노키 부스러기에 불을 붙인다. 그런 다음 잔을 덮어 향을 입힌다. 호지차와 야마자키 12년, 구로미쓰(말 그대로 '검은 꿀'이라는 뜻의 진한 흑당 시럽), 오렌지 비터스를 섞은 후 얼음이 채워진 히노키 향 잔에 칵테일을 걸러 넣는다. 여기에는 구형 얼음 대신 큐브 얼음을 사용한다. 칵테일의 향을 끌어올리는 데 도움이 되기 때문이다. 마지막으로 '자포니즘'을 오렌지 슬라이스와 함께 제공한다.

44쪽 아래 구형 얼음은 위스키에 일본적인 느낌을 줄 수 있다. 각얼음과 달리 둥근 구체는 냉기를 더 오래 유지하고 녹는 속도가 느리다. 구형 얼음은 얼음 덩어리를 손으로 깎아 구체를 만드는데, 후지이는 일본식 삼지창 아이스픽을 사용해 모양을 잡은 뒤 다시 얼려서 단단하게 굳힌다. 서빙하기 전에 형태를 다듬고 찬물로 재빨리 헹궈 표면을 매끄럽게 완성한다.

붙이고, 유리잔을 그 위에 덮어 불을 끈다. 향기로운 히노키는 일본 전통 욕조에서 절과 신사 건축물에 이르기까지 온갖 것을 만드는 데 사용된다. 야마자키, 호지차, 브라운 시럽, 오렌지 비터스를 얼음과 섞은 후 히노키 향이 입혀진 글라스에 붓고 오렌지 조각을 곁들여 제공한다. 이 칵테일은 여름에는 향내 가득한 일본 사찰을, 겨울에는 쌀쌀한 귤밭을, 봄에는 은은한 꽃바람을, 가을에는 풍성한 단풍의 기억을 떠올리게 한다. '자포니즘'은 어떤 칵테일도 표현하지 못한 일본의 사계절을 담아낸다.

다. 1960년대 중반 산토리는 '스시 사시미 스키야키 산토리'라는 신문 광고를 통해 미국인들에게 이를 알리기 위해 노력했다. 그 후 10년 동안 산토리는 위스키와 일본 전통 음식을 연계한 마케팅 캠페인을 일본 내에서 시작했다. 하지만 실제로 일본에서 사람들이 식사할 때 정말로 위스키를 마실까? 진짜로 그렇다. 하지만 일본에서 술과 음식이 어떻게 소비되는지 생각해볼 필요는 있다.

맥주는 사케, 쇼추, 위스키를 제치고 가장 많이 팔리는 술이다. 맥주는 여전히 기본 음료여서 동료나 손님과 함께 단체로 외식할 때, 보통 첫 술을 맥주로 시작하고 다른 술로 넘어가는 경우가 많다. 이에 대한 표현으로 "우선 맥주"라는 "도리아에즈 비루とりあえずビール"라는 표현도 있다. 맥주는 모두가 일반적으로 좋아하는 술로, 저녁시간을 시작하고 다 함께 식사를 즐길 수 있게 하는 수단이다. 또한 일본 맥주는 비교적 가볍고 사케와 쇼추처럼 식사에 방해가 되지 않는 경향이 있다. "스트레이트로 마시는 위스키의 문제점은 캐스크의 영향으로 전통적인 일본식 식사를 압도할 수 있다는 것이죠. 그래서 저는 위스키를 좋아하지만 솔직히 사케를 추천하고 싶습니다." 바텐더 후지이 류(44~45쪽 참조)의 말이다.

일본 하이볼은 위스키에 비해 탄산 농도가 높기 때문에(3 대 1), 탄산음료가 니트로 마시는 위스키보다 음식과 더 잘 어울리는 이유를 설명하는 데 도움이 된다. 탄산음료나 물을 추가하면 위스키의 높은 알코올 도수가 낮아져 식사에 방해가 되지 않으며, 일반적으로 알코올 도수가 14~20%인 사케나 25% 내외인 쇼추, 심지어 맥주와 맥락을 같이한다. 산토리는 탄산음료를 곁들인 위스키가 기름진 일본 소울푸드와 잘 어울린다며 자사 하이볼이 가라아게(일본식 프라이드 치킨)와 맞는 짝이라고 홍보한다. "스트레이트로 제공되는 일본 위스키가 모든 일본 음식과 어울릴 것이라고 생각하면 안 됩니다. 서로 상충하는 음식이 있을지 모르니 음식에 따라 사케가 더 나은 선택일 수도 있어요."라고 오사카의 바 키스Bar Keith의 야마모토 데루히코가 말한다. 야마모토는 자신의 바에서 일식 및 화과자와 페어링을 한 특별한 테이스팅을 기획했지만, 이러한 페어링에는 많은 고민이 필요하다고 본다. 그는 또한 위스키를 염두에 두고 완전히 새로운 요리를 내놓아야 한다고 생각한다.

일본에서 바는 여전히 위스키 애호가들이 즐겨 찾는 공간이다. 많은 바에서 스카치, 아이리시, 미국 위스키를 판매하기 때문에

맨 위 하이볼은 일본의 소울푸드. 오사카의 대표 음식인 다코야키와 함께 자주 제공된다.

위 도쿄에서는 다코야키가 간식으로 여겨지는데, 오사카에서는 식사로 간주된다.

다. 이 위스키가 바로 일본 위스키 산업의 부흥을 이끌었다.

일본 위스키와 음식

일본 위스키가 일본 음식과 어울린다는 생각이 새로운 것은 아니

음식과 마찬가지로 분위기도 서양의 영향을 받은 경우가 흔하다. 일반적으로 위스키 자체에 초점을 맞춘 칵테일이 주를 이루며, 소시지, 견과류, 치즈, 초콜릿 등 간단한 안주가 기본으로 제공되거나 현지의 풍미를 더하기 위해 마른 오징어를 곁들일 수 있다.

파스타나 피자와 같은 양식도 흔히 볼 수 있다. 그러니 일본 위스키는 반드시 일본 음식과 함께 먹어야 한다고 생각하지 말라. 일본에서도 그러지 않는다. 일본 위스키가 일본 음식과 어울리도록 특별히 고안되었다는 말은 마케팅 전략으로 보인다. 특히 2014년 산토리가 짐빔을 인수하고 '비무하이ビームハイ'라고 불리는 짐빔 하이볼이 일본 펍에 등장하면서 말이다! 솔직히, 괜찮은 위스키라면 일본, 미국, 캐나다, 스카치 등 어떤 위스키가 되었든 탄산음료를 많이 섞어서 마시면 거의 모든 일식 요리와 잘 어울린다.

그러나 일본의 식문화는 일본에서 위스키가 어떻게 블렌딩되는지, 그리고 일본인들이 음식 없이 위스키를 마실 때 특정 풍미를 어떻게 느끼는지에 분명한 영향을 미친다. 그중에서도 가장 큰 요인은 주식인 쌀 중심의 식생활일 것이다. 일본에서 생산되는 쌀은 천편일률적이지 않다. 품종이 다양할 뿐만 아니라, 씻어 밥을 짓기 전 도정 정도에 따라 그 특성과 맛이 달라진다. 사람들이 알아차리는 미묘한 차이 중에는 쌀의 수확 시기도 있다. 일본인은 미각이 더 뛰어나다는 말은 아니지만, 일본 요리가 확실히 미각을 길러주는 것은 사실이다.

음식과 함께 하이볼로 즐기기에 이상적인 일본 위스키를 찾는다면 산토리의 가쿠빈과 논에이지non-age(숙성 기간 표기 없는) 하쿠슈白州와 히비키, 닛카 블랙의 클리어Clear와 리치 블렌드Rich Blend를 추천한다. 화이트 오크와 마르스의 블렌드도 잘 어울린다. 하지만 솔직히 일본은 스시를 먹는 올바른 방법, 젓가락질하는 방법, 목욕하는 방법 등에는 까다롭지만 일본 위스키를 즐기는 가장 좋은 방법은 따로 없고, 함께 즐길 수 있는 최고의 일식 요리도 없다. 여러분이 가장 좋아하는 방법이 있을 뿐이니 실험하고 탐구해보시길.

위 하이볼은 덴푸라와 잘 어울린다. 바삭한 튀김옷을 보완해주기 때문이다.

왼쪽 서양식 올리브, 염소 치즈, 절임 요리 메뉴판으로 둘러싸인 일본식 위스키.

무엇이 일본 위스키를 '일본스럽게' 만드는가

일본 위스키를 제대로 이해하려면 일본 문화를 이해해야 한다. 일본의 위스키 전통은 국가 정체성, 산업화, 예술, 심지어 종교에 이르기까지 모든 것을 반영한다. 단순한 술이 아니라 현대 일본의 정신이다. 일본 위스키는 여러 가지 방식으로 정의되기도 한다.

균형

일본 위스키의 특징 중 하나는 문화적이라는 점이다. 일본의 글쓰기는 균형을 중시하며, 초등학교에 입학한 아이들은 점점 더 복잡한 한자를 쓰는 데 많은 시간을 할애한다. 교사들은 빨간 펜을 사용해, 눈에 띄게 한쪽으로 치우친 글자는 틀린 것으로 표시하는데, 아주 조금 치우친 글자도 마찬가지이다. 디테일에 대한 일본인의 많은 관심은 비슷한 모양의 글자 사이에서 때로는 작고 때로는 큰 차이를 알아채도록 하는 문자 언어에 뿌리를 두고 있다.

'쇼도書道'라고 불리는 일본 캘리그래피는 일본어가 얼마나 표현력이 풍부한 언어인지 잘 보여준다. 사케 병과 쇼추 병에서 힌트를 얻은 수많은 일본 위스키 라벨이 쇼도로 덮여 있는 것은 우연이 아니다. 이는 단순히 일본 위스키를 브랜드화하기 쉬운 방법이어서만이 아니라 예술적 표현의 한 형태로서 일본인의 정신세계에 대한 통찰력을 제공하기 때문이기도 하다. 모든 일본 위스키 라벨에 캘리그래피가 있는 것은 아니지만, 1960년대 초부터 캘리그래피는 일본 위스키의 상징이 되었다. 설령 병에 담긴 술이 완벽한 균형을 이루지 못하더라도 일본 위스키 병을 장식하는 한자 캘리그래피는 균형에 대한 열망을 드러낸다.

'균형'은 '온화함'이나 '조심스러움' 혹은 '단정함'을 의미하지 않는다. 다시 한번 일본 캘리그래피를 보라. 쇼도는 위스키처럼

교토의 바 코르동 누아르에는 스카치, 버번, 아이리시, 일본 위스키 등 1000병이 넘는 위스키가 있다. 저마다 다른 유형의 위스키는 그것을 탄생시킨 문화와 전통을 각각 반영한다. 따라서 위스키의 각 유형을 완전히 이해하려면 그것의 역사와 언어를 알아야 한다.

열정과 감정을 표현할 수 있다. 하지만 가장 역동적인 일본 캘리그래피조차 한쪽으로 치우치지 않도록 글자를 쓸 때 균형을 맞춘다. 가루이자와와 같은 가장 견고한 일본 위스키도 마찬가지여서 깊이와 복잡성, 뉘앙스를 더한다.

일본 위스키의 균형에 대해 이야기할 때 '와쇼쿠和食', 즉 일본 요리에 담긴 사상을 살펴보는 것이 좋다. 일본 전통 음식은 맛과 색이 조화를 이루도록 배치된다. 각각의 작은 요리는 전체를 보완하면서도 전체를 손상시키지 않는다. 와쇼쿠를 먹을 때는 서로 다른 요리들을 비슷한 속도로 먹어서, 모든 접시를 대략 같은 시간에 비우는 것이 정석이다. 밥을 다 먹고 미소시루를 다 마신 뒤에 채소 반찬으로 넘어가는 것은 예의에 어긋나기 때문에 아이들은 이것으로 훈계를 받기도 한다. 여러 가지 작은 요리를 동시에 다 먹는 것이 목표인 이 식사 스타일 때문에 일본인은 균형 잡힌 방식으로 식사를 경험하며, 이는 무의식적으로 삶의 다른 측면에 영향을 미칠 수 있다. 일에는? 그다지. 위스키에는? 물론이다.

이것이 모든 일본 위스키가 그런 것은 아니지만 많은 일본 위스키가 균형이 잘 잡힌 이유일 수 있다. 물론 예외도 있다. 그렇지만 많은 일본 위스키가 어느 한쪽이 압도적으로 강하지 않고 다른 풍미로 상쇄되며, 위스키의 각 요소가 조화를 이루어 진지적인 경험을 선사한다.

유연성

일본에는 위스키 거래 전통이 없기 때문에 증류소는 믿을 수 없을 정도로 다재다능해야 한다. "스카치 위스키 업계 내에서는 관계가 좋지만 일본에서는 닛카와 사이가 좋지 않아서 함께 무언가를 함께하지는 않습니다." 산토리의 마스터 블렌더 후쿠요 신지의 말이다. 개별 증류사와 블렌더는 라이벌 제조업체의 직원들과 사이좋게 지낼 수 있지만(실제로도 그렇게 보인다!), 현재 위스키 대기업의 기업 문화는 이들을 대립 관계에 둔다. 그렇기 때문에 닛카나 산토리는 저마다 필요한 것이 있으면 자체적으로 만들기도 한다. 야마자키와 같은 일부 증류소에는 다양한 형태의 팟 스틸이 있는데, 모양에 따라 무거운 스피릿, 심지어 기름진 스피릿이나 아주 가벼운 스피릿 등 만드는 위스키의 종류에 영향을 미치기 때문이다. 이처럼 팟 스틸은 모양만 다른 게 아니다. 산토리의 경우 다양한 방법으로 팟 스틸을 가열하는데, 가스 불꽃으로 가열하거나 증기로 간접 가열하는 방식은 스피릿에 각기 다른 특성을 부여한다. 이 또한 다양한 위스키를 만들 수 있게 해준다.

일본 위스키 제조업체들이 여러 곳의 증류소를 보유하고 있다는 것은 외부와 거래할 필요 없이 회사 내에서 재고를 교환할 수 있음을 의미한다. 이러한 통합 생산 모델은 유연성을 높일 뿐만 아니라 생산을 완벽하게 통제한다. 오랜 역사를 자랑하는 소규모 위스키 제조업체인 마르스도 2016년 가을에 다양한 스타일의 위스키를 생산하는 두번째 증류소를 열었다. 그 덕분에 정확한 사양에 따라 맞춤 블렌딩을 할 수 있게 되었다. 일본 위스키 제조업체는 또한 다양한 효모 균주와 자체 쿠퍼리지를 통해 차별화를 꾀한다. 캐스크를 개조, 수리할 뿐만 아니라 새로운 캐스크를 제작해 증류소에서 생산과 변경에 대한 통제력을 강화할 수 있다.

일본 위스키가 유연한 핵심적인 이유 중의 하나는 위스키에 관한 일본의 법률에서 비롯된다. 아니, 오히려 법률이 상대적으로 부족하다는 데에서 비롯된다. 닛카의 마스터 블렌더인 사쿠바 다다시는 "일본에도 위스키에 관한 규정이 있지만 느슨한 편입니

다."라고 말한다. 예를 들어, 미국이나 영국과 달리 일본에는 법정 최소 숙성 기간이 없고, 숙성 시 어떤 종류의 나무로 만든 캐스크를 사용해야 하는지에 대한 규정이 없으며, 스카치처럼 최소 알코올 도수 요건도 없다. 산토리의 마스터 블렌더 후쿠요 신지는 이렇게 말한다. "일본 위스키에 대한 법적 정의는 없습니다. 일본 위스키가 무엇이냐고 물었을 때 쉽게 설명할 수 있도록 기준이 있으면 좋겠어요. 하지만 스카치처럼 너무 엄격하게 규정된다면 우리가 가진 유연성을 잃게 될 것입니다."

예를 들어, 스코틀랜드에서는 위스키를 오크 캐스크에서 3년 이상 숙성하고 알코올 도수 40%로 병입해야 하며, 미국에서는 버번 위스키에 최소 51%의 옥수수를 함유해야 하고 차링한 버진 화이트 오크 캐스크에서 숙성해야 한다. 또한 색소를 사용해서는 안 되며 알코올 도수는 40%로 병입해야 한다. 일본에는 이런 종류의 세부 규정이 없다. 일본에서는 알코올 37% 또는 39%로 병에 담아도 위스키라고 부를 수 있는 등, 위스키의 정의 자체는 엄격하지 않다. 알코올 도수를 낮춰서 병입하는 것은 일본 제조업체가 특히 저렴한 제품에 매겨지는 높은 세금을 피하는 한 가지 방법이다. 간단히 말해, 증류소에서 병에 '위스키'라는 이름을 붙이면 바로 '위스키'가 되는 것이다. 아니면 적어도 '우이스키'이거나.

아래 올드 산토리는 원래 1940년에 출시될 예정이었지만 제2차 세계대전으로 인해 1950년까지 출시가 연기되었다. 1961년 산토리 올드의 미국 출시 라벨에는 도리이 신지로의 고토부키寿 캘리그래피가 사용되었는데, 이는 위스키 라벨에 한자 붓글씨가 사용된 최초의 사례이다. '일본 위스키Japanese Whisky'라는 영어 단어도 처음 사용되었다.

위 왼쪽 신도교 사제가 신사에 입장할 때 캐스크 스테이브에 불을 붙여 태운다.

위 오른쪽 매년 11월 11일, 야마자키 증류소 노동자들은 시이오椎尾 신사에 모여 증류소의 스틸에 처음 불을 붙인 날을 기린다. 신사를 덮은 천의 측면에는 "도리이 신지로에게 헌정한다"라는 문구가 적혀 있다.

위 왼쪽에는 미코巫女(신사에 봉사하는 여성)가 있고 메인 제단 양옆에 야마자키 위스키 캐스크가 있다. 캐스크 뒤쪽에는 제물로 바쳐진 사케 통이 있다.

오른쪽 야마자키 직원이 신사 앞에서 불을 지피고 있다. 의식의 일환으로 캐스크 스테이브를 태운다.

"예를 들어, 유럽으로 수출하는 위스키는 유럽 규정을 준수합니다. 일본 내에서만 판매하는 위스키는 수출용이 아니니 이러한 규정을 따를 필요가 없죠." 닛카의 수석 블렌더 사쿠마 다다시의 말이다. 닛카뿐만 아니라 빛나는 수상 경력을 자랑하는 다른 일본 위스키 제조업체들도 똑같은 방식을 취한다. 그러나 수상 경력이 있는 고가의 일본 싱글 몰트 위스키와 블렌디드 위스키는 숙성 기간 및 그것의 표기와 관련해 국제적으로 합의된 위스키 표준을 준수한다. 반면, 거대한 플라스틱 병에 담겨서 판매되는 저렴한 위스키는 수출용이 아니므로 그렇지 않은 경우가 많다.

이 산토리 위스키의 문장紋章은 명백히 영국의 영향을 받은 것이지만, 산토리 직원들은 문장 양쪽의 동물을 '서 있는 사자'가 아니라 악을 물리치는 신화 속 동물 '시시獅子(사자)'라고 부른다.

산토리와 닛카는 서로 차이점이 있는 회사이지만 둘 다 일본 위스키의 유연성을 중요한 자산으로 여긴다. 다소 모호한 이 프레임 덕분에 일본 위스키 제조는 스코틀랜드나 미국 위스키보다 더 큰 여지를 가지고 있다. "아마도 일본에서는 위스키가 무엇인지에 대한 생각이 더 유연하고, 규칙과 사전 설정된 개념이 없기 때문에 자유롭게 새로운 것을 시도할 수 있는 것 같습니다. 그러니 위스키에 대한 일본의 현행 규정을 바꿀 이유가 없다고 생각합니다."라고 닛카의 사쿠마 다다시는 견해를 밝힌다. 철두철미한 규정은 없지만 전통에 대한 인식과 존중은 위스키 제조에 대한 일본인의 접근 방식을 자유롭게 만든다. 닛카 소유의 벤 네비스Ben Nevis 증류소를 이끌었던 요이치 증류소 매니저 니시카와 고이치와는 이렇게 회고한다. "스코틀랜드에서 일할 때 가끔 일본처럼 공정에 몇 가지 변화를 제안하곤 했죠. 돌아온 반응은 '그건 일본이고 여기는 스코틀랜드인데'였지만요."

일본의 정신

'와콘요사이和魂洋才(화혼양재)'라는 말이 있다. '와콘和魂'은 '일본의 정신', '요사이洋才'는 '서양의 기술'이라는 뜻이다. 와콘요사이는 일본이 근대화를 추진하던 19세기 후반에 등장한 용어이지만 새로운 개념은 아니었다. 이 말은 1000년도 더 전부터 일본이 문자와 불교 등 중국에서 필요한 것을 받아들이되, 이를 변형하여 일본만의 것으로 만들었던 이전의 '와콘간사이和魂漢才(화혼한재)', 즉 '일본의 정신, 중국의 학문'을 업데이트한 것이다. 일본인이 서양의 기술을 적용한다면 일본인은 있는 그대로 받아들이는 데 만족하지 않기 때문에 자기들 방식으로 할 것이라는 생각이다. 필연적으로 그들은 자신들만의 견해를 추가하고 필요할 때 개선할 텐데, 그 결과는 다를 것이다. 일본 위스키가 그 증거이다.

1929년 야마자키 증류소에서 첫 위스키가 출고되던 순간부터, 증류소 직원들은 자신들이 일본 제품을 만들고 있음을 분명히 알았다. 비록 당시 소비자들의 선입견을 고려해 라벨의 거의 모든 내용을 영어로 표기했으나, 최초의 제대로 된 일본 위스키인 산토리 위스키, 즉 시로후다에는 일본 고유의 감성이 담겨 있었다. 흰 라벨에 붉은 점 하나. 그래서 붙은 이름이 '화이트 라벨'이다. 일본에서는 태양을 서구처럼 노란색이나 주황색이 아니라 빨간색으로 표현하는 것이 전통이다. 일본의 토착 종교인 신도神道教Shintoism가 태양을 중심으로 삼기 때문이다. 그리고 병에도 태양이 있다. 흰 배경 위의 붉은 태양이 시로후다를 일본 국기처럼 보이게도 한다. 국명인 '일본日本'은 문자 그대로 '태양의 기원'을 의미한다. 산토리라는 이름 자체도 태양, 도리이鳥居(신사 입구에 세우는, 기둥으로 이루어진 문), 창시자 도리이 신지로를 직접적으로 암시한다. 시로후다는 실패로 끝났지만, 도리이 앤드 코Torii and Co.의 두번째 위스키인 아카후다赤札(레드 라벨)는 이 증류소가 만드는 제품이 일본 위스키라는 것을 다시 한번 보여줬다. 흰색과 빨간색은 일본 문화에서 가장 중요한 두 가지 색이다. 또한 일본 최초의 정통 위스키 두 종류의 색이기도 하다. 일본 위스키 제조업체들은 처음부터 자신들이 만드는 것이 일본 위스키임을 명확히 인식하고 있었던 것이다.

예를 들어, 1950년 산토리 올드가 일본에서 처음 판매되었을 때 라벨에는 '일본산Produce of Japan'이라는 다소 어색한 영어가 쓰여 있었다. 그 이후 1962년 산토리 올드가 미국에서 출시되었

산토리의 문장에 '시시(사자)' 두 마리가 등장하는 것처럼 불교 사찰과
신사 앞에는 시시 석상 한 쌍이 서 있다. 시시는 영어로 '수호 사자' 또는
'수호견'으로 번역된다.

을 때는 라벨에 '일본 위스키Japanese Whisky'라고 당당하게 표기
되었는데, 이것은 일본 위스키가 처음으로 그렇게 마케팅된 사례
였다. (또한 '오사카'라고 쓰지 않고 '교토 근처'에서 증류되었다고 덧붙
였는데, 아마도 '교토'가 더 멋있게 들려서였을 것이다.) 병에는 '장수'와
'축하'를 의미하는 한자 '壽(고토부키)'라는 글자가 들어갔다. 이는
당시 산토리의 회사 이름인 고토부키야에서 따온 것이다.

같은 시기에 미국에서는 기모노를 입은 일본 여성이 산토리 올
드와 "일본에서 온 디스커버리 산토리 클래식 위스키"라는 핵심
문구를 소개하는 광고판이 등장했다. 당시 이 위스키는 한 병에
조니워커 레드와 같은 가격인 7.25달러로 저렴하지 않았다. 같은
해 말, 제임스 본드 영화 〈007 두 번 산다You Only Live Twice〉에도
이 위스키 한 병이 등장한다. 원작에는 산토리 위스키가 여러 번
언급되는데 스코틀랜드인인 본드의 작가 이언 플레밍Ian Fleming은

이 위스키가 "매우 훌륭하다"고 평가했지만, 정작 본드는 그 위
스키를 외면하고 사케나 자신이 늘 마시는 마티니를 더 선호했
다. 아쉬운 선택이다!

신들의 위스키

자연과 정결함 개념을 중심에 두는 신도교는 일본의 토착 종교이
다. 일본 전역에는 약 10만 개의 신사가 산재해 있는데, 이 신사들
은 '가미神'라고 불리는 신을 모시며 주변 지역을 보호하고 있다.
일본 위스키 제조업체가 일본 종교와 연관성을 느끼는 것은 당
연한 일이다. 오늘날에도 일본 증류소에서는 지게차나 증류기 같
은 장비에 신도교 사제가 축복을 내리는 일이 드물지 않다. 지치
부 증류소 내부에는 사케 양조장에서 흔히 볼 수 있는 '가미다나
神棚'라는 이동식 신도교 제단이 있으며, 마르스 신슈 증류소에
서는 매일 아침 직원들이 증류소 부지 안에 있는 작은 신사에 모
여 기도를 한다. 요이치 증류소와 미야기쿄에 있는 닛카 증류소
의 팟 스틸에는 신도교 금줄이 장식되어 있고, 산토리의 선 그레
인 지타 증류소 앞에는 도리이와 작은 신사가 있다.

사케 제조업자는 신도교와 밀접한 관련이 있었다. 정결함이
이 종교와 이 술 모두에게 중요했기 때문이다. 사케에 대한 첫 언
급은 일본 역사상 가장 오래된 기록인 8세기 문헌《고사기》에서
신들이 모여 술을 마시는 장면에 등장한다. 교토의 매우 오래된
신사 중에 하나로, 701년에 창건된 마쓰노타이샤松尾大社는 사
케 양조와 오랜 인연을 맺어왔다. 오늘날에도 사케 제조업자들은
마쓰노타이샤를 순례하며, 점점 더 많은 일본 위스키 증류업체
들 역시 신도교와 술의 자연스러운 연관성을 강조한다. 이 순례
에 동참할 수 없는 사람들은 일본에 있는 10만 개의 신사 중 한
곳을 언제든 방문할 수 있다. 이것이 일본 증류소 근처에 신사가
있는 중요한 이유이다. 증류업체들은 신사에서 좋은 위스키를 기
원할 뿐만 아니라 작업자와 증류소의 안전과 보호를 기원하기도
한다.

일본 위스키와 영적인 세계 사이의 이러한 연결이 새로운 현상
은 아니다. 일본 위스키의 시작에서부터 일본 종교가 있었다. 산
토리의 야마자키 증류소 뒤편에는 시오 신사가 있다. 746년에
세워진 이 신사는 원래 불교 사찰이었는데, 메이지 유신 때 불교
와 신도교가 강제로 분리되면서 신사로 바뀌었다. 이 시기에 천
황과 국교인 신도교를 강화하기 위해 불교 사찰이 신사로 바뀌고
많은 승려가 파문당했다. 오늘날 불교와 신도교는 평화롭게 공
존하고 있으며 일본인의 대다수가 불교와 신도교 둘 다를 믿는
다. 시이오 신사에는 바다와 폭풍의 신 스사노오スサノオ, 8세기에
봉지한 쇼부聖武 전황, 12세기 후반에 봉지한 고토바後鳥羽 전황

등 세 명의 신이 모셔져 있다. 경내의 작은 사당들에는 일본 천황들의 조상이라고 전해지는 태양의 여신 아마테라스天照를 비롯한 다른 신들이 작은 신사 안에 모셔져 있다.

매년 11월 11일 오전 11시 11분, 야마자키 증류소와 인접한 이 신사에서는 산토리 창시자 도리이 신지로를 위한 가을 축제가 열린다(자세한 내용은 51쪽 참조). 정확히 오전 11시 11분에 산토리 직원들이 모여 축하하고 경의를 표하며 기도하는 의식이 시작된다. 일본어로 11/11은 조로메ぞろ目, 즉 같은 숫자가 나란히 있는 경우를 뜻한다. 이 날짜는 1924년 증류소가 완공된 날이기도 한데, 산토리 전설에 따르면 오전 11시 11분 11초에 스틸이 가동되기 시작했다고 한다. 신사 안쪽 제단 양쪽에는 위스키 캐스크가 사케 통 앞에 놓여 있고, 신도교 사제가 기도를 한다.

의식이 진행되는 동안 증류소 직원들은 밖에 모여 있고 지역 주민들과 산토리 관계자들은 신사 안에 앉는다. 이 신사와의 밀접한 연관성 때문에 산토리는 팟 스틸의 문양 양옆에 새겨진 두 동물을 단순히 사자(일본어로 사자는 '라이온')가 아닌 '시시'라고 부른다. 시시는 신사와 불교 사찰에서 악을 물리치기 위해 경비를 서는 신화 속 동물이다. 시이오 신사에서는 두 마리의 시시가 본전 통로 양옆을 지키고 있는데, 마치 스틸의 경비를 서고 있는 듯하다.

신도교에는 서양 종교처럼 교리, 성서 또는 따라야 할 규칙이 없지만《고사기》에 관련 신화가 수록되어 있다. 신사는 지역을 보호하기 위해 산 곳곳에 세워져 있으며, 가미를 달래고 보호를 요청하기 위해 축제와 신사 의식이 열린다. 대다수 일본인은 아기가 태어나면 신사에서 축복을 받지만, 사망할 때는 일반적으로 승려가 장례 의식을 담당한다. 신도교는 순수함과 청결을 중시하는 종교인데 죽음은 부정한 것으로 여겨 그렇게 한다. 청결에 대한 집착은 사람들이 신사를 방문할 때 손을 씻고 입속까지 깨끗이 헹구는 이유이며, 일본 목욕 문화의 핵심이기도 한다. 또한 신도교 의식에 맑은 사케가 사용되는 이유도 설명해준다. 사케는 쌀로 만들어지고 신도는 자연 및 수확과 관련이 있으므로 일본의 영혼과도 같다. 그렇기 때문에 위스키 제조 과정에서 물이 지닌 신화적인 속성에 주목하고 정결함을 강조하는 문화는 오랜 세월 일본 위스키 제조업자들에게 매력적으로 다가왔다. 이는 위스키가 더 친숙하게 느껴지고 궁극적으로 더 일본적으로 느껴지는 데 도움이 되었다.

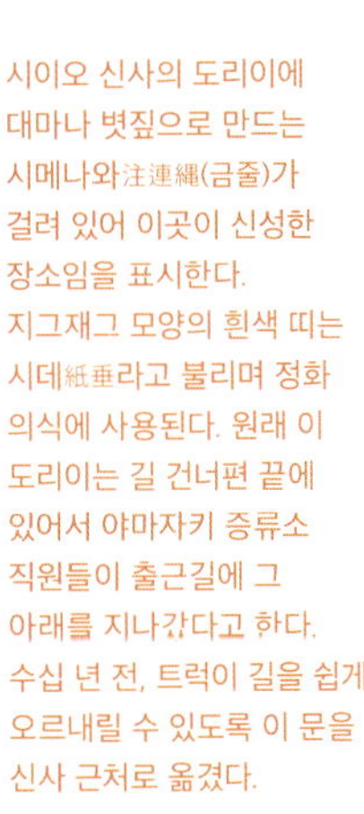

시이오 신사의 도리이에 대마나 볏짚으로 만드는 시메나와注連縄(금줄)가 걸려 있어 이곳이 신성한 장소임을 표시한다. 지그재그 모양의 흰색 띠는 시데紙垂라고 불리며 정화 의식에 사용된다. 원래 이 도리이는 길 건너편 끝에 있어서 야마자키 증류소 직원들이 출근길에 그 아래를 지나갔다고 한다. 수십 년 전, 트럭이 길을 쉽게 오르내릴 수 있도록 이 문을 신사 근처로 옮겼다.

이렇듯 일본 위스키는 일본인의 삶의 일부이기에 증류소에서는 자연스럽게 신도교 의식이 행해진다. 닛카의 요이치 증류소에서는 '시메나와'라는 신도교 금줄이 술통을 장식해 액운으로부터 보호하며, 매년 1월 새해 연휴가 끝나고 요이치 직원들이 업무에 복귀할 때 신도교 사제가 스틸에 축복을 내린다. 1940년대에 스틸 하우스에서 발생한 화재로 안전을 무엇보다 중시하게 되었고, 이러한 축복을 일종의 예방책으로 간주한다. 시메나와에는 또 다른 기능이 있다. 바로 요리시로依り代를 표시하는 역할이다. 요리시로란 본래 신도교의 신인 가미가 강림하는 매개체를 의미한다. 요리시로는 일반적으로 나무줄기처럼 길고 가늘거나 원통형으로 된 물체이다. 요이치 증류소의 첫번째 숙성 창고 입구에는 이곳이 신성한 장소임을 표시하기 위해 또 다른 시메나와가 걸려 있다.

하지만 신도교는 까다로운 종교가 아니며 불교와 같은 다른 종교적 신념과 관습을 따르는 것을 금지하지도 않는다. 야마자키 싱글 몰트를 출시한 전 산토리 사장 사지 게이조는 독실한 불교 신자였지만 대부분의 일본인과 마찬가지로 신도교도 믿었다. 두 종교는 서로 배타적이지 않다. 그렇기 때문에 대부분의 일본인은 신도교와 불교의 신자이며, 이 두 종교는 각각 서로 다른 역할을 한다. 하지만 신도교의 사고와 신념은 일본 문화에 깊이 뿌리내리고 있어서 두 종교를 분리하기는 매우 어렵다. 일본과 위스키도 마찬가지이다.

그렇다면 일본 위스키란 정확히 무엇인가? 균형 잡힌 위스키인가? 일본 문화를 반영한 위스키인가? 100퍼센트 일본산이어야 하나? 가장 좋은 정의는 아마도 지치부 증류소의 설립자 아쿠토 이치로의 말일 것이다. "일본 위스키는 일본 사람들이 만든 위스키입니다."

2부

일본의 대표적인 증류소와 위스키

지금은 일본 위스키 팬이 되기에 흥분되는 시기이다. 일본이 정말 훌륭한 위스키를 만들어서 전 세계 사람들을 놀라게 하고 있는데, 탐나는 블렌디드 위스키와 싱글 몰트 위스키를 구하기가 그 어느 때보다 어렵다는 뜻이기도 하다. 좋은 소식은 더 많은 일본 위스키가 출시되고 있다는 것이다. 2016년부터 새로운 일본 증류소 몇 곳이 설립되었으며, 그중 가장 유망한 증류소들이 '맺음말(138쪽)'에 소개되어 있다. 이들은 현재 기반을 다지는 중이고 최고의 위스키가 나오려면 몇 년이 더 필요하기에 일본의 세계적인 증류소들과 어깨를 나란히 하기에는 아직 이르다고 할 수 있다. 하지만 초기 징후는 유망하다.

이 책과 아래 지도에는 2017년 기준으로, 일본에서 증류하지 않고 단순히 수입한 스카치를 숙성하고 병입하는 위스키 제조업체는 소개되어 있지 않다. 보리, 옥수수, 호밀과 같은 전통적인 곡물로 위스키를 만들지 않는 업체도 마찬가지이다. 이 책에는 바와 펍 목록이 포함되어 있지는 않지만, 오늘날 일본을 대표하는 증류소와 그들이 만든 위스키를 살펴볼 수 있다. 술의 배경과 문화를 알면 다음 한 모금, 다음 한 병을 더 쉽게 이해할 수 있다.

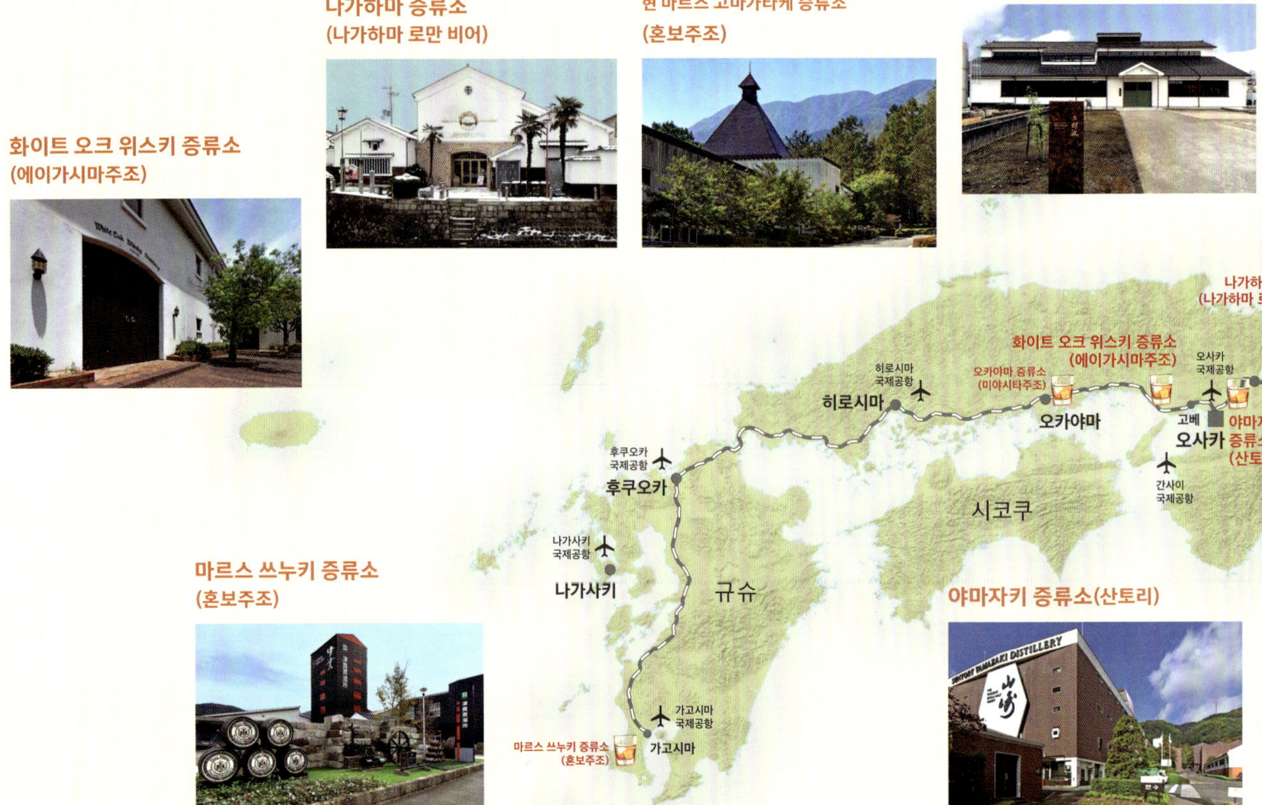

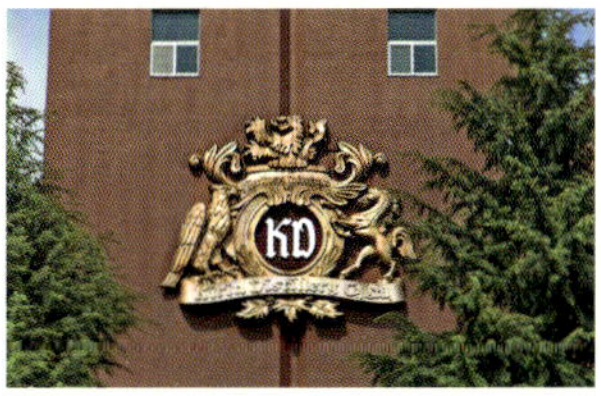

선 그레인 지타 증류소(산토리)

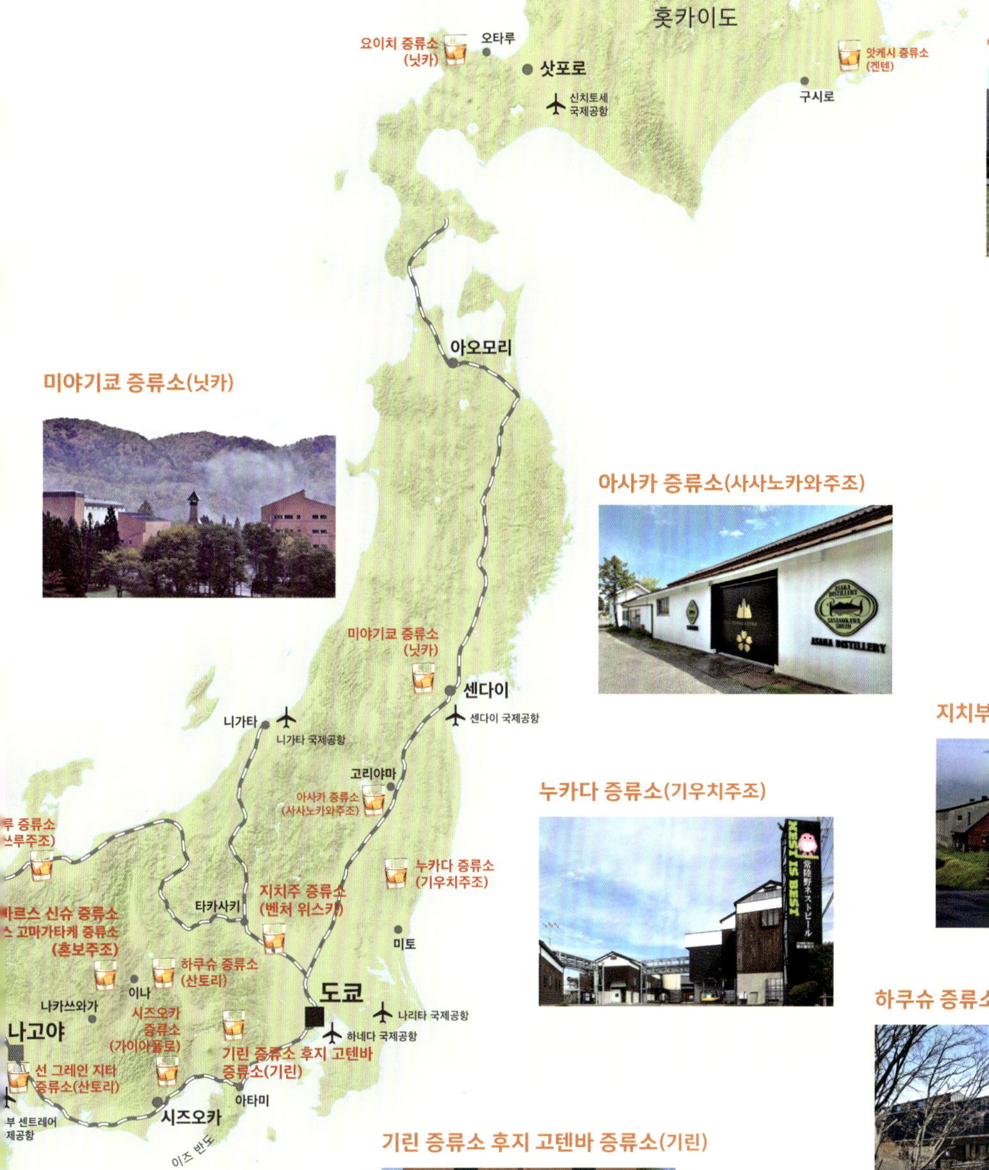

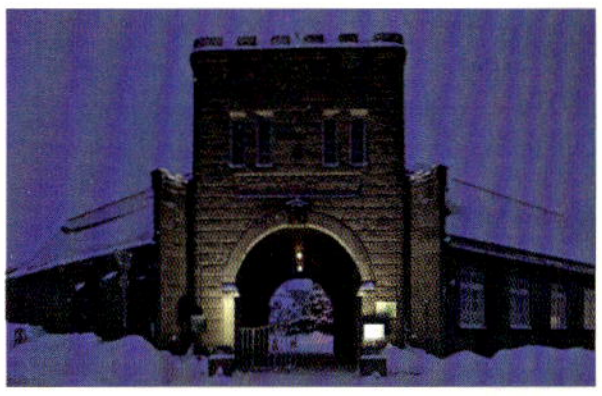

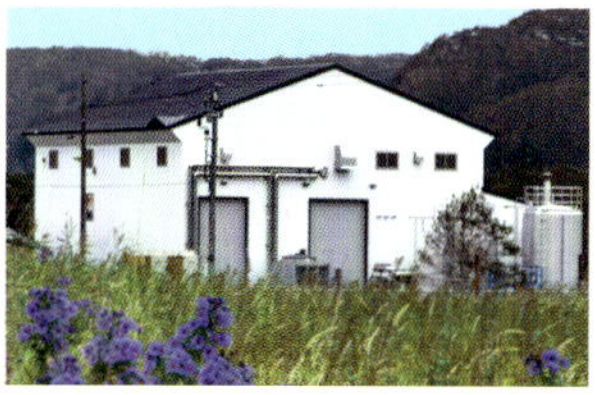

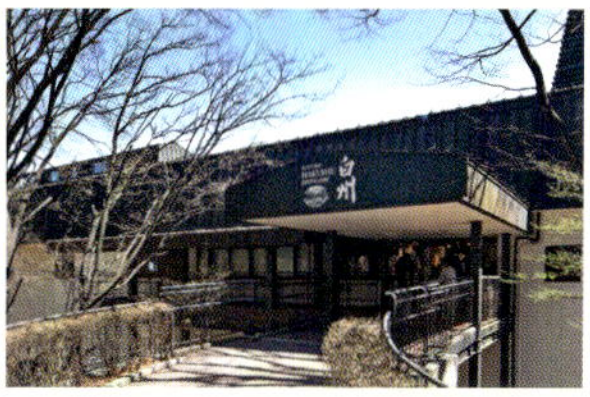

기린 증류소 후지 고텐바 증류소(기린)

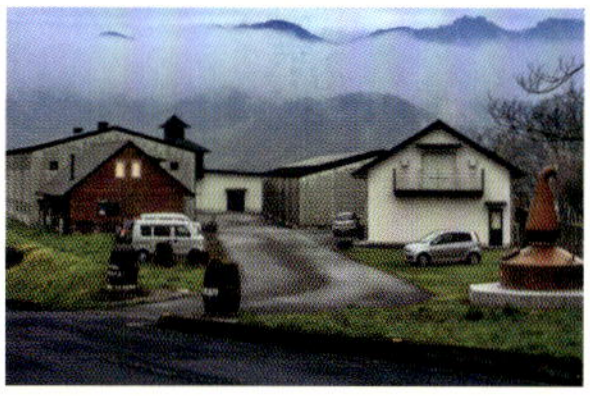

시즈오카 증류소(가이아플로)

산토리
야마자키 증류소

SUNTORY • YAMAZAKI DISTILLERY

야마자키 증류소를 가로지르는 공공도로가 있다. 자동차와 스쿠터가 지나가고 노란 모자를 쓴 초등학생들이 가죽 책가방을 메고 등교하는 모습이 보인다. 근처 주차장에 관광버스가 정차하고 관광객들이 손님을 위한 작은 정원에 모인다. 일본에서는 온갖 꽃에 이름표를 붙이는 것이 드문 일은 아니지만, 산토리는 꽃이 피는 달까지 표시해두어 더욱 세심하게 배려했다. 오늘은 초여름이지만 아직 덥지 않고 하늘에는 구름 한 점 없는 맑은 날씨이다.

"굿 모닝." 기무라 도시카즈가 한 무리의 관광객에게 영어로 인사를 건넨다. 기무라는 산토리에서 30년 넘게 근무하고 있다. 이전에 산토리 하쿠슈 증류소의 증류 담당 매니저였던 기무라는 이제 야마자키를 안내하며 자신의 지식과 전문 분야를 전수하고 있다. 그는 일본어로 "우리 위스키가 국제적 찬사를 받는 것을 감사하게 생각합니다."라고 말한다. 산토리에게는 이보다 더 감사할 일이 없을 듯하다.

증류소 반대편으로 길을 건너면서 기무라가 차를 조심하라고 말한다. 차량은 드문드문 지나가지만 여긴 공공도로라서 무단 횡단을 해야 한다. 기프트숍 앞에는 높이 5미터가 조금 넘는 커다란 스틸이 서 있다. 스틸의 긴 목에는 "와타나베 제철소 오사카"라고 새겨저 있다. 기무라는 이것이 야마자키에서 처음 사용된 스틸이라고 말한다. 1924년에 이 스틸을 증류소에 들여

오기 위해 배에 실어서 오사카의 가장 큰 도심 중 하나인 우메다를 따라 흐르는 요도강을 거슬러 올라왔다고 한다. 그 작업은 증류소 앞 기찻길을 가로질러 2톤짜리 스틸을 옮기는 것에 비하면 쉬운 일이었다. 시간이 얼마나 걸릴지 몰라서 기차가 운행하지 않는 밤에 선로를 가로질러 밀고 갔다는 이야기가 전해진다.

구리로 만든 이 팟 스틸은 외부에 방치되어 이제는 녹색을 띠고 있다. 주철도 팟 스틸에 사용할 수 있고 쇼추 스틸에도 종종 사용되지만, 위스키 제조에는 구리가 이상적이며 그럴 만한 이유가 있다. 증류 과정에서 원액이 팟 스틸의 구리와 화학 반응을 일으켜, 증류주의 풍미가 더 좋아지기 때문이다. 기무라는 "이 스틸은 약 30년 동안 사용되다가 교체되었습니다. 구리가 약해졌기 때문이죠."라고 설명한다.

맨 위 야마자키 증류소는 덴노산 기슭에 자리 잡고 있다.

위 산토리 가쿠빈은 일본에서 가장 오랜 시간 팔린 위스키이다. 병에는 장수와 행운을 상징하는 거북 등딱지(깃코亀甲) 무늬가 새겨져 있다.

왼쪽 도리이 신지로의 동상과 사지 게이조의 동상. 도리이의 차남이었던 사지 게이조는 상속 문제로 외가에 입적되었지만(당시에는 흔한 일이었다), 결국 그가 아버지의 사업을 물려받았다.

야마자키의 거인

기무라가 녹색 스틸 옆에 있는 두 동상 중 하나를 가리키며 말한다. "이분이 도리이 신지로입니다. 그의 꿈은 일본에서 위스키를 만드는 것이었습니다." 1879년에 오사카에서 태어난 도리이는 열세 살 때 삼촌의 사업체, 당시에는 제약 회사였으나 지금은 일본에서 가장 유명한 접착제 제조 업체인 고니시야小西屋(현 고니시コ二シ 주식회사)에서 견습생으로 일했다. 당시 제약 회사는 화학 지식이 음료 제조에 유용했기에 음료 사업에 적극적이었다. 고니시는 1880년대 후반부터 '위스키'를 만들어 판매했다. 또한 '아사히'라는 병에 담긴 양조 맥주를 생산하고 아카몬지루시赤門印('붉은 문 마크') 와인, 탄산음료, 연유도 생산했다.

도리이는 열여덟 살이 된 1899년에 첫 번째 가게인 도리이쇼텐鳥井商店을 설립할 정도로 음료 산업에 밝았다. 이것이 훗날 산토리가 되는 회사의 시작이었으며, 오래된 산토리 위스키 병에 "since 1899"라는 문구가 부착된 이유이기도 한다. 1906년, 노리이는 요슈(양수)를 선문으로 취급했으나

(요슈에 대한 자세한 내용은 17~19쪽 참조). 후각이 뛰어나서 '코'라는 별명을 가진 도리이는 특히 일본 시장에 맞는 술을 만드는 데 능숙했다.

이듬해 그는 첫번째 히트작인 아카다마 포트와인을 출시했다. 그러기 전부터 스페인 와인을 수입하고 있었지만 일본 소비자들이 더 달콤한 와인을 선호할 것 같다는 생각에 자신만의 블렌드를 고안해냈다. 당시 일본인의 입맛은 지금보다 약간 더 단

위 고토부키야가 진짜 야마자키 위스키를 만들기 전에 헤르메스라는 브랜드가 있었다. 고토부키야는 1911년에 이 브랜드를 상표로 등록했고, 위의 헤르메스 올드 스카치 병은 그 시기에 만들어진 것이다. 헤르메스의 라벨에는 고토부키야 대신 '헤르메스 위스키 증류소'라고 적혀 있고, 'S. T. Hermes & Co.'라는 서명이 새겨져 있다. S. T.가 도리이 신지로의 약자였을까?

아래 왼쪽 1922년 아카다마의 선정적인 포스터는 노출이 너무 심해서 스캔들을 일으켰다.

아래 가운데 1929년 시로후다 포스터에는 "여러분, 정신 차리세요!"라는 문구와 함께 "이제 일본에는 훌륭한 국산 위스키가 있으니 외국 수입품을 맹목적으로 받아들이던 시대는 끝났습니다."라고 덧붙였다.

아래 오른쪽 1937년에 출시된 가쿠빈은 일본에서 가장 오래 판매된 위스키이다.

쪽에 치우쳤고 와인의 쓴 타닌에 익숙하지 않았기 때문이다. 도리이는 일찍부터 마케팅에 재능을 보였는데, 이는 오늘날까지도 산토리의 강점으로 이어지고 있다. 특히 다소 선정적인 포스터는 관심을 불러일으키는 데 도움이 되었다. 1920년대 초 아카다마는 일본 내 와인 판매의 절반 이상을 점유하며 시장을 장악했다. 도리이의 와인 사업 성공으로 야마자키 증류소가 탄생했고, 지금도 일본에서 판매되고 있는 아카다마는 향후의 성공을 예고하는 신호탄이었다.

"병에 태양이 그려져 있었기 때문에 회사 이름이 산토리로 바뀌기 전부터 이미 그런 연관성이 있었죠."라고 기무라는 설명한다. 아카다마라는 이름은 말 그대로 '붉은 구슬'이라는 뜻으로, 일본 국기처럼 태양을 직접적으로 지칭한다. '산토리 Suntory'는 언어유희이다. '선Sun'은 당연히 태양을 의미하고, '토리tory'는 일본 신사의 문인 도리이鳥居와 산토리의 설립자 도리이 신지로의 성을 모두 지칭하는 말

이다. 야마자키 지역 주민들 사이에서는 '산토리'라는 이름이 회사 직원들이 사장을 '도리이 상'이라고 부른 데서 유래했다는 이야기도 있다. 일본에서는 예술과 종교에 태양의 이미지가 자주 등장하는 것처럼 '산토리'라는 이름에는 깊은 문화적 상징이 담겨 있다.

도리이쇼텐은 와인 외에도 '올드 스카치 위스키Old Scotch Whisky'라는 문구가 병에 적힌, 헤르메스Hermes라는 브랜드를 비롯해 여러 가지 서양식 증류주를 출시했다. 이 술이 실제로 '올드'인지, '스카치'인지, '위스키'인지는 확실하지 않다. 하지만 도리이는 일본에서 정통 위스키를 만들기를 갈망했다. 1923년, 야마자키에서 공사를 시작하면서 그 꿈은 현실이 된다. 생산은 1년 뒤부터 시작되었지만, 1929년 4월이 되어서야 야마자키는 시로후다라는 별명을 가진 최초의 정통 '메이드 인 재팬' 위스키인 '산토리 위스키'를 출시했다. 스카치 스타일의 병에는 스모키한 아일랜드 위스키를 연상시키는 '희귀한 올드 아일랜

드 위스키Rare Old Island Whisky'와 같은 문구가 영문으로 쓰여 있었다. 이는 일본 소비자들에게 서양의 이국적인 느낌을 주기 위한 마케팅 전략이었는지도 모른다.

시로후다는 가격이 4.5엔으로, 조니워커 레드처럼 약간 더 비싼 수입 스카치 위스키 브랜드와 경쟁했다. 이 위스키의 출시는 일본 위스키 역사에서 중요한 순간이었다. 도리이는 그 점을 잘 알았다. 그의 직원들도 알았다. 일본 대중은? 글쎄. 스모키 위스키에 익숙하지 않은 소비자들은 "탄 냄새가 난다"라고 했다. 시로후다는 실패했다. 하지만 야마자키는 1930년에 또 다른 제품인 산토리 아카후다(레드 라벨)를 출시했다. 레드 라벨 브랜드는 고토부키야가 조니워커 레드를 모방한 것처럼 보일 수 있지만, 시로후다와 함께 일본 위스키에는 처음부터 강력한 국가 정체성이 존재했음을 보여준다. 흰색과 빨간색은 일본에서 가장 중요한 두 가지 색이다. 국기에 쓰인 이 두 가지 색이 일본 최초의 위스키에도 사용되었다. 아카후다 역시 히트하지 못하자 도리이는 블렌딩 연구소로 돌아갔다. 그의 다음 작품인 산토리 가쿠빈이 대표적인 성공작 중 하나였다.

1937년에 출시된 이 위스키의 원래 이름은 '신도리 위스키 12년'이었지만 고객들이 '가쿠빈(사각병)'으로 부르면서 그 이름으로 굳어졌다. 이 위스키는 지금도 여전히 일본에서 판매되고 있을 뿐만 아니라 2007년 산토리가 가쿠빈 하이볼을 연상시키는 광고를 대대적으로 시작하면서 일본 위스키 사업을 소생시키는 데 핵심적 역할을 했다. 도리이는 이후 1950년 '산토리 올드'와 같은 상징적 위스키로 그 성공을 이어나갔다. 이 위스키는 병 모양이 다루마 인형을 닮아 '다루마'라는 별명이 붙었는데, 이 인형은 9년 동안 쉬지 않고 좌선 수행을 하다 다리가 퇴화했다는 불교 승려 달마 이야기에서 착안했다.

도리이 동상 옆에는 그의 아들 사지 게이조의 동상이 있다. 숙련된 유기화학자였던 사지는 아버지의 뒤를 이어 마스터 블렌더이자 사장으로 일했을 뿐만 아니라 한 걸음 더 나아갔다. 그는 1963년 회사 이름을 모음이 너무 많이 들어간 '고토부키야'에서 '산토리'로 변경했는데, 산토리가 국제적으로 더 잘 통할 것이라 생각했기 때문이다. 사지의 동상은 야마자키 싱글 몰트 12년을 손에 들고 있다. "산토리는 1984년에 첫 싱글 몰트를 출시했습니다. 글렌피딕Glenfiddich이 위스키 업계에서 최초의 싱글 몰트를 출시한 지 불과 20년 후였죠." 기무리의 설명이다. 사실 싱글 몰트는 훨씬 더 오래전부터 생산되었지만, 1963년에 글렌피딕이 현대적 의미에서 최초의 싱글 몰트인 '스트레이트 몰트Straight Malt'를 출시했다. 스카치 제조업체들체들이 1970년대에 이르러 서서히 싱글 몰트로 전환했으므로 산토리의 진입이 그리 늦은 편은 아니었다. 자사 제품을 '싱글 몰트'로 마케팅한 최초의 일본 기업은 아니었고, 라벨에도 한동안 '퓨어 몰트Pure Malt'라는 명칭을 사용했지만 말이다. 실제로 야마자키 라벨에 '싱글 몰트'라는 단어가 공식적으로 등장한 것은 2002~2003년에 이르러서다. 하지만 엄밀히 말하면 야마자키의 첫 위스키인 시로후다는 싱글 몰트 위스키이다.

사지의 재임 기간에 산토리는 1989년 출시된 가장 유명한 블렌디드 라인인 히비키 Hibiki(響)의 뒤를 이어 1994년에 하쿠슈 Hakushu(白州) 싱글 몰트도 처음 선보였다. 사지는 일본 위스키에는 일본어 이름을 붙여야 할 뿐만 아니라 일본을 반영하는 아로마와 풍미도 갖춰야 한다고 믿었다. 그는 평생 일본 위스키의 정체성을 강조하며 산토리 위스키가 스카치, 아이리시 또는 버번으로 오인되지 않도록 야마자키, 히비키와 같은 이름을 갖기를 원했다.

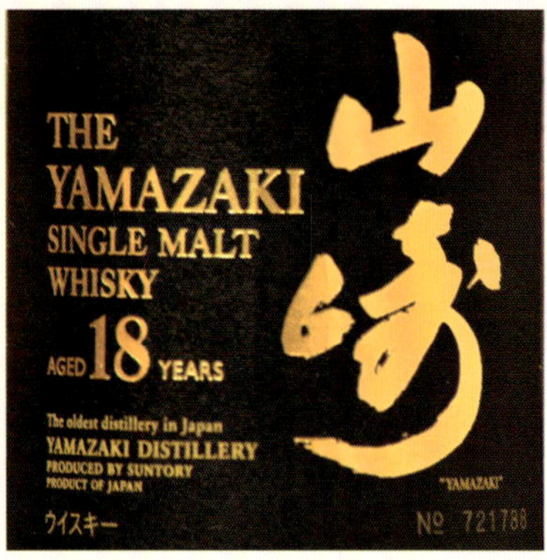

글씨 그 이상의 것

오늘날의 일본 위스키는 일본식 이름과 일본어 캘리그래피를 흔히 사용하지만 예전에는 그렇지 않았다. 예를 들어 1980년대까지만 해도 일본 위스키 라벨은 영어로 작성되었다. 국제적인 언어를 사용하면 정체성을 넘어선 세계적인 위스키를 만들 수 있다는 인식이, 당시 일본 기업 문화 전반에 퍼져 있었기 때문이다. 하지만 사지 게이조는 산토리가 일본 문화를 총체적으로 수용하기를 원했기 때문에 증류소 글자를 아름다운 캘리그래피인 쇼도로 썼다. 그는 야마자키의 싱글 몰트, 증류소, 노동자들의 유니폼에 새겨진 글자인 '山崎(야마자키)'와 '白州(하쿠슈)'를 직접 썼다.

사지는 '響(히비키)'에 어울리는 서체를 찾지 못하자 캘리그래퍼 오기노 단세쓰荻野丹雪에게 부탁했다. 오늘날 일본 위스키 제조업체 다수가 라벨에 쇼도를 사용한다. 대부분은 증류소와 관련이 없는 디자인 회사에서 제작하지만, 사지에게는 일본어 캘리그래피야말로 일본 위스키에 대한 자신의 시각을 온전히 반영하는 것이었다. 캘리그래피는 균형과 붓놀림을 통해 많은 것을 표현할 수 있다. 일본인은 손글씨로 다른 사람을 판단하고 평가한다. 각 획마다 정확한 순서가 있다. 일본의 교사들은 한자 쓰는 방법을 엄격하게 가르치는 경향이 있으며, 일본어 글자 체계에 대해 어릴 때부터 세심한 주의력을 길러준다. 하지만 쇼도에서 정확한 획 순서를 지키는 것만으로는 충분치 않다. 캘리그래피가 미적으로 어떻게 보이는지, 그리고 캘리그래피가 어떤 감정을 전달하는지도 마찬가지로 중요하다.

전례가 있었다. 1961년 산토리 올드가 미국에 수출되었을 때, 병 라벨에는 '축하'와 '장수'를 의미하는 寿(고토부키)라는, 도리이 신지로가 쓴 한자 캘리그래피가 새겨져 있었다. 또한 이 글자 옆에 '가게'를 의미하는 '야屋'를 붙이면 산토리의 원래 이름인 고토부키야이다. 전통적으로 시계 방향 쇼부 방의 다벨은 일본 문자노 표기되었지만 위스키 병에는 대부분 영어 라벨이 쓰였다. 따라서 한자 캘리그래피를 쓰는 것은 산토리 위스키가 '일본산'이라는 걸 확실히 알려주는 방법 중 하나였다. 예를 들어, 산토리는 고가의 싱글 몰트와 블렌디드 라벨에는 일본 전통 종이를 사용하는데, 이런 방식은 구매자들에게 좋은 반응을 얻고 있다. 또한 신도교의 도리이에서 영감을 받은 '산토리 로열' 병이나 6세기에 일본이 중국에서 수입한 24절기를 기반으로 한 히비키의 24면 병처럼, 일본을 연상시키는 병에 담긴 위스키를 출시했다. 일본은 19세기 후반에 그레고리력으로 바뀌었지만, 계절의 뉘앙스는 여전히 중요하다. 하지만 기후 변화와 지역적 차이로 인해 일본에서도 이제 24절기는 갈수록 추상적으로 느껴진다. 하지만 캘리그래피로 덮인 라벨은 그렇지 않다.

붓질에서 느껴지는 감정과 마찬가지로 균형도 중요하다. '균형'은 야마자키의 싱글 몰트뿐만 아니라 다른 많은 일본 위스키에 가장 잘 어울리는 단어이다. 이는 산토리가 첫 싱글 몰트를 통해 달성하고자 했던 목표이기도 하다. 야마자키 싱글 몰트의 어떤 요소도 압도적으로 두드러지지 않는다. 절제와 단호함, 열정과 평온함이 공존한다. 산토리의 이 모든 것이 한자 캘리그래피에 집약되어 있다.

맨 위 한자 響(히비키)는 문자 그대로 '메아리' 또는 '울림'을 의미하지만, 어떤 것에서 영감을 받았을 때 느끼는 감정과도 관련이 있다.

가운데 오기노 단세쓰의 히비키 캘리그래피는 사지 게이조의 야마자키 붓글씨와는 또 다른 감성이 담겨 있다. 오기노는 히비키뿐만 아니라 지타의 캘리그래피도 담당했다.

맨 아래 山崎(야마자키)의 캘리그래피는 매우 양식화되어 있다. 산토리에서 밝힌 대로, 야마자키의 두번째 한자 崎에서 사지가 寄를 쓰는 방식은 寿(고토부키)와 비슷해 산토리의 이전 이름인 고토부키야寿屋와의 연관성을 드러낸다.

왼쪽 야마자키의 증류소 투어에서 숙성 창고를 나서면 아름다운 일본식 정원이 방문객을 맞이한다. 하지만 폭포와 연못은 인공적으로 조성된 곳으로 물을 파이프로 끌어들였다.

아래 시이오 신사뿐만 아니라 보통 신사를 방문하기 전에 방문객들은 의식적인 정화를 행한다. 일본에서는 용을 물과 연관시키는 전통이 있기 때문에 물이 나오는 곳이 용 모양으로 되어 있다.

야마자키의 물

덴노산 기슭에 자리한 야마자키 증류소는 교토부와 인접한 오사카부 시마모토 마을에 위치해 있다. 야마자키라는 지역은 역사가 깊은 곳이다. 증류소가 내려다보이는 산은 16세기 사무라이들에게 전략적으로 중요한 장소였으며, 1582년 도요토미 히데요시 장군과 그의 전사들이 몰락한 영주 오다 노부나가의 복수를 위해 싸운 야마자키 전투의 장소이기도 하다. 비록 수천 명이 전사했지만 도요토미 히데요시는 이 전투의 승리로 일본 전역에서 권력을 공고히 할 수 있었다.

"이 지역을 선택한 이유는 여러 가지가 있습니다. 그중 하나가 바로 물입니다."라고 기무라는 말한다. 전설에 따르면 16세기 다도의 대가 센노 리큐千利休는 야마자키의 열렬한 팬이었다고 한다. 이 지역 샘물인 '리큐노미즈離宮の水(황실 별장의 물)'는 일본 환경싱이 일본 100대 수원지 중 하나로 선정할 정도로 좋은 물이다.

현재 전 세계 위스키 업계에서는 증류 중 극단적인 물리적 분리로 인해 물의 성분이 스피릿에 남아 있지 않게 되자 병에 담긴 위스키에서 물이 지닌 중요성을 두고 논란이 일고 있다. 하지만 산토리의 마스터 블렌더 후쿠요 신지는 야마자키의 물이 섬세하고 균형 잡힌 스피릿의 밑바탕이며, 아드벡Ardbeg 같은 아일레이 스카치Islay Scotch처럼 몰트를 많이 사용해도 야마자키 위스키는 마우스필이 부드럽고 순하며 피트 향이 압도적이지는 않다고 말한다. 그는 야마자키의 물에 확고한 신념을 품고 있다.

이곳을 부지로 선정한 이유는 비단 지하수만은 아니었다. 기찻길을 가로지르면 우지강, 기즈강, 가쓰라강이 합류해 오사카를 관통하는 요도강으로 흐른다. 기무라는 "이곳은 세 강이 합쳐지면서 안개가 자주 끼는 지역이어서 좋은 위스키를 만드는 데 도움이 됩니다."라고 설명한다. 1년 중 안개가 가장 많이 끼는 시기는 기온과 강수량의 변화가 큰 이른 봄과 장마철과 가을이다.

위스키의 무한한 가능성

증류소의 당화실mash house 안은 뜨겁고 머핀을 굽는 듯한 냄새가 은은하게 풍긴다. 야마자키는 1970년대 초부터 자체적으로 보리를 몰팅하지 않고 수입하고 있다. 후쿠요 신지에 따르면 산토리는 수입하는 몰트의 피트 함량을 조절하거나 몰트를 으깬 후 생성되는, 당분이 많은 액체인 워트를 맑거나 탁하게 제조함으로써 서로 다른 스타일의 위스키를 만들 수 있다. 산토리는 위스키 제조 과정에서 특정 특성을 부여하고 싶은 경우, 온도를 조절하기도 한다. 공정의 각 단계마다 각각 다른 위스키를 만들 수 있는 여러 옵션이 있다.

인접한 유리문 뒤에는 발효실이 있다.

내부에서는 파인애플, 시나몬, 잘 익어가 나는 배 등 과일 향이 코끝을 간지럽힌다. 산토리는 또한 다양한 효모를 이용해 다양한 위스키를 생산한다. 여덟 개의 미송 워시백이 아래층까지 이어져 있다. 윗부분은 덮여 있지만 창문을 통해 들여다보면 거품이 흘러내리는 모습을 볼 수 있다. "일본에는 워시백에 사용할 수 있는 이 정도 높이의 나무가 많지 않아요."라고 기무라가 설명한다. 야마자키에는 증류소 내 다른 장소에 스테인리스 스틸로 된 워시백도 있다. 산토리는 이러한 차이가 위스키에 영향을 미칠 수 있다고 믿으며, 나무 워시백과 스테인리스 스틸 워시백을 다 보유함으로써 야마자키 증류소에서는 더 다양한 위스키를 생산할 수 있게 되었다.

다양함은 양쪽에 여섯 개씩 총 열두 개의 팟 스틸이 줄지어 선 메인 스틸 하우스*에서도 엿볼 수 있다. 일부 스틸은 키가 크고 일부는 작다. 어떤 것은 랜턴처럼 생겼고, 어떤 것은 양파나 거꾸로 뒤집힌 아이스크림 콘, 심지어 해리 포터의 마법사 모자처럼 보이기도 한다. 야마자키는 2013년 인근 다른 스틸룸에 네 대의 스틸을 추가로 설치해 총 열여섯 대의 스틸을 보유하고 있다. "일본에서는 업체끼리 서로 위스키를 거래하지 않기 때문에 모두 임을 직접 해야 합니다."라고 기무라는 말했다. "제 말을 가장 쉽게 설명할 수 있는 방법이

여기 있습니다."라고 말하며 스캇 스틸*을 가리킨다. "이 스틸은 묵직한 스피릿을 만듭니다. 그 옆에 있는 키가 크고 가운데가 불룩하게 튀어나온 스틸은 깨끗하고 맑은 스피릿을 만듭니다."

스틸은 형태뿐만 아니라 사용할 수 있는 열원의 종류도 많다. 워시 스틸*은 가스불로 직접 가열하는 반면, 스피릿 스틸*은 증기로 간접 가열한다. 원래 모든 스틸을 석탄으로 가열했는데, 산토리는 오래전 석탄 사용을 중단했다.

가능성은 여기서 멈추지 않는다. 대부분의 스틸은 콘덴서*를 사용하지만, 몇몇은 냉각 과정에서 웜 터브*를 사용한다. 그렇게 하면 증류액이 구리와 더 많이 접촉해 풍미가 더욱 풍부해진다. 야마자키 증류소는 마치 여러 개의 서로 다른 증류소가 한곳에 모여 있는 허브처럼, 내부에서

다양한 종류의 위스키를 생산한다. 만약 블렌딩에 사용할 위스키가 필요하다면 그레인 위스키 증류소인 지타를 이용할 수 있다. 또 몰트 위스키를 만드는 다양한 스틸을 갖추었을 뿐만 아니라 그레인 위스키까지 만들 수 있는 하쿠슈 증류소도 이용할 수 있다. 요컨대 산토리는 위스키의 풍미가 거의 완성되는 숙성 과정에서 다양한 기법을 활용한다.

하쿠슈 증류소와 선 그레인 지타 증류소
HAKUSHU DISTILLERY & SUN GRAIN CHITA DISTILLERY

하쿠슈 증류소는 야마자키에 이어 산토리에서 가장 잘 알려진 위스키 제조처이다. 또한 일본에서 가장 아름다운 곳일지도 모른다. 야마나시현에 위치한 이 증류소는 가이코마산 기슭의 야생조류 보호구역 안에 자리하고 있다. 주변 강의 바닥에 하얀 모래가 깔려 있어 '하얀 모래톱'이라는 뜻의 하쿠슈白州라는 이름이 유래했다.

하쿠슈 증류소는 1973년에 야마자키 창립 50주년을 기념하기 위해 설립되었다. 컴퓨터와 자동화를 통해 직원들이 편하게 일할 수 있는 진정한 현대식 증류소를 만드는 것이 목표였다. 하쿠슈의 창립과 함께 야마자키 역시 현대화되었다. 당시 하쿠슈는 세계에서 가장 큰 위스키 증류소였다.

하쿠슈는 야마자키와 몇 가지 유사점이 있는데, 증류소에 팟 스틸의 형태가 매우 다양하다는 점이 두드러진다. 다만 하쿠슈는 열여섯 대의 스틸 중 대부분이 가스 직화 방식이라는 차이가 있다. 또한 하쿠슈와 야마자키는 서로 확연히 다른 위스키를 만드는데, 하쿠슈의 산림 입지 조건이 최종 제품의 풍미에 고스란히 드러난다. 이러한 다양성 덕분에 블렌더들은 더 넓은 팔레트를 가질 수 있다. "하쿠슈는 하쿠슈이고 야마자키는 야마자키입니다. 본질적으로 차이가 있기 때문에 같은 작업을 하더라도 결과가 달라집니다."라고 후쿠요는 말한다.

주요 차이점으로는 야마자키보다 기후가 더 춥고 고도가 높아 숙성 과정이 더 느리다는 것이다. 또한 하쿠슈의 선반 스타일 숙성 창고는 야마자키의 대표적인 캐스크인 대형 셰리 캐스크를 보관할 수 있도록 설계되지 않았다. 하쿠슈는 미국산 화이트 오크 캐스크, 구체적으로 180리터(47갤런) 배럴과 230리터(61갤런) 호그스헤드* 캐스크가 주를 이룬다. 하쿠슈에는 자체 쿠퍼리지가 있는 반면에 야마자키의 쿠퍼리지는 인근 시가현에 있는 산토리의 오미 에이징 셀러로 이전했다. 반짝이는 탱크트럭이 야마자키를 떠날 때는 대개 술을 채워 숙성하기 위해 오미로 가거나, 산토리가 야마자키 스피릿을 숙성하는 하쿠슈로 향할 가능성이 높다.

하쿠슈는 2014년부터 그레인 위스키도 생산하고 있다. 그곳의 칼럼 스틸은 하쿠슈 증류소의 몰트 위스키와 블렌딩할 수 있는 고품질의 그레인 스피릿을 대량으로 생산한다. 이곳의 몰트 위스키는 같은 곳에서 생산되는 블렌디드 위스키이므로 '싱글 블렌디드 위스키'라고 불린다. 하지만 하쿠슈가 산토리에서 가장 잘 알려진 그레인 위스키 증류소는 아니다. 그 영광은 지타에 돌아간다. 산토리는 하쿠슈 증류소가 설립되기 1년 전인 1972년에 선 그레인 지타 증류소를 설립했다. 지타는 우뚝 솟은 연속식 스틸을 통해 가벼운 위스키와 무거운 위스키를 비롯해 다양한 그레인 위스키를 만들어 야마자키를 비롯한 산토리의 여러 숙성 창고에서 숙성시킨다. 산토리는 또한 니즈에 가장 적합한 스피릿을 찾기 위해 알코올 도수를 달리해 그레인 스피릿을 증류하는 실험을 해왔다.

나고야의 산업 항구가 내려다보이는 곳에 자리한 지타는 야마자키나 하쿠슈만큼 그림 같은 풍경은 아니지만, 이곳에서 만드는 위스키만큼이나 중요한 곳이다. 산토리가 병입해 출시한 '더 지타The Chita'에는 열 가지가 넘는 그레인 위스키가 들어가며, 이 증류소의 스피릿은 세계적인 수준을 자랑하는 히비키 블렌드에 계속 사용되고 있다.

오른쪽 선 그레인 지타 증류소 정문 밖에는 작은 신사가 있다.

왼쪽 하쿠슈 증류소의 선반식 창고에는 미국산 화이트 오크 캐스크가 가득차 있지만, 스틸 하우스에는 야마자키 증류소처럼 다양한 팟 스틸이 뒤섞여 있다.

예전의 야마자키

야마자키 증류소를 둘러보다 오래된 창고에서 나오면 아름다운 일본식 정원이 나온다. 이 정원에는 작은 폭포와 연못이 있는데, 봄에는 연두색, 가을에는 선명한 주황색과 붉은색으로 물드는 나무가 둘러싸고 있다. 지금은 80대 초반이 된 동네 주민 나카하라 하루코는 이렇게 회상한다. "어렸을 때 바로 여기서 살았습니다. 그때의 풍경은 지금과 완전히 달랐습니다. 증류소 전체가 그랬지요."

나카하라 가족의 집이 있던 자리에는 인공 연못이 증류소 투어 방문객을 기다리고 있다. 과거에는 이곳에 전통적인 일본식 정원은 없었지만 작은 밭이 있었다. 그 건너편, 현재 숙성 창고가 있는 곳에는 벚나무가 늘어선 훨씬 더 큰 연못이 있어서 봄이면 사람들이 모여 벚꽃을 감상하곤 했다. 지금은 오래된 사진만 남아 있을 뿐 원래의 정자는 물론 아무것도 보이지 않는다.

나카하라는 연못에 비친 야마자키 증류소가 담긴 오래된 사진을 들고 "이 사진은 내가 열세 살 때 찍은 것이에요."라고 말했다. 사진의 구도가 훌륭하다. 매일 아침 학교에 가기 위해 집을 나서면 야마자키 증류소가 가장 먼저 보였기 때문에 나카하라에게 이곳은 친숙한 장소였다. 나카하라는 "제2차 세계대전이 발발했을 때 우리 가족은 오사카 중심부에 살고 있었어요. 그래서 집을 짓기에 더 안전한 시골로 이사를 했죠."라고 말한다. 당시 그녀는 초등학교 2학년이었다. "도시에 살면서 구두를 신는 데 익숙해져 있었는데, 이곳에 오니 모두가 와라조리(짚신)를 신고 있어서 처음에는 발이 몹시 아팠어요."

아버지는 전쟁터로 떠나면서 큰딸 하루코에게 어머니를 돕고 동생들을 돌봐달라고 부탁했다. 아버지는 딸에게 카메라도 남겼다. "아버지는 당시로서는 드물게 스키, 등산, 암벽 등반 등 스포츠에 관심이 많았습니다."라고 나카하라는 설명한다. 그는 멋진 풍경을 기억하기 위해 값비싼 독일 카메라를 구입하면서 사진 촬영에 입문했다. 증류소 사진은 자신의 딸이 집에서 바라본 경치를 기념하기 위해 찍은 사진이다. 사진이 없더라도 그녀는 그 시절의 많은 것들을 잊지 못할 것이다. "전쟁 중에는 오사카 시내를 폭격하러 가는 미군의 폭격기가 야마자키 상공을 날아가는 것을 보곤 했습니다." 하늘을 가리키며 그녀가 말을 잇는다. "이 증류소라는 큰 건물과 너무 가까워서 우리도 폭격당할까 봐 걱정했어요. '도시에서 여기까지 왔는데 위험한 곳을 골랐구나' 하고 생각했죠." 증류소는 폭격을 피했지만 오사카 시내의 많은 지역이 파괴되었다. "전쟁이 끝난 후 미군 병사들이 야마자키 증류소 앞에 트럭을 세우고 위스키 상자를 가득 실어 나르는 모습을 본 기억이 납니다."

나카하라는 고등학교를 졸업할 때까지 증류소 뒤편에서 살았다. 어렸을 때 그녀는 증류소 뒤의 대나무 숲을 지나 집까지 걸어가곤 했는데, 그중 일부가 여전히 가족 소유로 남아 있다. 옛 기억을 되짚으며 가족의 대나무 숲으로 이어지는 언덕길을 오르자 증류소 특유의 향기가 공기 중에 가득 퍼진다. 길 한쪽으로는 지역 공동묘지가 있고, 다른 한쪽에는 거대한 산토리 곡물 저장탑이 숨어 있듯 자리한다. 소녀였던 그녀에게 이 냄새는 어린 시절을 떠올리게 하는 향기였다. "나이가 들어서야 실제로 위스키를 마셔보고 충격을 받았어요. 맛이 끔찍했거든요! 어떻게 그렇게 좋은 냄새가 나는 것이 그렇게 맛없을 수 있나 싶었죠." 나카하라는 사케

제2차 세계대전 중에 촬영된 이 사진에서는 야마자키 증류소 뒤편에 있던 큰 연못이 보인다. 왼쪽에는 벚나무가 있고 오른쪽에는 우뚝 선 긴 굴뚝과 원래의 증류소 건물이 있다.

와 도리이 신지로의 포트와인 블렌딩을 더 좋아한다. "어렸을 때 부모님은 아카다마를 사서 우리에게 마시게 해주셨답니다." 그녀는 제2차 세계대전 이전이나 그 후 수십 년 동안 일본에서는 젊은이들이 포트와인을 물에 타서 마시는 것이 드문 일이 아니었다고 덧붙인다. "부모님은 천연이고 과일로 만든 것이니까 괜찮다고 생각하셨죠."

나카하라는 증류소를 가로지르는 주요 공공 도로를 따라 걸어간다. 예전에 고토부키야 사무실이었던 기프트숍을 제외한 대부분의 건물은 원래의 모습이 아니다. 수십 년에 걸친 대대적인 개조 공사로 증류소가 바뀌었지만, 일부는 위스키 제조를 위해 개조하지 않았다. 현재 길 끝에 자리한 신사 출입문이 예전에는 길 입구에 있었다. 그래서 당시 증류소로 들어가는 사람들은 신사 문 아래를 지나가곤 했다. "문을 옮긴 이유는 아마 트럭이 증류소로 가는 길을 따라 내려가기 쉽게 하기 위해서였을 거예요." 지금은 깔끔하게 다듬어진 잔디밭과 정원으로 이루어진 중심 도로 주변에 예전에는 작고 오래된 집이 많았다. "예전에는 사람들이 이 거리에 살았어요. 저 나무들이 있는 곳에는 원래 집들이 있었는데, 1989년 일본 왕세자가 오기 전에 집을 허물고 산토리가 증류소를 더 멋지게

보이게 하려고 큰 나무를 트럭으로 가져와 심었죠." 1980년대 후반, 야마자키 증류소는 산토리 창립 90주년을 기념하기 위해 다년간에 걸쳐 대대적인 개보수 공사를 진행했다. 그런데 1989년 5월 16일, 시마모토에 도착한 왕세자는 증류소가 아닌 R&D 센터를 방문했다.

나카하라가 성장한 후 그녀의 아버지는 나중에 그 땅을 산토리에 팔고 전직 증류소 관리인이 살던 철로 옆 부지로 이사했다. 산토리는 그 집을 허물고 작은 연못이 있는 일본식 정원을 만들었다. 나카하라는 여전히 시마모토를 고향이라고 부른다. 최근에는 산토리가 그녀의 집 바로 옆 부지에서 위스키 제조용 물을 퍼 올리고 있다. 나카하라는 "어디에 살든 산토리에서 벗어날 수 없을 것 같아요."라고 말한다. 적어도 야마자키 근처에서는 말이다.

산토리 위스키가 숙성되는 곳

야마자키에는 위스키로 채워진 1만 개가 넘는 캐스크가 조용히 잠들어 있다. 이 증류소는 다섯 가지 크기의 캐스크를 사용하지만 미국산 화이트 오크로 만든 480리터(127갤런) 펀천*이 주를 이룬다. 480리터 세리 캐스크도 많이 갖고 있지만 산토리는 정확한 수는 밝히지 않는다. "세리 캐스크에 KTB가 각인된 것을 보면 알 수 있습니다. 그것은 고토부키야를 뜻합니다. 이 캐스크를 만든 스페인의 세리 제조업체는 어떤 것이 우리 것인지 알기 위해 그렇게 표시합니다." 기무라의 설명이다. 원래 증류소를 설립했을 때 야마자키는 향긋한 짙은 과일 향과 스파이시한 풍미로 유명한, 유럽산 오크로 만든 세리 캐스크만 사용했다. 그러나 제2차 세계대전 때 오크 캐스크 조달에 어려움을 겪자 미즈나라, 즉 일본 오크로 전환했다(미즈나라에 대한 자세한 내용은 37~38쪽 참조). 오늘날 미즈나라 캐스크는 야마자키의 숙성 과정에서 중요한 역할을 한다. 하지만 매우 희귀해서, 기무라의 말에 따르면 매년 만들 수 있는 미즈나라 캐스크는 100~150개 정도이다. 산

토리의 창고에는 100만 개가 넘는 캐스크가 보관되어 있다. 그중에 미즈나라는 매우 특별한 극소수의 캐스크이다. 산토리가 더 많은 위스키를 생산하고 싶어도 캐스크 제조에 적합한 미즈나라의 양이 많지 않기 때문이다. 야마자키의 숙성 창고에서는 두 가지 방법으로 미즈나라 캐스크를 골라낼 수 있다. 헤드에 'J'가 각인되어 있거나 네모 안에 'No'라는 줄임말 표시가 있는 캐스크이다. 종종 둘 다 있는 경우도 있다.

산토리의 블렌더들은 일본 특유의 숙성 기술도 활용한다. 해외에서는 위스키 숙성 마지막 단계에 풍미와 아로마를 더하기 위해 와인 캐스크에 넣어 '피니싱' 과정을 거치기도 하는데, 산토리도 이 과정을 따른다. 그러나 야마자키 증류소는 우메슈梅酒(매실주)도 만들기 때문에 블렌더들이 위스키를 일정 기간 우메슈 캐스크에 넣어 숙성하는 일본식 피니싱 방식도 실험해왔다. 산토리는 또한 일본 삼나무인 '스기'에서 위스키를 숙성하는 독특한 방법도 사용한다. 일부 사케는 일본식 삼나무 통에서 짧은 시간 동안 숙성시키는 전통이 있

이 야마자키 창고는 대형 480리터(127갤런) 캐스크로 가득 차 있는데, 가장 유명한 것은 미즈나라 캐스크와 세리 캐스크이다. 야마자키에서 증류한 위스키는 흰색 헤드의 캐스크에 담고, 선 그레인 지타 증류소의 스피릿은 검은색 헤드의 캐스크에 담는다. 하쿠슈의 선반형 창고에서는 버번 배럴이 주를 이루지만 세리 캐스크와 미국산 버진 화이트 오크 캐스크도 사용된다.

는데, 사케에 독특한 아로마를 부여하기에는 충분하지만 색이 변하거나 사케 맛을 압도하지 않을 정도로만 짧게 거치는 공정이다. 마스터 블렌더 후쿠요 신지의 말에 따르면 일본 삼나무는 날카로운 향을 가지고 있어서, 산토리에서는 토리스 블렌딩에 "아주 조금"만 사용한다고 한다. "그렇게 하면 톱 노트를 끌어올리고 다른 아로마를 끌어내는 데 효과적이죠." 후쿠요의 설명이 이어진다. "일본에서는 건배를 위해 잔을 들 때 탄산수와 얼음을 넣어 하이볼을 만드는 경우가 많습니다. 일본 삼나무는 이런 종류의 위스키에 가장 잘 어울리죠." 2000년, 산토리의 전임 마스터 블렌더 고시미즈 세이이치는 일본 음식과 잘 어울리도록 디자인하고 일본 삼나무에서

왼쪽 네모 안 약어 'No' 표시가 있는 캐스크는 미즈나라 캐스크이다. 하지만 쉽게 알아볼 수 있는 사각형이 없는 것도 미즈나라 캐스크이다. 캐스크 헤드에 '일본'을 뜻하는 'J'라는 글자가 각인되어 있기 때문이다. 때로는 이 헤드처럼 두 가지가 다 표시된 경우도 있다. 각인된 'J'는 'Whisky Distillery'의 'W' 밑에 있다.

아래 캐스크 헤드에 각인된 'KTB'로 쉽게 구분되는 세리 캐스크이다. 'KTB'는 고토부키야의 약자로, 세리 캐스크만을 사용하던 초창기를 나타낸다.

숙성한 위스키로 만든 '자Za(座)'라는 블렌드를 출시했다. 산토리에 따르면 이 위스키 캐스크의 '한 부분', 헤드만 토종 일본 삼나무로 만들었다고 한다. 일본 삼나무 숙성 위스키는 스페셜 싱글 몰트로 출시되지는 않았지만, 흥미로운 제품이 될 것이라고 후쿠요는 말한다.

섬세하고 부드러운 야마자키의 스피릿은 숙성 과정에서 캐스크의 영향을 많이 받는다. 후쿠요는 이렇게 설명한다. "스카치 위스키에 비해 일본 위스키는 캐스크의 영향을 훨씬 더 많이 받습니다. 일본의 기온은 위스키를 숙성시키기에 완벽합니다. 더 더운 기후에서는 숙성이 너무 빨라질 수 있죠." 일본에서는 위스키가 훨씬 더 빨리 숙성되기 때문에 산토리는 캐스크를 면밀히 모니터링해야 한다. 후쿠요의 설명이 이어진다. "15년 이상 된 위스키를 다룰 때 캐스크의 영향이 너무 강할 수 있으니 저 같은 블렌더는 주의해야 합니다. 그래서 위스키를 오래된 캐스크로 옮기거나 숙성 창고의 서늘한 곳에 보관하는 등의 조치를 취하죠. 스코틀랜드보다 더 섬세하게 숙성 과성을 관리하시 않으넌 오래된

위스키가 제대로 숙성되지 않습니다."

야마자키는 위스키를 숙성하기에 좋은 곳이지만 모든 위스키가 이 유명한 증류소에서 숙성되는 것은 아니다. 야마자키 증류소의 스피릿은 네 시간 가까이 떨어진 숲속에 자리한 자매 증류소인 하쿠슈로 운반되어 외부에서 숙성되기도 한다. 대부분은 한 시간 거리에 있는 시가현의 오미 에이징 셀러로 이동하는데, 이곳은 눈이 많이 내리는 겨울에는 야마자키 증류소보다 조금 더 시원하지만 여름에는

거의 비슷하게 덥다. 거대한 오미 에이징 셀러 숙성 단지는 일반에 공개되지 않는다. 1990년대에 촬영된 사진 몇 장이 남아 있는데, '셀러Cellar'라는 영어 단어가 적힌, 개별 번호가 붙은 창고로 이어지는 도로가 보인다. 높은 수요를 충족하기 위해 2014년 산토리는 이곳에 6000제곱미터 규모의 숙성 창고를 지어 13만 개의 캐스크를 더 보관할 수 있게 되었고, 2017년에는 야마자키와 하쿠슈의 위스키를 숙성하기 위해 같은 크기의 창고를 하나 더 지었다. 오미는 하쿠슈에 있는 것보다 더 큰 규모의 쿠퍼리지도 운영하며 야마자키용 캐스크를 제작하고 수선한다.

산토리의 시그니처 블렌딩 공정의 비밀

산토리 위스키의 마스터 블렌더 후쿠요 신지는 "블렌더가 되기 전에는 이 직업에 대해 깊이 생각해본 적이 없었습니다."라고 말한다. 일반적으로 블렌더는 흰색 실험복을 입고 수백 가지 위스키를 시음하고 냄새를 맡는 직업이라고 생각한다. 블렌더는 실제로 그런 일을 하지만 그 이외에도 훨씬 더 많은 일을 한다.

야마자키 유니폼을 입은 후쿠요는 대나무 숲과 작은 일본 정원이 내려다보이는 방에 앉아 있다. 그의 등 뒤에는 야마자키, 하쿠슈, 히비키가 진열된 바가 있다. 1984년 산토리에 입사했을 때 그는 이곳 야마자키가 아닌 야마나시현의 하쿠슈 증류소에서 일을 시작했다. "증류 중이거나 숙성 중인 위스키를 확인하러 그곳을 찾아온 블렌더들을 보고 그런 직업이 있다는 것을 알게 된 것이 생각납니다." 산토리 내부에서는 어떤 직원이 좋은 코를 가졌는지 확인하기 위한 테스트가 있었는데, 지금도 시행되고 있다. 후쿠요는 구체적인 상황을 알려준다. "어떤 위스키의 냄새가 다른지 고르거나 비슷한 아로마를 가진 위스키 7종을 일렬로 늘어놓고 강도를 높이는 등의 테스트가 있습니다. 나는 매번 잘했고 더 많은 것을 배우기 위해 노력했습니다."

후쿠요의 스승은 야마자키의 블렌딩 팀에 있었는데, 1992년에 공석이 생기자 후쿠요가 합류하게 되었다. "처음 입사했을 때는 다양한 아로마와 풍미에 대해 배우는 데 시간을 보냈습니다." 그 후 블렌딩과 블렌딩 기술에 대해 더 많이 공부하기 시작했다. "다양한 냄새를 골라낼 수 있는 것과 다른 풍미를 만들어낼 수 있는 것은 매우 다릅니다." 후쿠요는 블렌더가 작업에 착수하면 그 과정에 더 많은 시간이 필요하다고 말한다. "위스키의 톱 노트, 마우스필, 피니시, 온더락이나 칵테일로 마실 때의 맛 등 위스키의 구조에 대해 처음부터 끝까지 생각해야 합니다."

산토리에서는 블렌더들이 먹지 말아야 할 음식에 대한 기본 지침이 있다. 아침에는 생선구이를 곁들인 일본 전통 식사를 하지 않는다. 기름기가 하루 종일 입안에 남아 있기 때문이다. 저녁에는 마늘을 먹지 않는다. "저희 블렌딩 팀원 중 누군가가 마늘을 먹은 것을 알아차리고 지적하는 경우가 있습니다. 본인은 아니라고 부인하지만 여전히 냄새가 나거든요. 그러다 전날 밤에 먹은 샐러드 드레싱에 마늘이 들어 있었다는 사실을 뒤늦게 깨닫습니다."

후쿠요는 매일 점심으로 덴푸라를 곁들인 소바를 먹는다. 덴푸라와 함께 우동을 먹었던 산토리의 전 마스터 블렌더 고시미즈 세이이치의 발자취를 따르기 위한 것이다. 후쿠요는 몇 가지 이유 때문에 그렇게 한다고 말한다. 첫째, 점심으로 무엇을 먹을지 고민할 필요가 없고, 식사가 가벼워서 식후 바로 업무에 복귀할 수 있기 때문이다. 또 다른 이유는 같은 음식을 먹으면 적어도 소바 국물 등의 풍미의 변화에 팔레트가 더 민감해져서이다. "매일 같은 음식을 먹으면 날마다 맛이 어떻게 바뀌었는지 알 수 있습니다." 그래서 산토리 위스키를 정기적으로 마시는 사람들은 미묘한 변화를 더 잘 알아차릴 수 있다는 것이다. "조금이라도 변화가 있으면 바로 알아차리게끔 항상 코렉트를 지닌에 신경을 씁니다. 매일 같은 음식을 먹는 것도 그와 비슷합니다. 미묘한 차이를 인식하고 위스키 고유의 풍미와 아로마가 변하지 않도록 최선을 다하지요." 시그니처 싱글 몰트와 블렌디드 위스키를 유지하기 위해 사용 가능한 위스키 재고를 관리하는 것은 마스터 블렌더의 보이지 않는 임무 중 하나이다.

"예를 들어, 야마자키 12년 위스키를 만들기 위해 많은 위스키를 검토할 때는 이 싱글 몰트에 사용할 200~300개의 셰리 캐스크 위스키 샘플을 줄줄이 늘어놓습니다." 후쿠요는 야마자키 싱글 몰트를 가리키며 설명한다. 이 과정은 벅차 보이지만 블렌더가 하는 일 가운데 가

2009년 산토리의 네번째 마스터 블렌더가 된 후쿠요 신지는 "우리는 스코틀랜드에서 전통적으로 하지 않았던 새로운 시도를 해왔죠. 위스키의 새로운 경계를 계속 허물고 싶습니다."라고 말한다.

장 어려운 부분은 아니다. "사실 비슷한 여러 위
스키를 살펴보고 차이점을 찾아내는 것이 더
쉽습니다. 기본적으로 눈에 띄는 위스키를 찾
는 것은 노란 꽃밭에서 이상한 흰색 꽃을 발견
하는 것과 같습니다." 요즘은 기존의 오래된 위
스키를 만드는 것도 어렵지만, 새로운 위스키를
만드는 것은 더 어렵다. 지난 몇 년 동안 일본에
서 야마자키 위스키가 엄청난 인기를 끌면서 이
제 싱글 몰트 위스키 중 숙성 기간을 표기한 위
스키를 찾기가 어려워졌다. 심지어 표준 출시
제품인 12년 숙성조차 일본에서 구하기가 힘들
다. "최대한 많은 양을 생산하고 있지만 10년
전 예상했던 것보다 해외에서의 수요가 더 큽
니다." 야마자키 12년의 경우, 위스키 관리는 곧
싱글 몰트에 들어갈 위스키를 충분히 확보하는
것을 의미한다. 이에 대해 후쿠요는 이렇게 설
명한다. "'야마자키 12년'에는 12년 이상 숙성된
위스키를 사용합니다. 12년 숙성 싱글 몰트를
만들 수 있을 만큼 충분한 위스키를 확보하지
못하면 1년에 한 병도 출시하지 못할 수도 있지
요." 그렇다면 산토리의 해결책은 무엇일까? 다
양한 위스키를 만드는 것이다. "예를 들어 야마
자키 12년이 세 가지 위스키를 블렌딩한 위스키
라면 그중 하나라도 맛이 변하거나 공급이 부
족할 경우, 그 위스키를 만들 수 없습니다. 따라
서 안정성을 보장하기 위해 싱글 몰트 위스키에
사용할 10종 이상의 스피릿을 만드는 것이 중
요합니다." 이처럼 산토리에서는 다양한 위스키
를 만드는 것이 핵심이다. "다양한 위스키를 블
렌딩함으로써 싱글 몰트 고유의 풍미와 아로마
를 유지할 수 있습니다." 이것이 산토리의 가장
큰 비결일지도 모른다.

위 후쿠요는 "제 임무는
품질을 보장하는 것뿐만
아니라 충분한 위스키를
확보하는 것입니다."라고
말한다.

오른쪽 히비키
블렌드에는 산토리의
야마자키·하쿠슈·지타
증류소에서 생산한 몰트
위스키와 그레인 위스키가
들어간다.

왼쪽 우지강은 야마자키 증류소 방향으로 흐른다. 이 강은 증류소 근처에서 기즈강, 가쓰라강과 합류해 오사카에서 가장 유명한 수로 중 하나인 요도강이 된다.

아래 야마자키 증류소를 가로지르는 길은 공공도로이다. 이 길 건너편 끝에 시이오 신사가 있다.

위스키 제조에 이상적인 장소

"셰리 캐스크 야마자키 싱글 몰트예요." 기무라 도시카즈가 잔을 들어 코에 갖다 대며 말한다. "이 위스키는 2013년에 출시 됐는데 세계 최고의 위스키로 손꼽히죠." 이 위스키는 건포도, 다크 초콜릿, 토피의 향이 기분 좋게 코를 자극한다. 한 모금 마셔보니 부드럽고 매끄럽다. 기무라가 셰리 캐스크 야마자키 잔을 내려놓고 옆에 있는 잔을 가져온다. "이것은 미즈나라 캐스크에서 숙성된 것인데, 아로마가 코를 타고 재빨리 치고 올라옵니다." 그의 테이스팅 노트는 백단유sandalwood, 향초, 오래된 기모노이다. 여기에 일본식 부채와 종이 미닫이문도 추가할 수 있다. "부드러우면서도 복합적인 향이죠." 기무라는 덧붙인다. 종종 서양의 위스키 저자들은, 심지어 산토리에서도 미즈나라에서 숙성된 위스키에는 '오리엔탈 아로마'가 있다고 말한다.

일본에서 '오리엔탈'이라는 단어는 고급스러운 오리엔탈 호텔 등에서 볼 수 있듯이 화려하고 당당한 이미지로 인식된다. 반면 영어에서 이 단어는 의미도 다양할 뿐더러 일본과 주변 아시아 국가를 섬세하게 구분하지도 않는다. 따라서 이 향을 설명하는 데는 '일본적Japanese'이라는 표현이 더 적절할 것이다. 중국과 서양 문화의 수입 속에서도 수 세기 동안 '일본다움'이

계속 빛을 발해온 것처럼, 이 위스키는 강하고 미묘하며 블렌딩에서 그 자체로 존재감을 발휘한다. 미즈나라 숙성 위스키만큼 일본인의 마음에 가 닿은 위스키도 드물다.

기무라는 이렇게 설명한다. "미즈나라에서 오랫동안 숙성시키지 않으면 위스키에서 이런 향을 얻을 수 없습니다. 미즈나라 숙성 위스키를 블렌딩하면 이 아로마가 더욱 풍부해지죠." 이 위스키는 생각보다 개성이 도드라지는, 강하고 견고한 위스키이다. 셰리 숙성 위스키와 미즈나라 숙성 위스키 모두 이 증류소의 개성을 잘 드러낸다.

하지만 위스키의 특성은 증류되는 위스키에만 좌우되는 것은 아니다. 주변 환경도 중요한 요소이다. 작고 비좁은 거리, 안개가 자욱한 아침, 대나무 숲, 시이오 신사에서 열리는 축제야말로 야마자키 그 자체이다. 늦여름 오후, 학교를 마친 아이들이 웃으며 책가방을 메고 거리를 걸어 증류소를 지나 집까지 걸어간다. 아이들은 리셉션 부스를 지나며 직원들과 반갑게 인사를 나누고 계속 길을 간다.

햇살이 한풀 꺾이고 공기는 상쾌하며 바람이 살랑인다. 증류소 뒤편 산은 푸른 초록빛을 띠고 있다. 이곳은 위스키를 만드는 데 더할 나위 없는 장소이다.

산토리 위스키 29종 가와사키 유지

산토리는 저렴한 가격의 슈퍼마켓 제품부터 프리미엄 싱글 몰트 위스키와 블렌디드 위스키까지 다양한 위스키를 제조한다. 숙성 시 다양한 캐스크를 능숙하게 사용하여 정말 멋진 위스키를 만드는 것으로 유명하다. 야마자키 싱글 몰트는 연한 꽃 향기가 나지만 부드럽고 묵직하며 강한 인상을 남긴다. 하쿠슈 싱글 몰트는 늦봄과 초여름을 연상시키는 신선한 풀 향이 난다. 히비키 블렌드는 부드럽고 달콤할 뿐만 아니라 믿을 수 없을 만큼 층이 켜켜이 있고 미묘하며 깊다. 일본 위스키를 가장 잘 대표하는 것이 있다면 바로 우아한 히비키 블렌드이다.

지타 61/100

나고야 항구에 자리 잡은 산토리의 선 그레인 지타 증류소에서 생산되는 이 위스키는 팟 스틸에서 증류한 싱글 몰트가 아닌 거대한 연속식 스틸에서 만든 그레인 위스키이다. 지타에서는 탄 곡물과 브라우니의 냄새가 난다. 강한 단맛이 조금 나다가 중반부에는 톡 쏘는 맛이 느껴진다. 그 단맛은 풍미가 희미하게 느껴지는데, 갓 만든 콘플레이크 같다. 그러나 마치 잘 나가던 자동차의 바퀴가 갑자기 빠져버리는 것처럼 전체적으로 금세 무너진다. 이 제품은 '음료에 타 마시는 용'으로 분류하라.

하쿠슈 싱글 몰트 위스키 셰리 캐스크 2012년 병입 82/100

연례 행사처럼 나오는 셰리 캐스크이다. 여기 하쿠슈 증류소의 2012년 에디션이 있다. 셰리 특유의 아로마 외에도 오래된 책상을 연상시키는 나무 향이 지배적이다. 날카롭고 산뜻한 노트가 두드러지지만 다행히도 달콤한 초콜릿 향도 함께 느껴진다. 셰리 캐스크의 일본 위스키를 처음 접하는 사람에게는 입문용으로도 충분할 것 같다. 아마도.

하쿠슈 싱글 몰트 위스키(숙성 기간 미표기) 56/100

부케에서 알코올의 총량이 가시처럼 튀어나온다. (그 날카로움은 이 위스키가 하이볼을 겨냥한 것이라는 뜻일까?) 알코올이 지나가면 캐모마일 향과 깊은 숲속의 은은한 모닥불 향을 느낄 수 있다. 한 모금 마시면 수분이 많은 딸기 향이 느껴진다. 하지만 그게 전부이다. 희미한 베리류의 풍미만 있고 복잡하지 않아 칵테일용이라는 사실을 뒷받침한다.

하쿠슈 싱글 몰트 12년 82/100

장마철 맑은 날의 숲 냄새. 나무의 생명력이 가득하고 팔레트에서는 달콤하고 덜 익은 풍미가 느껴진다. 하지만 갑작스러운 소나기처럼 그 풀 향 노트가 씻겨 내려가면서 편안한 우디 향의 피니시*가 긴 여운을 남긴다.

하쿠슈 싱글 몰트 위스키 18년 88/100

숲을 상상해보라. 짧고 웅장한 음악이 피아노와 플루트로 연주된다면, 부드러운 빛과 싱그러운 나뭇잎이 공기를 가득 채우

지타

하쿠슈 싱글 몰트 위스키 18년

하쿠슈 싱글 몰트 위스키 25년

히비키 17년

히비키 21년

고 풀밭에 산딸기가 자라고 있을 것이다. 그것이 바로 이 하쿠슈 싱글 몰트이다. 야생에서 자랐지만 정교하게 다듬어졌다. 첫인상은 맑고 우아하며 시냇물이 졸졸 흐르는 소리가 들린다. 마른 나무를 모아 바닥에 깔아놓고 불을 지피는 냄새가 공기를 가득 채운다. 여기, 경험하고 즐길 만한 싱글 몰트가 있다.

하쿠슈 싱글 몰트 위스키 25년 89/100

노즈*는 달콤하고 상쾌하다. 다시 숲이나 이끼로 덮인 신사로 이동하면 비 온 뒤의 진한 흙냄새가 느껴진다. 마치 산책을 하는 것처럼 여유롭다. 다른 아로마로는 레몬, 꽃, 스모크가 있다. 이 25년 된 하쿠슈를 시음하는 것은 초콜릿과 무화과 향이 바탕에 깔린 풍요로운 경험을 하는 것이다. 하지만 팔레트마저 우리를 다시 젖은 나뭇잎과 나무에 덜 익은 과일이 열린 숲속으로 데려가 잠시 고요한 행복을 선사한다.

히비키 딥 하모니Deep Harmony 97/100

2013년 6월에 출시된 히비키 딥 하모니는 일본 바에서만 판매되었지만 나중에 온라인 상점과 경매 사이트에 등장했다. 딥 하모니는 레드 와인 캐스크에서 숙성된 몰트 위스키와 셰리 캐스크에서 숙성된 그레인 위스키의 특징을 갖고 있다. 그 결과 아름다운 블렌딩이 탄생했다. 예상할 수 있는 진한 과일 향과 부드럽고 차분한 아로마가 어우러진다. 모든 향이 고유한 성분을 지니고 있어, 딥 하모니는 한 편의 시 같은 술이다. 일본식 미닫이문, 벽감에 꽃병이 놓인 다다미방, 나뭇가지에서 날갯짓을 하는 새 한 마리가 연상된다. 위스키에서 이런 아름다움을 느낄 수 있는 것은 드문 일이다.

히비키 재패니즈 하모니Japanese Harmony 86/100

잔에 코를 대면 첫 노트는 만년필의 신선한 잉크 냄새이고, 그다음에는 캐스크에서 스며든, 꿀이 든 나무 아로마가 느껴진다. 딜리버리*는 놀랍도록 부드러워 마치 실크가 흐르는 듯한 느낌으로 입안을 감싸준다. 소박한 부케임에도 불구하고 이 위스키의 질감은 미식가를 위한 한 끼 식사와도 같다! 이 위스키는 흔치 않은 경험을 제공하지만 복잡함은 부족하다.

히비키 12년 76/100

히비키는 뛰어난 블렌디드 일본 위스키의 대명사이다. 산토리는 2009년에 이 12년 버전을 출시했다. 풀 향과 그을린 들판의 냄새가 난다. 체리 향과 시냇물 위로 떨어지는 벚꽃 향도 느껴진다. 미각적으로는 부드러운 알싸함도 있다. 하지만 그 뒤에는 일본 축제에서 파는 딱딱한 사탕과 덜 익은 감의 새콤달콤한 신맛이 있다. 히비키가 제공하는 맛 중에 최고의 맛이라고 하기는 어렵다.

히비키 17년 93/100

잔을 부드럽게 돌리면 봄날의 향기가 폴폴 피어오른다. 아름다운 꽃밭이 보이고 벌들이 윙윙거린다. 완벽한 날씨. 오후 낮잠을 위한 해먹을 찾고 싶다. 그만큼 아로마가 깊다. 노즈뿐만 아니라 미각으로도 느껴진다. 공을 들인 위스키인데도 애써 꾸민 티가 나지 않고 자연스럽고 편안하다.

히비키 21년 85/100

또 하나의 히비키이다. 일본 블렌디드 위스키의 또 다른 대표주지. 일본의 영혼을 보여주는 예라고 하면 일본인의 이미지가 너무 진지해질지도 모른다. 하지만 이 위

히비키 30년

산토리 블렌디드 위스키 호가

산토리 로열

스키는 확실히 훌륭하다.

부케에서는 가지, 옥수수, 유기 용해제 냄새가 난다. 그런 뒤에는 오크와 신선한 비 냄새, 여름의 상쾌한 야생초와 흙냄새가 다가온다. 이 히비키는 토피처럼 입안에서 사르르 녹는다. 두툼하고 묵직하지만 균형이 잡혀 있고 떫은맛이 없다. 이 위스키를 이루는 각각의 요소가 품위 있게 조금씩 모습을 드러낸다. 금속성 풍미, 황토, 깨끗한 물과 풀 향이 느껴진다. 피니시는 길고 여운이 계속 이어지는 것 같다. 매우 플로럴하고 매우 일본적인 위스키이다.

히비키 30년 91/100

노즈는 파인애플, 딸기, 바나나 같은 달콤한 향으로 뒤덮인다. 한 모금 마시면 캐러멜화된 꿀이 입안 가득 퍼지는데 일품이다. 이는 확실히 히비키의 시그니처인 긴 피니시이다. 하지만 이 히비키 30년에는 대형 나무 스피커에서 흘러나오는 좋은 오케스트라 레코딩의 따뜻함처럼, 다른 히비키에는 없는 노스탤지어가 있다. 이 블렌드는 진정한 예술 작품이다.

산토리 블렌디드 위스키 호가Houga 86/100

오래된 산토리 위스키를 블렌딩한 이 제품은 500병만 한정 생산된다. '호鳳'는 '호오鳳凰(봉황)'를 의미하는데, 통치자가 올바르고 정의로울 때 나타나는 신화 속 새이다. (동양 전통의 봉황은 서양의 피닉스와는 다른 새이다.) '가雅'는 '우아함'을 의미한다. 이 위스키는 확실히 그런 위스키이다! 만년필과 방금 쓰인 잉크의 향이, 그다음에는 꿀이 든 나무의 향이 느껴진다. 입에 다다르면 놀랍도록 부드럽고 실크처럼 입안으로 흘러 들어가며, 오래되고 잘 길들여진 호박색 파이프처럼 당당한 질감과 세련된 풍미를 선사한다. 호가는 독특한 경험을 선사하지만 미묘함은 빠져 있다.

산토리 가쿠빈 위스키 56/100

구운 보리 향과 옥수수, 오크, 페퍼민트의 단맛이 어우러진 풍미. 입에 닿는 순간 부드러우며 단맛과 캐스크의 미묘함이 드러난다. 그러나 이 느낌은 금방 사라지고 피니시에서 곡물의 존재감이 강하게 드러난다. 물론 잘 블렌딩된 위스키이다. 단맛과 민트 노트가 상쾌하지만 가쿠빈에는 단맛이 진부가 아님을 보여주는 쓴맛이 있다.

현재 일본에서 가장 많이 팔리는 위스키로, 산토리의 진지한 블렌디드나 싱글 몰트를 즐기지 않는 이들에게도 친근하게 다가갈 수 있는 위스키이다. 가쿠빈은 일본 위스키 세계로의 따뜻한 환영이다. 앞으로 더 좋은 것들이 기다리고 있다.

산토리 싱글 그레인 위스키 지타 증류소 68/100

산토리의 지타 그레인 위스키 한정판. 달콤한 꽃의 꿀 향이 나지만 이 또한 다소 투박해 보인다. 입에 닿자마자 나무 위의 깨끗한 물이 나타난다. 이 요소들은 여전히 분리된 느낌이고 잘 어우러지지 않는다. 딱히 이렇다 할 개성이 없어서 언제쯤 독특한 매력이 나타날지 의구심을 갖게 만든다.

산토리 레드 74/100

균형 잡힌 꽃향기이지만 가시가 있다. 계피, 레몬, 참깨가 느껴진다. 고소한 위스키 아로마는 잠시 즐거움을 선사하다가 곧 사라진다. 산토리 레드는 크리미한 음식과 잘 어울릴 것 같다. 복잡한 블렌드는 아니지만 확실히 자기주장이 강하다.

야마자키(숙성 기간 미표기)

야마자키 싱글 몰트 12년

야마자키 싱글 몰트 18년

산토리 자 재패니즈 블렌드

산토리 로열 76/100

풍성한 꿀. 최면을 거는 듯한 셰리. 좋든 나쁘든 아로마에는 다른 뉘앙스가 없다. 한 모금 마시면 토피처럼 몇 초 만에 입안에서 녹아내리는 것 같다. 바디는 섬세하고 너무 두껍지도 너무 얇지도 않다. 고급스러움을 꿈꾸는 복잡하지 않은 위스키이다.

산토리 화이트White 63/100

야마자키의 첫 위스키인 시로후다를 현대적으로 계승한 이 제품은 오리지널 제품보다 가격이 저렴하고 스모키한 맛이 덜한 버전이다. 노즈에서는 하얀 꽃이 떠오른다. 하지만 금세 알코올 향으로 바뀐다. 산토리 화이트는 가진 것보다 더 있는 척하지 않는다. 도쿄와 오사카의 고가 전철 아래에 있는 작은 레스토랑처럼 말이다. 새벽 3시에 우연히 들렀다가 따뜻한 음식이 간절할 때 곧바로 내어주는 곳. 산토리 화이트도 마찬가지이다. 놀랍게도 알코올이 두드러지는데도 화이트는 일본인의 미각을 충족시키는 미묘한 풍미에 그다지 어울리지 않는다.

산토리 자Za 68/100

이 블렌드에서 가장 주목할 만한 점은 제조 방식이다. 산토리는 자 스피릿의 일부를 일본 삼나무 헤드를 사용한 오크 캐스크에서 숙성시켰다. 이 블렌드는 2000년에 출시되었고 현재는 단종되었다. 하지만 삼나무는 쉽게 눈에 띄지 않거나 전혀 보이지 않는다. 성냥 타는 냄새가 나기도 하고, 구로미쓰(흑설탕 시럽) 사탕과 이쑤시개로 찍어먹는 일본의 팥 젤리 디저트 안미쓰ぁんみつ의 맛이 느껴진다.

산토리 젠Zen 80/100

산토리는 이 몰트 스피릿을 연속식 스틸로 증류하고 대나무 숯으로 걸러냈다. 흥미롭다. 2010년에 단종되었다. 달콤한 오크 향, 시골의 밀과 늦가을의 냄새. 약간의 쓴맛이 감돈다.

토리스 엑스트라Extra 52/100

향긋하고 부드러운 보리 노트와 워트의 단맛이 가장 먼저 느껴진다. 하지만 꽃의 꿀, 바나나, 파인애플, 무화과 아로마도 있다. 이런 노트는 알코올의 맛과 함께 입에 닿는 순간 더욱 강화된다. 과일 향이 풍부

하고 깔끔한 이 위스키는 특별히 자랑할 점이 없는 위스키처럼 보이지만 생각보다 강렬하다.

야마자키 싱글 몰트 위스키 헤빌리 피티드 2013년 병입Heavily Peated Bottled in 2013 56/100

라벨에는 '헤빌리 피티드(강한 피트 향)'라고 적혀 있지만 이 위스키에서는 베리와 같은 과일 냄새가 난다. 피트 향이 있긴 하지만 피트는 과일 향이 느껴질 정도로 향긋하다. 한 모금 마시면 다소 부드러운 캐스크 노트가 알코올의 자극으로 이어진다. 다른 풍미는? 피트와 후추 같은 스파이스가 느껴진다. 모두 다소 차분하고 균형 잡힌 맛이다.

하지만 라벨에는 '헤빌리 피티드'라고 적혀 있다! 야마자키 싱글 몰트를 좋아하는 사람들에게 이 위스키는 피티드 위스키의 세계를 소개하는 교육용 위스키로 최적일 것이다. 산토리가 이런 한정판을 만드는 것은 정말 멋진 일이다. 하지만 그 점 말고는 특별히 매력적이지 않다. 피트가 강렬하게 느껴지지 않는다. '야마자키 섬왓 피티드Somewhat Peated(약간 피트 향)'라

산토리 젠 퓨어 몰트 위스키

고 불러야 할 것 같다.

야마자키 싱글 몰트 위스키 미즈나라 2012년 **88/100**

아로마가 상쾌하고 젊고 활기차다. 희미하게 탄내가 느껴지며, 미즈나라 캐스크 아로마가 부드러우면서도 향긋한 감칠맛이 전해진다. 노즈는 새로 지은 일본 목조 가옥을 연상시킨다. 딜리버리도 상쾌하고, 부드럽고 기분 좋은 마우스필이다. 쌉싸름한 맛이 고소한 풍미를 살짝 끌어올린다. 흥미롭게도 피니시는 입안 전체가 아니라 혀만 코팅한다. 일반적인 캐스크에서 숙성된 위스키에서는 경험할 수 없는 감각이다. 그 결과 확실히 독특하고 활기차고 무게감 있는 위스키가 탄생했다.

야마자키 싱글 몰트 플럼 리커 캐스크 피니시*Plum Liquor Cask Finish **87/100**

3000병만 한정 생산된 이 12년 숙성 싱글 몰트는 2008년에 출시되었다. 미즈나라 숙성 위스키와 유럽산 오크 숙성 위스키를 우메슈(매실주) 캐스크에서 2년 더 숙성시켜서 완성한 위스키이다.

노즈는 마치 아름다운 노란색 또는 뻘간색 베일로 덮이는 것 같다. 달콤하고 부드러운 아로마가 느껴지고 우메슈의 진액이 조금씩 스며드는 것이 상상된다. 꽉 찬 아로마가 부드럽게 퍼진다. 사랑스러운 산미는 우메슈의 특징이다. 차링된 캐스크와 잘 익은 체리. 매혹적이다.

야마자키 싱글 몰트 위스키(숙성 기간 미표기) **74/100**

첫 부케는 꿀이다. 하지만 나무판자 향이 방해가 된다. 한 모금 마시면 단맛이 느껴지지만 입안을 파편으로 찌르는 듯하다. 피니시는 뜨겁고 파도처럼 계속 밀려와 균형 감각을 파괴한다. 마치 달리기 선수의 강한 의지처럼 결코 멈추지 않는다. 조화로운 위스키는 아니지만, 이 위스키가 자신을 주장하는 방식은 언급할 가치가 있다.

야마자키 싱글 몰트 위스키 12년 **83/100**

이 위스키는 1990년대에 붉은 단풍잎, 분홍색 벚꽃, 빽빽한 대나무 숲의 이미지를 담은 일련의 광고로 큰 성공을 거두었다. 이 광고는 일본 위스키가 오랜 세월 그랬던 것처럼 서양을 바라보는 대신 고유의 감성을 수용하는 모습을 보여주는 데 중요한 역할을 했다. 그렇다면 이 클래식한 일본 싱글 몰트는 어떤 맛일까? 노즈에서는 그을린 오크 향과 꿀 향, 비가 온 후의 풀밭 냄새와 부드러운 스모크가 느껴진다. 입안에서 맴도는 듯한 부드러운 질감과 함께 놀랍도록 스파이시한 피니시가 이어진다.

야마자키 싱글 몰트 위스키 18년 **85/100**

사랑스럽고 신선한 나무 향기와 꽃 향기기 풍성하다. 마치 환한 신록의 잎과 야생화가 만발한 6월의 일본 숲속에 코를 파묻은 느낌이다. 저 멀리 스모크가 있는데, 정확히 말하면 불이 피어오른다. 한 모금 마시면 모든 아로마가 퍼지면서 꽃 노트와 스모크를 함께 맛볼 수 있다.

야마자키 싱글 몰트 위스키 25년 **89/100**

산토리의 슈퍼 프리미엄 제품 중 하나로, 나오자마자 품절되었고 온라인에서 수천 달러에 달하는 가격으로 다시 등장하기도 했다. 셰리 캐스크 숙성 위스키가 주를 이루지만 첫인상은 울창한 숲의 아로마이다. 불이 지글거리는 소리와 벽돌 난로에서 타는 통나무 냄새가 공기를 가득 채운다. 서늘한 어둠이 내려오고 숲으로 다시 돌아오는데 이번에는 조금 시끌벅적하다. 짭짤한 수프처럼 따뜻한 향신료가 기분 좋은 피니시를 선사한다.

야마자키 1999 디 오너스 캐스크 만페이 호텔The Owner's Cask Mampei Hotel **98/100**

이 싱글 캐스크* 야마자키는 1999년에 증류되어 2015년에 가루이자와의 만페이 호텔을 위해 병입했다. 호텔에서 제공되며 일부 병은 온라인에서 거래되기도 했다.

정말 멋진 향기가 잔에서 바로 올라온다. 볼륨감과 함께 은은한 우아함이 아로마를 통해 퍼져나간다. 그다음에는 기분 좋게 청량하고 묵직한 향신료 노트가 이어진다. 맛은 마치 머스캣 포도에서 최고의 노트를 짜낸 것 같다. 제아무리 뛰어난 다즐링 홍차라도 이만큼 좋은 머스캣의 풍미는 찾아보기 어렵다! 피니시는 깔끔하지는 않지만 뜨겁다. 이 야마자키를 한 단어로 표현하자면 숭고함이다.

에이가시마주조
화이트 오크 위스키 증류소

EIGASHIMA SHUZO · WHITE OAK WHISKY DISTILLERY

내해로 돌출된 바위투성이 부두에 태양이 내리쬐고 있다. 웃통을 벗은 한 남자가 바위 위에 앉아 낚시를 하고 있다. 멀리서 잔잔하게 밀려오는 파도 소리와 배의 모터 소리가 들린다. 거기서 조금만 더 걸어가면 화이트 오크 위스키 증류소가 나온다.

"내가 맛볼 때는 우리 위스키에서 천일염 맛이 나지 않습니다." 이 증류소를 소유한 에이가시마주조의 사장 히라이시 미키오平石幹郎는 말한다. "하지만 사람들이 천일염 맛이 난다고 말해도 미스터리가 아닙니다."

고베에서 45분 정도 떨어진 아카시에 위치한 이 증류소는 에이가시마주조의 주력 품목인 사케를 만드는 양조장 길 건너편에 있다. 일본 특유의 지붕과 나무 벽이 유럽풍의 노란색 창문 셔터, 창틀에 매달린 화분, 위스키 증류소 탑에 올라탄 수탉 풍향계와 대조를 이룬다. 내부에서는 사케 양조 생산물이 여름을 보내며 양실의 가벼운 피티드 위스키를 만들고 있다.

사케 양조 전문가가 만든 위스키

전통적으로 이 지역은 사케 생산으로 유명하다. 히라이시의 증조부는 1888년에 다섯 군데의 사케 양조장을 하나의 법인으로 합병하고 에이가시마주조를 설립했다. 사케는 여전히 에이가시마주조의 주요 판매 품목이었지만, 1919년에 사업 확장을 결정하고 와인, 브랜디, 위스키 제조권을 포함한 다양한 주류 라이선스를 취득했다. "그 당시에는 이곳에서 제대로 된 위스키가 만들어지지 않았어요. 잘은 모르겠지만 수입 스카치 위스키를 블렌딩해서 숙성시킨 것 같습니다." 히라이시의 설명이다.

에이가시마수소는 제2차 세계대전 전후에 소량의 위스키를 판매했지만, 산토리나 닛카의 제품처럼 큰 인기를 끌지는 못했다. 이 회사에서는 외국 술 중에서도 와인이 훨씬 더 중요했다. 1921년, '시로다마白玉'라 불린 '화이트 볼White Ball' 화이트 와인을 출시하면서 당시에는 신기했던 자동차와 함께 홍보해 에이가시마주조는 당당하고 현대적인 회사로 자리매김되었다.

78쪽 왼쪽 에이가시마주조의 사케 양조장 건너편에 위치한 화이트 오크 위스키 증류소.

왼쪽 1964년경에 제작된 에이가시마주조의 첫번째 팟 스틸.

아래 앞에 있는 구리 세척기는 4500리터(1,200갤런)를 담을 수 있고, 뒤에 있는 스피릿 스틸은 3000리터(793갤런)를 담을 수 있다. 스틸의 아랫부분은 나라에 있는 실버Silver 위스키 증류소(지금은 문을 닫았다)의 것이고, 윗부분은 미야케제작소에서 개조한 것이다.

당시 대다수 일본인이 와인 하면 레드라고 생각했기 때문에 시로다마는 판매에 어려움을 겪었는데, 아카다마 포트와인의 성공도 그 요인이었다(59~60쪽 참조).

제2차 세계대전 이후 위스키가 점차 대중화되자 에이가시마주조는 1960년대 중반부터 위스키를 증류하기 시작했다. 사케는 전통적으로 겨울에만 제조되었기 때문에 위스키는 에이가시마주조뿐만 아니라 다른 사케 양조업체들이 포트폴리오를 확장할 수 있는 수단이 되었다. 사케는 유통기한이 길지 않고 계절에 따라 생산이 이루어지기 때문에 위스키를 제조하면 사업을 보완할 수 있었다.

히라이시는 작은 아트리움에 있는 스틸 한 쌍을 가리키며 말한다. "이것이 최초의 스틸이에요. 당시에는 위스키를 많이 만들거나 판매하지 않았기 때문에 겨우 1000리터(264갤런) 용량의 스틸을 썼죠." 1980년대에는 일본 전역의 스낵바에서 고객이 직접 병을 구입하도록 장려하는 키핑 시스템과 함께 '지우이스키', 즉 '로컬 위스키' 붐이 일어났다. 그 덕분에 판매가 올라가자 에이가시마주조는 1984년에 스틸을 개조해 새로운 증류소를 지었다.

에이가시마주조는 1년 내내 위스키를 만들지 않고 4월에서 7월까지만 증류한다. 다른 달에는 주로 사케와 와인을 만드는 데 전념한다. 일반적으로 일본의 증류소들은 여름에 너무 덥기 때문에 유지·보수를 위해 6월과 7월에는 문을 닫지만, 화이트 오크 위스키 증류소는 계속해서 증류 작업을 한다. 히라이시는 "예전에는 1년 내내 위스키를 만들었어요. 위스키만 만드는 전담 증류사들이 이곳에서 일했습니다."라고 말한다. 그러다 세기가 바뀔 무렵 일본에서 위스키 사업이 사상 최저치를 기록하자 화이트 오크 위스키 증류소도 계절 증류를 시작했다. 가을과 겨울에는 장인들이 양조사로 일하며 사케를 만들고, 봄과 여름에는 증류사로 일하며 위스키를 만들었다.

"일본에서는 추운 계절에 마을 사람들이 사케 양조장에 와서 일하는 것이 전통이었어요. 사케가 완성되고 봄이 되어 날씨가 따뜻해지면 밭으로 돌아가 여름과 가을 추수 때까지 일했죠. 요즘은 더 이상 그런 사람들이 없습니다." 히라이시의 설명이다.

하지만 에이가시마주조의 운영은 계절의 리듬을 반영하므로 날씨에 따라 술 생산량이 달라진다. "여름에 증류 작업을 하는 것이 위스키에 분명 영향을 미친다고 봅니다."라고 히라이시는 말한다. 발효가 더 쉬울 수도 있지만 어떤 영향을 미칠지는 알 수 없다. "아마도 가장 큰 영향은 위스키를 만드는 것이 더 힘들다는 점일 거예요. 여긴 정말 지독하게 덥거든요." 그가 웃으며 말한다.

당화조● 앞에서 선풍기가 돌아간다. 증류소 장비가 아니라 증류사들을 식히기 위해서이다. "7월에는 믿을 수 없을 만큼 더워요." 에이가시마주조에서 30년 넘게 근무하고 있는 하세가와 히로키가 말한다. 최근에는 벽면 선풍기를 새로 설치했다.

"계절의 변화 덕분에 즐겁게 일할 수 있어요. 우리가 만드는 음식이 사람들에게 즐거움을 주는 것 같아서 재미있기도 하고요." 하세가와가 매시의 온도를 확인하고 차트에 숫자로 표시하며 말한다. 컴퓨터는 눈에 띄지 않는다. 이곳에서는 모든 것이 옛날 방식 그대로, 사람의 손을 거쳐 이루어진다.

일본에서 위스키가 다시 인기를 얻고 있는 지금, 히라이시는 위스키를 더 많이 만들고 싶다고 말한다. "하지만 위스키만 만드는 사람을 데려오면 봄과 여름에 사케 양조장에서는 할 일이 없겠지요." 하고 웃으며 덧붙인다. 위스키와 사케의 수요에 따라 에이가시마주조는 각각의 생산 기간을 단축하거나 연장할 수 있는 유연성을 갖추었다.

위스키 제조에 활용되는 사케 기술

"우리가 만드는 다양한 알코올 음료 중에서 개인적으로 사케가 가장 어렵다고 생각합니다." 발효가 진행되는 동시에 매시가 포도당으로 전환되는 동안 섬세한 균형을 찾는 것이 몹시 까다롭다고 히라이시

맨 오른쪽 위 증류소 작업자 하세가와 히로키가 당화조를 점검하고 있다. 화이트 오크는 수입 보리 몰트를 10ppm으로 가볍게 도정한 몰트를 사용한다.

맨 오른쪽 가운데 일본어로 슈보라고 알려진 효모 스타터는 전용 탱크에서 만들어진다.

맨 오른쪽 슈보는 고도로 밀집되어 있어서 발효하는 동안 더 쉽게 제어할 수 있다. 화이트 오크 위스키 증류소는 슈보를 만들 때 대량생산된 증류업체의 효모를 쓰는데, 2017년부터는 에일 효모를 사용한다.

오른쪽 숙성되지 않은 증류액, 즉 '새로 만든new-make' 스피릿은 투명하다. 캐스크에서 숙성하는 동안 색이 바뀐다.

왼쪽 위스키 마스터 증류사 나카무라 유지가 언제 '컷(81쪽 참조)'을 만들지 확인하고 있다. '하트(81쪽 참조)'라고 불리는, 증류액의 가장 중요한 최상의 부분이 아래쪽에 있는 저장 탱크인 스피릿 리시버에 모인다.

아래 새로운 증류액이 스틸에서 흘러나온다.

는 설명한다. 그에 따르면 위스키 제조가 훨씬 더 간단하고 질서정연하다. 모든 일이 한꺼번에 이루어지는 것처럼 보이는 사케 양조와 달리 단계별로 진행되기 때문이다. "위스키를 만들 때는 걱정거리가 많지 않습니다. 사케를 만드는 방법을 안다면 위스키가 어떻게 만들어지는지 잘 알 수 있거든요." 사케를 양조하는 사람이라면 연장 세트의 크기가 더 커질 수밖에 없다.

"일반적인 위스키 제조업체는 양조업체의 효모를 사용하거나 산업용 증류업체의 효모를 구입하죠. 하지만 우리는 이 효모로, 일본어로 슈보라고 불리는 매시 스타터를 만듭니다. 이 작업은 사케 제조 공정에서 일반적인 과정이고, 우리의 위스키 공정에서도 비슷한 과정을 거칩니다." 히라이시의 설명이다. 슈보酒母는 말 그대로 '술'과 '어머니'라는 뜻으로, 사케 세조에

서 최종적인 풍미에 직접적으로 영향을 미친다. 위스키를 만들 때는 뜨거운 물에 분쇄한 몰트(그리스트grist)를 담가 복합 탄수화물인 전분을 단당으로 바꾸어 매시를 만든다. 그런 다음 이 매시를 여과해 알코올 발효에서 핵심인 당분 많은 액체 워트(맥아즙)를 만든다. 스코틀랜드 증류업체에서 일반적으로 그러하듯 큰 워시백에 워트를 직접 넣은 다음 효모를 넣는 방법 대신에 이곳에서는 발효를 위해 별도의 작은 용기에 담긴 당분 워트에 약간의 효모를 넣는다. 그러면 효모가 증식하면서 더 많은 양이 만들어진다. 그 결과 순도가 높은 고농축 효모 스타터가 탄생한다.

시간이 많이 걸리고 까다로운 과정이지만, 화이트 오크는 농축 슈보 효모 스타터를 사용함으로써 습한 일본에서 발효 도중에 쉽게 발생할 수 있는 풍미 저하를 방지한다. 사케와 위스키는 다른 술이다. 서로 다른 방식으로 만들어진다. 나카무라 유지는 마스터 위스키 증류사이지만, 이는 에이가시마주조에서 파트타임으로만 하는 일이고 '도지杜氏'라는 마스터 사케 양조사이기도 하다. "이곳은 원래 사케 양조장이었으니 위스키를 발효할 때 슈보를 사용하는 것이 당연합니다."라고 나카무라는 말한다. 사케 양조장의 아들이 설립한 닛카에서도 발효를 위해 슈보를 만드는 것

역시 같은 맥락이다.

일본의 증류 전통

나카무라는 스피릿 세이프*로 걸어가 뚜껑을 열고 온도를 확인한다. 증류된 스피릿이 쏟아져 나오지만 거기서 자신이 원하는 풍미 성분과 특성이 담긴 최적의 부분, 즉 하트*를 찾고 있다.

마스터 사케 양조사는 다시 온도를 확인하고 컷*을 진행한다. 이로써 증류액의 흐름을 헤드heads(초류, 불순물이 많아 제외하는 증류 초기액)에서 하트, 즉 미들 컷 middle cut으로 전환하고 아래쪽의 스피릿 리시버에 모은다. 컷 작업이 완료되면 증류액의 흐름은 다시 바뀌고, 헤드와 테일 tails(후류, 무겁고 거친 성분이 많은 증류 후기액)은 다시 스틸로 되돌아가 재증류된다. 화이트 오크 위스키 증류소는 알코올 도수 67%로 증류된 스피릿을 목표로 삼고 있으며, 이것을 물로 희석해 알코올 도수를 낮춘 후 캐스크에 담아 숙성한다. "일본에는 고유의 증류 전통이 있습니다." 스피릿 세이프의 뚜껑을 닫으며 나카무라가 말한다. "스피릿은 한 번만 증류하는 것이 전통이었어요. 하지만 유럽에서는 전통적으로 두세 번 증류하며 캐스크에서 숙성하는 것을 매우 중시합니다."

니기무리기 말히는 일본의 증류 전통

지만 방충망이 벌레가 들어오는 것을 막아준다. 창고를 가득 채운 냄새가 부드럽고 그윽하다. 꿀과 바닐라 향, 건포도의 잔향이 남아 있다. 버번 캐스크가 주를 이루지만 셰리 캐스크와 쇼추 캐스크도 있다. 히라이시는 "이것은 독립 쿠퍼리지인 아리아케산업에서 만든 쇼추 캐스크입니다."라고 말하며 한 캐스크를 가리킨다. 나무에 회사 로고가 새겨진 이 캐스크는 외관이 아름답다. 히라이시는 "쇼추는 버번 같은 증류주에 비해 향이 강하지 않아서 술통에 풍미가 많이 남지 않아요. 그래서 쇼추 통을 차링하면 새것에 가까워지지요."라고 설명한다.

그 주변에 놓인 캐스크에는 분홍색 분필로 '2013'이라고 적혀 있다. "우리는 오래된 위스키가 많지 않아요." 히라이시는 증류소에서 만드는 위스키를 모두 판매한다고 말한다. 콘크리트 바닥의 나무 판자 위에 여러 줄의 캐스크가 서 있다. 창고 안쪽에는 반쯤 채워진 선반이 있다.

위 화이트 오크 위스키 증류소의 창고에는 버번 배럴이 확실히 많지만, 셰리 캐스크와 쇼추 캐스크도 꽤 있다. 에이가시마주조의 와이너리에서 가져온 와인 캐스크도 위스키를 피니시하는 데 쓰인다.

아래 캐스크에서 바로 나온 위스키. 아름다운 호박색은 숙성의 결과다.

아래 오른쪽 에이가시마주조는 위스키 증류 면허를 1919년에 받았지만, 지금의 증류소 건물은 1984년에 지어진 것이다.

은 쇼추 증류 방식으로, 스테인리스 스틸 탱크에서 숙성하거나 전통적으로 해온 방식대로 항아리에서 숙성할 수 있다고 덧붙인다. 쇼추는 최대 3년 또는 그 이상 캐스크에서 숙성할 수 있고 실제로 그렇게 하고 있지만, 쇼추 증류사들은 다양한 아로마 풍미를 증류주에 첨가하는 위스키 증류사와 달리 곡물 본연의 풍미를 최대로 유지하는 것을 지향한다. 과거에 에이가시마주조는 정기적으로 쇼추를 생산했지만 최근에는 위스키에 더 집중하고 있다(쇼추에 대한 자세한 내용은 15~16쪽 참조).

화이트 오크의 창고

담쟁이덩굴로 덮인 오래된 창고 두 채가 나란히 있고, 세번째 창고는 증류소 부지 내 다른 곳에 있다. 그중 한 곳은 산들바람이 불어와도 덥다. 창문이 살짝 열려 있

화이트 오크에서 생산된 위스키 중에 숙성 기간이 표기되지 않은 싱글 몰트는 최소 3년 이상 숙성된 것이지만, 증류소의 무더운 날씨 덕분에 실제 숙성 연수보다 훨씬 깊은 맛을 낸다. 히라이시는 손수건으로 이마를 닦으며 말한다. "이곳은 너무 더워서 오래 숙성할 필요가 없어요. 스코틀랜드보다 몇 배는 더 빨리 위스키를 숙성할 수 있지요."

자립형 일본 위스키

화이트 오크 위스키 증류소는 스코틀랜드에 경의를 표하고, 스코틀랜드산 몰트와 스코틀랜드산 그레인 위스키를 수입해서 저렴한 블렌드를 만들지만, 단순히 일본의 해변 마을에서 스카치 위스키를 모방하는 업체는 아니다. "위스키 생산을 배우기 위해 스코틀랜드에 가지는 않았어요. 우리는 스스로 알아내야 했습니다." 문을 열고 밖으로 나가며 히라이시가 말한다.

하지만 스코틀랜드와 달리 일본에서는 위스키 거래가 부족할 뿐만 아니라 정보 거래도 많지 않다. "일본에서는 대형 위스키 제조업체가 압도적이기 때문에 그들과 협력 관계를 발전시킨다거나 그들에게 배울 기회가 흔치 않아요. 최근에는 마르스나 지치부 같은 소규모 제조업체와 위스키 제조에 대해 이야기를 나누고 있어 도움이 되고 있죠." 히라이시의 설명이다. 과거에는 그런 경우가 없었기 때문에 증류소는 사케 양조 경험에 의존해 위스키 제조에 적용할 만한 방법을 찾아야 했다고 그가 덧붙인다. 지금까지 그 결과는 인상적이었다.

에이가시마주조 위스키 12종 가와사키 유지

에이가시마주조가 1년 중 몇 달만 위스키를 만든다는 점을 생각하면, 잠재력을 충분히 발휘하지 못하고 있다는 인상을 지울 수 없다. 하지만 이 증류소는 여전히 놀랍도록 우아하고 진정으로 훌륭한 위스키를 생산할 능력이 있다.

아카시 화이트 오크 재패니즈 블렌디드 위스키 68/100

숙성 기간이 짧은 위스키는 때때로 햇볕에 오래 방치된 마루판처럼 거친 나무의 질감이 느껴진다. 이 아카시도 여름날처럼 다소 뜨거운데, 필레 스테이크 시즈닝 스파이스가 가미된 듯하다. 이 솔직한 블렌드에서는 그레인 위스키의 성질이 도드라진다.

아카시 화이트 오크 레드 재패니즈 블렌디드 위스키 67/100

붉은 삼나무 향기. 그다음에는 소나무, 해변의 주홍색 꽃, 톱밥 향이 이어진다. 가볍고 부드러운 아카시 레드는 가까스로 균형

아카시 화이트 오크

이 잡혀 있다. 이 저예산 블렌드는 그레인 위스키 특유의 불쾌한 맛을 기술적으로 교묘히 피해간다.

아카시 화이트 오크 싱글 몰트 76/100

강렬한 스파이스. 일본 위스키 바의 크고 무거운 나무 문처럼 강한 오크 노트가 느껴진다. 강렬하지만 천천히 음미하고 싶어질 것이다. 담배를 피우는 분이라면 시가가 생각날 수도 있다.

아카시 조이트로프 프라이빗Zoetrope Private 5년 87/100

여기서 '조이트로프'는 영화감독 프랜시스 포드 코폴라의 영화 스튜디오 이름을 딴

아카시 레드

화이트 오크 싱글 몰트 위스키 아카시 8년

화이트 오크 싱글 몰트 위스키 아카시 14년

도쿄의 바이자 일본 내 몇 안 되는 일본 위스키 전문 바를 뜻한다. 이 프라이빗 보틀링private bottling(특정 의뢰처 전용으로 독점 병입한 제품)은 5년 숙성 에이가시마 싱글 몰트 위스키이다.

이 위스키의 노즈는 마치 알코올을 뚫고 나오는 듯한 느낌이다. 아로마는 강렬하지만 감칠맛은 균형이 잘 잡혀 있다. 마우스필은 놀라울 정도로 촉촉하고 달콤하다. 하지만 풍미가 점점 쌉쌀해지는 과정이 매우 완만해서 거의 알아차리지 못할 정도이다. 단맛은 부담스럽지 않고 팥앙금으로 속을 채운 떡에서 느낄 수 있는 단맛과 비슷하다. 로스팅한 보리가 에이가시마 특유의 쓴맛으로 피니시를 완성한다. 어른스러운 싱글 몰트.

에이가시마 일본 싱글 몰트 위스키 블랙애더Blackadder 87/100

매우 희귀한, 에이가시마의 싱글 캐스크 위스키, '블랙애더'는 위스키 회사 블랙애더 인터내셔널을 의미하며, 오로지 330병 만 한정 생산되어 출시되었다.

노즈는 숯불의 재로 감싼 자몽이다. 하지만 이 재 향은 번개탄 같은 값싼 브리켓이 아니라 '하얀 숯'으로 알려진 '빈초탄(비장탄)'이다. 고급 숯인 빈초탄에서는 우아한 재의 노트를 느낄 수 있다. 한 모금 마시면 달콤한 시트러스가 따뜻하게 이어진다. 이 위스키는 고타쓰(히터가 달린 일본식 난방 탁자)에 온 가족이 둘러앉아 달콤한 귤을 까먹는 일본의 겨울을 떠올리게 한다.

에이가시마 기리Kiri 싱글 몰트 위스키 5년 68/100

에이가시마의 최고급 위스키는 아니지만 시즈오카에 자체 증류소를 설립한 가이아플로에서 병입한 것이어서 더욱 흥미로운 위스키이다. 2015년에 출시된 기리桐는 전설 속 봉황이 깃든 곳이자 일본 정부의 상징이 된 오동나무를 의미한다. 이 싱글 몰트는 유럽산 오크 캐스크에서 3년 동안 숙성한 후 화이트 와인 캐스크에서 2년 동안 더 숙성한 것이다.

아로마는 햇볕이 잘 드는 들판에 피어난 작은 꽃처럼 신선하다. 머스캣 향도 조금 느껴진다. 고요하고 부끄러울 정도로 달콤하며 하얀 드레스를 입은 젊은 여성이 하프를 연주하는 모습을 상상할 수 있다. 디저트 위스키이지만 그 이상은 아니다.

에이가시마 싱글 몰트 위스키 사쿠라 5년 86/100

가이아플로가 병입한 또 다른 제품으로, 아마도 가이아플로 최고의 에이가시마 출시작일 것이다. 이 위스키는 쇼추 캐스크와 호그스헤드에서 3년 동안 숙성했다. 그 후 레드 와인 캐스크에서 2년 동안 더 숙성했다. 쇼추 캐스크는 풍미에 그다지 영향을 미치지 않지만 와인 캐스크는 확실히 영향을 미친다.

잔에 코를 대보니 브랜디 향기가 난다. 맛을 보자 건포도, 촛대, 모래, 누가, 밀, 생크림, 그리고 일본에서 사랑받는 독일 케이크인 바움쿠헨이 들어 있다. 꽃이 만발한 일본의 봄날은 아니지만 그래도 훌륭하다.

에이가시마 기리 싱글 몰트 위스키 5년

에이가시마 싱글 몰트 위스키 사쿠라

화이트 오크 시 앵커

싱글 몰트 위스키 우오즈미Uozumi
76/100

우오즈미魚住는 에이가시마주조가 있는 아카시의 한 지역 이름이지만, 이 싱글 몰트에서 바닷가가 연상되지는 않는다. 오히려 겨울 풍경을 묘사한 유화에 가깝다. 눈 속에 묻힌 눈 속에 파묻힌 시트러스와 벽돌, 따스한 불의 이미지가 이어진다. 소파에 누워 긴장을 풀고 따뜻한 허니레몬차로 몸을 녹이고 싶을 정도이다. 전체적인 경험은 어느 정도 균형이 잡혀 있다. 이 위스키의 느긋하고 편안한 호흡에 의해 그 어떤 흐트러짐도 가려진다.

화이트 오크 싱글 몰트 위스키 아카시
버번 캐스크 3년 82/100

이 위스키는 단맛이 가장 먼저 느껴진다. 꿀과 바닐라 노트에 이어 갓 구운 빵, 메이플 시럽, 그리고 더 강한 바닐라 향이 이어진다. 이 싱글 몰트는 창문을 통해 햇살이 비치는 맑고 편안한 아침을 떠올리게 한다. 이 위스키 역시 에이가시마 최고의 위스키는 블렌드가 아닌 싱글 몰트라는 사실

을 다시 한번 증명한다.

화이트 오크 시 앵커Sea Anchor
65/100

에이가시마주조의 모든 위스키 중에 해변이라는 지리적 특성을 가장 잘 살린 제품이다. 먼저 노즈에는 바닷물과 화산재 향이 느껴진다. 그다음에는 견과류와 부드러운 레몬이 이어진다. 아로마는 진하지 않고 오히려 조밀하다.

한 모금 마시면 그 노트가 사라진다. 이 위스키는 마실 때 재의 풍미가 확실히 필요하다. 딜리버리에서 잡아주는 것이 아무것도 없기 때문이다. 하지만 피니시에서 레몬이 다시 고개를 든다. 잠깐은 흥미롭지만 장편영화 소재는 아니고 짧은 아트하우스 영화라고 생각하면 된다.

화이트 오크 싱글 몰트 아카시 셰리
벗Sherry Butt 8년 81/100

노즈는 능청스럽게도 셰리이다. 하지만 이 싱글 몰트는 입안에서 녹아내리면서 여름의 정취가 밀려온다. 모래사장과 햇볕에

그을린 피부, 뜨거웠던 낮이 지나고 찾아오는 청명한 별밤, 그리고 망망대해를 향해 나아가는 배처럼 모든 것이 가능하다는 느낌이 든다. 숙성 기간이 그리 길지 않은 아카시는 일반 대중을 겨냥해서 만든 위스키는 아니지만, 위스키 팬이라면 분명 그 진가를 알아볼 것이다.

화이트 오크 싱글 몰트 아카시 14년
92/100

에이가시마주조에서 그동안 해온 모든 캐스크 실험의 결과물이다. 고소하게 태운 아로마가 보리의 맑은 향, 그리고 머스캣 포도의 풍미와 절묘하게 조화를 이룬다. 에이가시마는 화이트 와인 캐스크 안에서 피니시까지 훌륭하게 완성해냈다. 흠잡을 데가 없는 맛있는 위스키일 뿐만 아니라 쉽게 접하기 힘든 종류이기도 하다.

닛카
요이치 증류소

NIKKA • YOICHI DISTILLERY

요이치는 색채로 가득하다. 불과 몇 달 전만 해도 이 홋카이도 해안 마을과 유명한 증류소는 아쉽게 잠겨 있었고, 보통이에서 휘몰아치는 바람과 높게 쌓인 눈이 모든 것을 시련으로 바꾸어놓았다. 이제 거의 모든 집 앞의 화단에는 튤립이 심어져 있고, 요이치 증류소 부지 내 푸른 잔디밭은 노란 민들레로 가득하다. 깨끗한 닛카 작업복을 입은 정원사들이 대나무 빗자루를 들고 아침 청소를 시작한다. 곧 스틸 하우스에서 일꾼들이 팟 스틸에 불을 땐다.

묵직한 석조 외관, 청록색 창문 셔터, 붉은색 뾰족 지붕을 가진 요이치 증류소는 마치 스코틀랜드에서 홋카이도 시골 마을로 그대로 옮겨놓은 듯하다. 물론 산책로를 따라 정성껏 가꾼 주목나무들이 줄지

어 서 있다는 점만 제외하면 말이다. 석조 아치형 입구가 있는 이 증류소는 처음부터 이국적인 모습으로 설계되었으며, 오늘날 이곳은 또 다른 시대로 향하는 관문이 되었다.

위스키 위에 세워진 마을

19세기 후반, 적극적이고 체계적인 서구화 과정을 거치고 난 일본 전역에는 변화와 근대화를 상징하는 거대한 석조 건물과 벽돌 건물이 세워졌다. 이 건물들은 훌륭한 위스키를 대표하기도 한다. 이 증류소는 풍성하고 스모키한 싱글 몰트로 유명하며, 이 싱글 몰트는 수많은 국제적인 상과 비평가들의 찬사를 받았다 이 증류소는 혈통도 훌륭하다. 닛카의 창립자 다케쓰루 마사타카는 스코틀랜드에 가서 위

스키 제조법을 제대로 공부한 최초의 일본인이다. 그는 거기에서 얻은 지식을 바탕으로 일본 최초로 명실상부한 위스키 증류소인 산토리의 야마자키 증류소를 운영했을 뿐만 아니라, 나중에 닛카 요이치 증류소도 창립했다(자세한 내용은 20~23쪽 참조).

다케쓰루는 야마자키에서 근무하기 전부터 홋카이도가 위스키를 만들기에 좋은 곳이라고 생각했다. 1934년, 맥주 양조장 관리자로 좌천된 다케쓰루는 고토부키야(현재의 산토리)와 맺은 10년간의 계약을 끝냈다. 당시 그는 햇병아리가 아니라 마흔이 다 된 나이였다. 평생고용을 중시하는 일본의 직장 문화에서, 특히 고토부키야와 같은 거대 기업을 퇴사하고 혼자서 창업하는 것은 대다수 남성이 감당하기 어려운 모험이었다. 다케쓰루는 대다수의 남성이 아니었다. 하지만 혼자서는 할 수 없었다. 스코틀랜드 출신인 아내 리타가 동의하지 않았다면 닛카 위스키는 탄생하지 못했을지도 모른다.

야마자키 증류소 근처에는 사업가 가가 쇼타로加賀正太郎의 옛 별장이 있었다. 오사카에 머무르는 동안 리타는 가가의 아

왼쪽 1월 요이치의 평균 기온은 영하 4℃에 달한다. 증류소는 물론이고 시내를 걷는 것조차 쉽지 않다.

아래 봄은 요이치를 방문하기 좋은 계절이다. 홋카이도의 기후가 서늘해서 오사카와 도쿄보다 벚꽃이 늦게 피기 때문이다.

내에게 영어를 가르쳤는데, 이 부부와 맺은 친밀한 관계가 다케쓰루에게 큰 도움이 되었다. 1934년 여름, 가가는 닛카 위스키의 설립 자금을 지원했고, 세상을 떠날 때 자신의 닛카 주식을 현재 이 위스키 제조업체의 소유주인 아사히 양조장의 당시 사장에게 모두 증여했다. 닛카 위스키는 현재 아사히를 모회사로 두고 있다. 야마자키 증류소가 내려다보이는 곳에 있던 아사히 소유의 이 저택은 이제 미술관이자 일본 최대 주류 제조업체 사이의 복잡한 관계를 상기시키는 장소가 되었다.

다케쓰루의 새 증류소 후보지로 삿포로에서 가까운 에베쓰를 비롯해 홋카이도의 여러 장소가 고려되었으나 홍수가 잦다는 이유로 탈락했다. 결국 서부 해안에 위치한 요이치가 선정되었다. 몇 년 후 다케쓰루는 자서전에서 요이치의 기후와 풍경, 특히 이른 아침과 해 질 녘의 풍경이 스코틀랜드를 연상시킨다고 언급했다. 커킨틸록에서 태어난 아내 리타 역시 홋카이도를 고향같이 여겼다. 다케쓰루에게 이곳은 전국에서 위스키를 만들기에 가장 좋은 곳이었다. 요이치는 오사카나 도쿄에 비해 혹독한 추위나 무더위 같은 급격한 기온 변화가 크지 않기 때문이다. 숙성

은 더 천천히 이루어지고, 요이치 위스키는 충분한 시간을 거친다. 그 시간의 흔적은 맛으로 드러난다.

이 증류소는 마을의 성장에 필수적인 역할을 했고, 다케쓰루 입장에서도 이 지역에서 일본산 화이트 오크, 피트, 석탄을 구할 수 있던 터라, 요이치는 위스키를 만드는 데 필요한 모든 것을 갖춘 곳이었다(편리한 곳이라고 볼 순 없었지만). 요이치는 일본 최대 시장인 도쿄와 오사카에서 각 839킬로미터, 1050킬로미터 떨어져 있다. 위스키를 만들기에는 최적의 입지이지만 1930년대 일본에서 위스키를 운송하고 판매한다는 것은 비현실적이었다.

일본인들은 홋카이도에 19세기가 되어서야 본격적으로 정착했다. 이 북부 섬은 미국 서부와 비슷한 개척 정신이 남아 있어 일본 전역에서 성공을 위해 새출발을 하려는 사람들이 모여든다. 큰 꿈을 가진 사람들. 긴 겨울과 싸울 준비가 된 사람들. 바로 다케쓰루 부부 같은 사람들이다.

닛카가 지닌 차이점

닛카가 소유한, 스코틀랜드의 벤 네비스 Ben Nevis 증류소를 이끌었던 증류소장 니시카와 고이치는 이렇게 설명한다. "이곳에서 위스키를 만드는 방식과 스코틀랜드에서 위스키를 만드는 방식에는 몇 가지

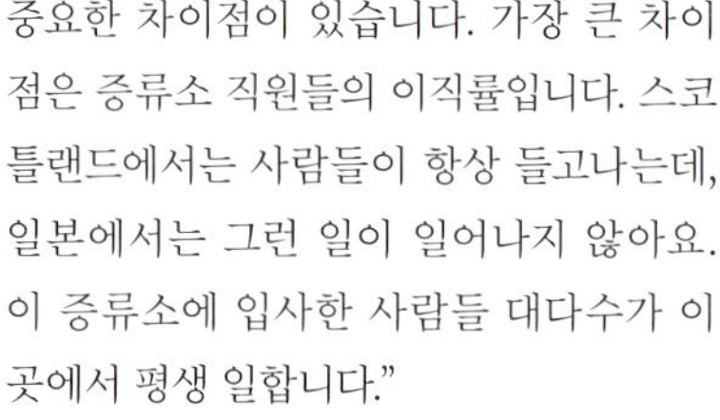

왼쪽 초반에 다케쓰루는 스틸을 한 대밖에 마련할 수 없었는데, 1차 증류와 2차 증류 사이에 세척해야 해서 공정이 훨씬 더 힘들었다.

아래 그 뒤 몇 년에 걸쳐 더 많은 스틸이 추가되었다. 각 스틸의 목에 걸린 신도교 금줄을 눈여겨보시길.

맨 아래 위스키 캐스크를 실은 마차가 증류소의 주요 통로를 따라 내려가는 모습을 보여주는 기록사진.

중요한 차이점이 있습니다. 가장 큰 차이점은 증류소 직원들의 이직률입니다. 스코틀랜드에서는 사람들이 항상 들고나는데, 일본에서는 그런 일이 일어나지 않아요. 이 증류소에 입사한 사람들 대다수가 이곳에서 평생 일합니다."

이 말은 연속성이 있다는 뜻이지만, 모든 것이 변하지 않는다는 뜻은 아니다. 닛카는 더 나은 위스키를 만들기 위해 지속적으로 공정을 개선하고 있다. 이는 또한 닛카는 물론 일본 위스키 업계 전반에 걸쳐 회사 간의 인력 이동이 거의 없다는 것을 의미한다. 닛카에서 오랫동안 근무한 직원들이 책임감이 강하다는 것을 의미할 수도 있다. 니시카와는 스코틀랜드에서 문제가 생겼을 때 정확히 파악하기가 더 어려웠다고 설명한다. "벤 네비스에서 실수로 발효 탱크 전체의 내용물이 누출된 적이 있었어요. 담당자에게 물어봤지만 무슨 일이 있었는지 말해주지 않았어요. 아무도 입을 열지 않았죠. 여기 요이치에서는 그런 일이 절대 일어나지 않을 겁니다." 니시카와는 일본인은 사명감이 더 강할지 모르지만, 스코틀랜드의 위스키 업체가 일본 업체보다 전통을 더 강하게 고수한다고 생각한다.

"스코틀랜드에서는 단지 전통이라는 이유로 전통을 지키고 보호하려는 열망이 더 커 보입니다. 일본에서는 새로운 것을 시도하려는 경향이 더 강하고요. 효과가 있는 것은 보호하고 그렇지 않은 것은 바꾸고자 하죠." 이는 위스키 산업에만 해당하는 이야기가 아니다. 변화와 유연성에 대한 의지는 일본의 역사 전반에 걸쳐 분명하게 드러난다. 일본어가 발전한 방식, 의복의 변화, 식생활이 진화한 방식도 그러하다. 일본의 가장 일본다운 특성은 더 이상 필요하지 않은 것은 과감히 버리고,

오른쪽 '오리지널 슈퍼 닛카'는 일본 황실의 유리 제품으로, 입으로 불어서 만든 가가미 크리스털 병에 담겨 있다. 1970년까지 매년 약 1000병을 출시했던 닛카는 이후 크리스털 병이 아닌 합리적인 가격의 '슈퍼 닛카 리바이벌'을 출시했다.

오른쪽 가운데 위스키 사업에 뛰어들기 전, 닛카는 사과 주스 사업을 했다.

위 맨 오른쪽 세계적인 권위를 지닌 월드 위스키 어워즈는 요이치 증류소의 니시카와 코이치 증류소장을 2016년 올해의 매니저로 선정했다.

오른쪽 아래 '노스랜드'(가운데 녹색 병)는 일본 위스키 최초로 진정한 스코틀랜드 블렌디드 스타일의 위스키이다. 즉 일본 내 여러 증류소의 몰트 위스키와 그레인 위스키를 블렌딩한 위스키이다.

유지하고 싶은 것은 기꺼이 선택하는 것이다. 외부 세력이 일본에 변화를 추동할 수 있지만 궁극적으로 최종 결정을 내리는 주체는 일본인이다. 이 점은 닛카에서도 확인할 수 있다. 닛카의 창립자 다케쓰루는 진정한 스카치 스타일의 위스키를 만들고 싶다는 독단적인 신념을 가지고 있었다. 그렇게 하기 위해 그는 홋카이도로 갔다. 사실 실용적인 사업가였던 다케쓰루는 실험을 거듭하고 실패한 것은 기꺼이 버릴 줄 아는 사람이었다.

다케쓰루의 회사명은 원래 '다이닛폰카주(대 일본 과즙)'였지만, 일본의 수많은 긴 이름들이 그렇듯이 곧 닛카로 줄여서 불렀다. 이 회사는 증류주 면허를 취득하기 전에는 사과 주스를 생산했다. 당시 다케쓰루는 위스키 사업을 본격적으로 시작하기 전에 판매할 무언가가 필요했기 때문에 이러한 결정이 합리적으로 보였을지도 모른다. 요이지는 1870년대에 미국에서 묘목을 수입해 일본에서 처음으로 사과나무를 재배한 곳 중 하나이다. 다케쓰루는 사케와 위스키 제조법은 알았지만 사과 주스에 대해서는 초보자였다. 상황을 더 복잡하게 만든 것은 다이닛폰카주의 목표가 무첨가 사과 주스였다는 점이다. 당시에는 그런 제품이 아직 생소했다. 일본 고객이 보기에 실제 상품은 너무 탁했다. 사람들은 천연 주스를 마시는 데 익숙하지 않았으며, 계절에 따라 맛과 색이 변하는 것을 싫어했다. 당시 주스 시장에는 위스키와 마찬가지로 모조품이 넘쳐났다. 다케쓰루는 사과 주스를 건강 음료로 마케팅하고 병원에도 판매하려 했지만, 당시 인기 음료였던 탄산음료 라무네보다 두 배나 비쌌다. 결국 사과 주스 사업은 실패했다.

하지만 다케쓰루가 사과 주스만 만들려고 홋카이도까지 온 것은 아니었다. 1936년, 닛카는 오사카의 와타나베 제철소에서 첫번째 팟 스틸을 들여왔다. 이 젊은 증류소는 스틸을 한 대밖에 갖추지 못해 증류하는 도중에 힘들게 세척해야 했지만, 다케쓰루는 위스키에 다시 집중했다. 그러면서 사과도 포기하지 않았다. 그는 평생 동안 사과와 관련된 다양한 제품을 출시하려고 노력했고, 오늘날에도 여전히 판매되고 있는 성공적인 사과 브랜디부터 다행히도 성공하지 못한 사과 케첩에 이르기까지 다양한 사과 관련 제품을 출시했다.

요이치의 향기로운 아로마

닛카의 헬멧을 쓰고, 파란색과 흰색의 작업복을 입은 고야노 요시카즈는 클립보드를 들고 증류소 안을 활보하고 있다. 그는 지나가는 모든 방문객에게, 그리고 끝없이 이어지는 방문객에게 고개를 살짝 숙이며 좋은 하루가 되라고 인사를 한다. 총무과에서 일하는 고야노가 제분실의 문을 밀고 들어간다. 고야노는 이 방을 거의 독

'마스터 맛산'의 추억

"닛카에서 나를 고용했을 때 나는 열네 살이었고 증류소에서 가장 자그마한 직원이었어요." 지금은 80대 후반이 된 시마미야 다쓰지로의 말이다. 그는 요이치 카페의 다다미에 앉아 또 다른 닛카 직원인 아오키 다케시와 함께 오래된 사진을 넘기고 있다. 시마미야가 커피를 한 모금 마신다. "이게 나예요." 그가 요이치 증류소의 목조 사무실 앞에 있는 단체 사진 속 왜소한 아이를 가리키며 말한다. 맨 앞줄 가운데에 앉은 이가 다케쓰루 마사타카이다.

1943년이었다. 남자들은 전투에 나가고 닛카의 증류소는 전쟁에 투입된 상황에서 닛카는 여성과 청소년을 고용해 위스키를 계속 증류하고 생산했다. 일본군을 위해 위스키뿐만 아니라 와인도 만들었다. 와인의 부산물로 군에서 레이더 제조에 사용하는 타타르산이 나왔기 때문이다. 중학생이 공장에서 일하는 것이 드문 일이 아니었던, 지금과 다른 시대였다.

시마미야는 말한다. "처음 입사했을 때는 사무실에서 일하도록 배정받았지만 나는 스틸 하우스에서 일하고 싶었어요." 꼬마였으니 위스키를 좋아해서 그런 것은 아니었고, 그쪽 일이 은행에 서류를 가져와서 전달하는 일보다는 멋지다고 생각했기 때문이다. 그는 커피를 한 모금 더 마시고는 "위스키를 마셔본 적은 단 한 번도 없었지만요."라고 웃으며 덧붙였다.

첫날, 다케쓰루는 어린 시마미야에게 다가와 큰 목소리로 힘내서 최선을 다하라고 말했다. "'이 사람은 일본인인가'하고 생각했던 기억이 나요. 확실히 일본인 같지 않았어요." 다케쓰루는 키가 작았지만 수년간 유도를 수련한 덕분에 강인하고 건장한 체격이었다. 그는 실제보다 더 커 보였다. 1960년대에 닛카에 입사했고 어머니가 평일 키인에서 일했던 요이치 출신 이 오키는 이렇게 말한다. "다케쓰루 씨는 존재감이 컸고, 콧수염도 풍성했어요. 그가 양조장을 돌아다닐 때면 눈을 마주칠 수 없을 정도였죠."

추진력이 강하고 엄격한 다케쓰루는 시간 엄수나 먹는 음식에 대해서도 매우 까다로웠다. 그는 스스로를 열심히 밀어붙였고 직원들도 자신과 같기를 기대했다. "절대로 돌려서 말하는 법이 없었고, 항상 자신의 생각을 정확하게 말하곤 했죠."라고 시마미야는 말한다. 하지만 다케쓰루는 직원들과 야구나 배구, 심지어 저녁까지 마작을 하는 등 스포츠와 게임도 즐겼다. 유머감각도 뛰어나서 증류소 직원들이 위스

위 요이치 카페에서 오래된 사진을 살펴보는 시마미야 다쓰지로.

아래 1944년 4월에 찍은 이 기념사진에서 시마미야는 세번째 줄, 왼쪽에서 다섯번째에 있다. 그는 사진에서 키가 가장 작은 사람이다. 경영진을 제외한 증류소 직원들은 전쟁터에서 싸우기에는 너무 어린 소년이거나 여성이었다.

키를 몰래 마시는 것을 알고 있다며 농담을 던지곤 했다. 의심할 여지없이 실제로 몇몇은 그랬을 것이다.

열다섯 살 때, 1년 동안 사환으로 일한 시마미야는 마침내 앞으로 20년간 위스키를 증류하게 될 스틸 하우스로 발령을 받았다. 시마미야는 그때를 이렇게 회고한다. "내가 일을 시작할 당시에는 여자들도 스틸을 다루고 석탄을 삽질했지요. 지금은 석탄의 품질이 좋아서 스틸에 불을 지피는 것이 그리 어렵지 않아요. 하지만 전쟁 중에는 석탄이 꼭 모래 같아서 불을 뜨겁게 유지하며 스틸을 계속 가동하기가 힘들었죠." 전쟁이 끝나고 군인들이 전투에서 돌아온 후, 스틸 하우스는 다시 남성들의 구역이 되었다. 최근 몇 년 사이에는 이런 분위기도 바뀌었지만, 달라진 것은 그것만이 아니다.

시마미야의 회상은 이어진다. "현재 요이치에서는 위스키를 두 번만 증류하고 알코올 도수는 63%로 캐스크에 채웁니다. 하지만 내가 시작했을 때는 세 번 증류하고 알코올 도수는 70%였죠." 그의 말에 따르면 최초의 스틸은 주철로 만들어졌고 요이치의 다른 스틸과 같은 모양이었지만 칸막이 뒤에 놓여 있었다. 이는 증류소가 방문객에게 무언가를 숨기려 한 것이 아니라(당시에는 오늘날처럼 증류소에 많은 관광객이 몰려들지 않았다), 아마도 비밀경찰이 철을 압수해 전쟁에 쓰려고 녹여버리는 것을 피하고 싶었기

때문이었을 것이다.

시마미야에 따르면 철제 스틸에서 1차 증류를 거친 스피릿을 두 대의 구리 팟 스틸에서 각각 한 번씩 증류해서 총 세 번 증류했다고 한다. 1960년대에 이르러 이 관행은 단계적으로 폐지된 것으로 보이며 요이치도 다른 일본 몰트 위스키 제조업체와 마찬가지로 위스키를 두 번 증류했다. 일반적으로 세 번 증류하는 아이리시 위스키와 달리 대부분의 스카치는 두 번 증류한다. 하지만 다케쓰루가 스코틀랜드에서 잠시 수습으로 일했던 헤이즐번처럼 세 번 증류하는 스카치 위스키도 소수 존재한다. 그렇기 때문에 시마미야가 요이치에서 초창기에는 세 번 증류했다고 말하는 이유도 이해가 간다. 이는 닛카가 더 부드럽고 높은 도수의 스피릿을 얻기 위한 방법이었을 수도 있다.

요이치는 전쟁 시기 전시 체제의 공장이기도 했다. 공장 운영자인 다케쓰루는 해외에서 교육을 받고 영어에 능통했고, 스코틀랜드 태생의 여성 리타 카원과 결혼했다. "그녀는 아름다운 일본어를 구사했어요."라고 시마미야는 말한다. 그녀는 일본인으로 귀화했지만 여러 소문이 그녀를 쫓아다녔다. 이 증류소는 여러 차례 폭격 직전까지 갔지만 연합군에게 폭격을 당한 적은 없었는데, 이를 두고 다케쓰루의 집에 설치된 안테나가 연합군에게 메시지를 보내고 있다거나, 리타가 상공에 있는 전투기를 향해 증류소를 폭격하지 말라고 손수건을 흔들었다는 소문이 돌았다. 아오키는 "닛카가 전쟁 물자 생산에 동원되기 전에는 군의 비밀경찰인 헌병대가 리타가 스파이는 아닌지, 혹은 증류소에 간첩이 있지는 않은지 항상 감시했다는 이야기가 있어요."라고 말한다.

시마미야는 소문을 일축했다. "그 사람들은 미국인 아닌가요? 그들은 항공사진과 지도를 가지고 있었고 위스키 증류소라는 것을 알았을

거예요. 더욱이 미국인이라면 위스키 증류소를 폭파하지 않았을 겁니다." 전쟁이 계속되면서 리타는 외출하는 횟수가 점점 줄어들었다. 평생을 영어권 세계를 배우기 위해 헌신한 다케쓰루가 조국이 영국을 적으로 규정하는 것을 보며 느꼈을 복잡한 심정을 상상해보라. 그리고 리타는 어떤 기분이었을지 상상해보라.

시마미야는 "전쟁이 끝난 후 다른 친구들은 대부분 그만뒀지만 나는 계속 남았습니다."라고 말한다. 그는 수십 년 동안 증류소에서 일했고, 위스키 제조를 그만둔 후에도 오랫동안 회사와 인연을 유지했다. 그는 다케쓰루가 자신과 가족에게 보여준 관대함을 떠올렸다. 다케쓰루가 회사 직원에게는 이례적으로 자신을 회사 차로 집에 데려다주었다고 한다. 다케쓰루는 회사 확장을 감독하기 위해 도쿄에 머물 때 장성한 시마미야와 그의 가족에게 5년 동안 요이

치 관저에서 살라고 제안하기도 했다. 그 후 그 집은 증류소 부지로 옮겨졌다. 시마미야는 "그 집을 지나갈 때마다 온갖 추억이 떠오릅니다."라고 말한다. 아오키는 어렸을 때 리타가 소꼬리 수프 만드는 것을 보기 위해 부엌 창문을 기웃거리며 엿보던 기억을 떠올렸다. "그런 수프는 본 적도 없었고 냄새를 맡아본 적도 없었어요."라고 아오키는 말한다. 다케쓰루는 1961년에 아내 리타가 세상을 떠날 때까지 그 집에서 함께 살았다.

리타가 세상을 떠난 뒤 다케쓰루는 이전과는 다른 방식으로 일에 몰두했다. 수년 동안 닛카는 견고하고 잘 만들어진 위스키를 생산했지만 다케쓰루는 더 잘할 수 있다는 것을 알았다. 그 결과 이듬해에 출시된 셰리 캐스크 풍미가 살아 있는 맛있는 '슈퍼 닛카'가 탄생했다. 가격은 3000엔으로 당시 초고가 위스키 중 하나였다. 당시 대졸 신입사원의 평균 월급은 2만 1000엔이었다! 시마미야는 말한다. "슈퍼 닛카가 그에게 자신감을 불어넣었다고 생각합니다. 그는 마침내 누구도 따라잡을 수 없는 훌륭한 위스키를 만들었다는 것을 알았죠."

위 일부 바에서는 여전히 숙성된 요이치 싱글 몰트를 찾을 수 있지만, 2014년부터 매장에서 사라지기 시작했다. 시간이 지나면 다시 돌아올 것이다.

오른쪽 요이치의 당화조 내부를 들여다본 모습. 이 증류소에서는 수입한 피티드 몰트와 언피티드 몰트를 모두 사용한다.

석탄 직화 증류

"이것이 첫번째 스틸입니다." 고야노가 한 스틸을 가리키며 말한다. 화덕 위에는 이 사실을 기념하는 명판이 있다. 1936년, 요이치 증류소가 처음 위스키 증류를 시작했을 때 다케쓰루는 오로지 스틸 한 대만 보유했고, 1940년에 가서야 한 대 더 추가했다. 이제 스틸 하우스에는 여러 대의 스틸이 줄지어 있다. 2015년 말 미야케제작소에서 개소한 반짝이는 팟 스틸을 제외하고는 모두 짙은 적갈색을 띠고 있다. 오늘은 그 첫 스틸이 잠잠하지만, 43세의 나미오카 쇼지가 근처에서 석탄을 삽으로 옮기고 있다. 거대한 팟 스틸 아래에서는 여전히 불이 지글지글 타오르고, 스틸 위에서는 '러미저rummager'라는 일련의 구리 사슬이 내부에서 천천히 돌아가자 삐걱거리는 소리가 난다. 타는 것을 방지하고 스피릿의 풍미를 더하는 작업이다. 안전모와 투명 플라스틱 바이저, 수술용 마스크를 착용한 나미오카는 석탄을 한 덩어리도 흘리지 않고 신속하고 정확하게 작업하면서 불길에 집중하고 있다.

요이치는 여전히 석탄을 사용하는 세계 유일의 증류소이다. 1930년대부터 이곳은 계속 그래왔다. 스코틀랜드마저 오래전부터 석탄보다 더 쉽고 경제적인 방안을 찾았다. 석탄은 힘든 수작업과 지속적인 주의가 필요하지만, 맛있는 위스키를 생산한다. 오늘날 대부분의 스코틀랜드 증류소는 증기 코일로 팟 스틸을 가열하지만, 글렌파클라스Glenfarclas와 같은 소수의 증류소는 가스 동력으로 스틸을 직접 가열한다. 1970년대까지만 해도 대부분의 스카치 위스키 제조업체가 스코틀랜드에서 흔히 쓰던 석탄으로 팟 스틸을 가열했다. 하지만 1990년대에 들어서면서 증기 코일

차지하던 거대한 일본제 기계를 대체한 소형 독일제 기계를 가리키며 말한다. "이건 2011년까지 사용했던 오래된 제분기처럼 요이치에 어울리지 않을지도 모릅니다. 하지만 이 기계가 우리를 더 편하게 만들어준 것은 분명합니다." 많은 경쟁업체와 마찬가지로 닛카도 몰트를 수입하므로 더 이상 일본산 보리를 제분하지 않는다.

분쇄된 몰트를 당화조에서 뜨거운 물과 섞으면 방 전체에서 따뜻한 오트밀 냄새가 난다. 이렇게 만들어진 워트는 슈보라는 효모 스타터와 함께 옆 건물에 있는 발효 탱크로 보내진다. 다케쓰루가 사케 양조장 집안 출신임을 생각하면 요이치에서 사케 발효 기술인 슈보를 사용하는 것은 당연해 보인다(슈보에 대한 자세한 내용은 30쪽 참조). 탱크는 스테인리스 스틸로 밀폐되어 있지만 은은한 사과 향이 코끝을 간지럽힌다.

"지금은 워트를 5일 동안 발효합니다. 과거에는 일본과 스코틀랜드의 다른 증류소처럼 3일간 발효했지만, 약 10년 전부터 5일간 발효해왔죠."라고 고야노는 말한다. 앞으로 이 발효 기간이 또다시 변경될 수도 있지만, 현재 공정에서는 깊고 무거운 워시가 나온다고 설명한다. "5일 발효가 3일 발효보다 꼭 낫다고 말할 수는 없을 것 같아요. 단지 다른 스타일의 워시가 생겨날 뿐이고, 이는 증류된 스피릿에도 그대로 이어집니다. 현재 우리가 얻는 새로운 스피릿은 아주 향긋합니다." 이는 닛카가 위스키를 지속적으로 조율하는 방법 중 하나일 뿐이다.

로 전환하기 시작했다. 2005년에 이르러서야 스코틀랜드 증류소 중 석탄으로 증류기를 가열한 마지막 업체인 글렌드로낙 Glendronach이 엄격한 유럽연합의 규정을 준수하기 위해 간접 증기 가열 방식으로 전환했다.

19세기 후반부터 20세기 전반까지 석탄 채굴은 일본의 주요 산업 중 하나였다. 일본에 천연자원이 없다는 생각은 오해이다. 근대화와 전쟁으로 인해 자원을 많이 사용했을 뿐이다. 다케쓰루는 홋카이도를 선택했을 때 석탄을 쉽게 확보할 수 있다는 것을 알았지만 제2차 세계대전 이후 몇 년간은 생산량이 감소하고 값싼 외국 석탄의 수입이 증가했다. 1970년대 중반이 되자 닛카는 호주산 석탄을 수입하기 시작했다. 그런데 왜 이 증류소는 이 검은 연료를 고집했을까? 증기나 가스 연소 스틸과 달리 석탄을 사용하면 증류액에서 온도 변화가 생기고 석탄에서 나오는 연기가 또 다른 풍미를 선사하기 때문이다. "그 결과 더 복잡하고 견고한, 개성 넘치는 스피릿이 탄생했습니다. 이 석탄 스틸은 요이치 증류소를 독특하게 만드는 요소 중 하나죠." 요이치 증류소장 니시카와 고이치의 설명이다. 그리고 의심할 여지 없이 이곳의 위스키도 훌륭하다.

석탄 삽질을 마친 나미오카가 말한다. "이건 우리가 손으로 해야 하는 일이에요. 하지만 힘든 작업이죠." 구슬 같은 땀방울이 그의 뺨을 타고 흘러내린다. 10분도 채 되지 않아 다시 불을 돌봐야 한다. 그동안 그는 스틸 하우스 반대편에 있는 작은 사무실로 향한다. 무거운 장갑을 끼고 일하는데도 그의 손은 석탄으로 얼룩져 있다. 근처 세면대에는 여러 종류의 비누가 어지럽게 놓여 있다. 사무실 안에 데스크톱 PC와 모든 스틸이 도식으로 표시된 모니터가 설치되어 있어서 그는 온도를 추적할 수 있다. 그는 물병에서 물을 따라 한 모금 마신 후 말한다. "92℃가 목표 온도입니다." 물의 끓는점인 100℃ 이하로 유지하려는 것이다. 이것은 위험한 작업이어서 사무실에는 화염으로부터 보호하기 위해 긴소매 작업복을 입으라는 경고가 적힌 인쇄물이 붙어 있다.

온도를 일정하게 유지하기 위해 나미오카는 7~8분마다 세 번의 삽질을 더하면서 불을 관리해야 한다. 현재는 두 대의 스틸만 가동 중이지만 증류량이 더 늘어나면 나미오카는 더욱 바빠진다. "아침 9시에 스틸에 불을 때기 시작해 오후 4시에 끝납니다."라고 그는 말한다. 여름에는 무서울 정도로 덥지만 아침에 불을 피우기가 더 쉽고, 겨울에는 추운 아침에 불을 피우기가 더 어렵지만 스틸 하우스는 이상적인 장소가 된다. 나미오카는 말한다. "이 모든

노력은 그만한 가치가 있죠. 위스키에서 그것을 맛볼 수 있으니까요."

스틸 하우스 내부는 연기가 자욱하다. 밖으로 나가서 바라보면 과거처럼 굴뚝에서 연기가 피어오르지 않기 때문에 요이치 지역 주민들 중 어떤 이들은 이 증류소에서 더 이상 위스키를 만들지 않는다고 생각하기도 한다. "우리는 굴뚝에 여러 겹의 필터를 추가했습니다. 공기를 깨끗하게 유지하는 데 꼭 필요하고 도움이 되거든요." 니시카와의 설명이다.

신들의 수호

각각의 스틸 주변에는 '시메나와'라는 신도교 금줄이 둘러져 있다. 이 금줄은 신사에서 신성한 구역을 표시하고 악령을 쫓기 위해 사용된다. '요리시로依り代', 즉 '가미(신)'나 정령이 들어갈 수 있는 막대 모양의 물체로 여겨지는 바위나 나무를 감싸기도 한다. 신도교는 술(사케)과 밀접한 관련이 있지만, 스틸을 감싼 시메나와는 스틸이 신성한 피뢰침이라고 표시하는 용도라기보다는 보호용이다. 1940년대에 요이치 증류소에서 화재가 발생해 당시 목조 스틸 하우스는 소실되었지만 다행히 스틸은 손상되지 않은 것에서 알 수 있듯이, 불과 알코올은 위험한 조합이 될 수 있다.

매년 1월, 증류소 직원들이 새해 연휴를 마치고 돌아온 직후 신도교 사제가 요이치에 와서 증류소에 축복을 내리고 안전을 기원한다. 일본에서는 신도교 사제가 여러 가지 일에 축복을 비는 것이 흔하다. 예를 들어, 자동차는 사고 예방을 위해 축복을 받고, 도쿄의 괴짜 전자제품 중심지인 아키하바라 근처에는 컴퓨터가 고장 나지 않

전통적으로 일본에서는 주류 생산이 신도교와 밀접한 관계가 있었다.

도록 축복해주는 신사도 있다! 우연에 맡기는 것은 아무것도 없다. 이 증류소에는 작업자의 안전을 지키기 위한 실용적인 안전 예방 조치 목록이 있다. 이 축복은 예상치 못한 불운과 사고를 막기 위한 것이기도 하다.

증류소의 첫번째 숙성 창고 출입구에도 신도교 금줄이 드리워져 있다. 이 창고는 주로 관광객을 위한 곳이고 실제로 위스키를 보관하지 않기 때문에(증류소 박물관 투어의 일부이다) 금줄은 안전을 위한 것이라기보다는 신성한 장소임을 표시하는 의미가 더 크다. 하지만 위스키가 숙성되는 숙성 창고 입구에는 금줄이 걸려 있지 않다.

다케쓰루의 아내 리타는 평생 독실한 기독교 신자였으며 지역 교회에서 활발하게 활동했다. 1979년 세상을 떠나기 직전에 다케쓰루는 기독교로 개종했고, 두 사람이 함께 묻힌 무덤에는 커다란 십자가가 새겨져 있다. 일반적으로 일본에서는 불교 사제가 장례 의식을 관장하지만 다케쓰루는 개종했기 때문에 기독교인 무덤에 리타와 함께 묻혔다. 하지만 다케쓰루를 포함

한 대부분의 일본인에게 신도교는 다른 종교와 분리될 수 있는 것이 아니며, 일본이라는 국가와도 떼려야 뗄 수 없는 존재에 가깝다. 아마도 그는 술과 오랜 인연을 맺어온 신도교 신들을 마지막까지 필요로 했는지 모른다.

일본 위스키, 미국산 오크

증류소 외부에는 거대한 녹색 잔디밭이 펼쳐져 있다. 1950년대와 1960년대에는 직원들이 점심 시간에 여기로 나오곤 했다. 그들은 식사를 최대한 빨리 하고 남은 시간에 야구나 배구 게임을 하며 시간을 보냈다. 운동장 가장자리를 따라 걷다 보면 지금은 조용한 병입 공장이 바로 오른쪽에 있다. 예전에는 요이치 위스키를 전부 현장에서 병입했지만, 지금은 도쿄 외곽에 있는 닛카의 가시와柏 공장에서 병입 처리를 한다. 현장 반대편에는 캐스크를 개조하고 수리하는 쿠퍼리지가 있다.

"좋아, 차링하자." 쿠퍼 쇼지 가즈유키가 말한다. 그가 통을 향해 손짓하자 앳된 얼굴의 청년 쿠퍼가 250리터(66갤런)의 호그스헤드를 짧은 플랫폼 위로 굴려 올린다. 그가 버튼을 누르자 뱀처럼 생긴 긴 파이프가 달린 버너가 푸른 불꽃을 계속 뿜어낸다. 마치 제트기가 이륙하는 소리 같다. 캐스크 안쪽이 활활 타오르고 불꽃이 공중으로 솟구친다. 캐스크는 계속 회전하면서 고르게 탄다. 버너가 꺼지면 불타는 통에 물을 분사하여 불을 끈다. 기계 작동이 끝나고 불이 다 꺼지면 쿠퍼가 통을 바닥으로 부드럽게 굴려 호스로 내부에 물을 뿌린다. "여기에 코를 대고 냄새를 맡아보세요." 쇼지가 말한다. 꿀을 뿌린 따

미야기쿄 증류소

1969년에 완공된 닛카의 두번째 몰트 증류소는 미야기현에 있다. 닛카의 설립자 다케쓰루 마사타카에게는 위치 선정에 두 가지 전제 조건이 있었다. 첫째, 요이치 증류소보다 남쪽에 위치해야 했고, 둘째, 좋은 수원이 필요했다. 운명처럼 보이는 닛카와강 바로 옆에 있는 도시 센다이가 딱 맞는 장소였다. 그렇게 센다이 증류소(훗날 미야기쿄 증류소)가 탄생했다.

미야기쿄 증류소의 위스키는 종종 로랜드 스타일의 스카치에 비유되는데, 요이치 증류소의 무겁고 스모키한 위스키와 대조되는 부드러운 향을 지니고 있다. "요이치의 팟 스틸은 작고 낮으며 석탄 직화 방식으로 가열합니다. 하지만 미야기쿄의 팟 스틸은 훨씬 더 크고 높아서 더 청량하고 꽃향기가 나는 스피릿을 만들 수 있죠." 닛카의 마스터 블렌더 사쿠마 다다시의 설명이다. 일본 증류소들은 전통적으로 위스키를 서로 거래하지 않기 때문에 다른 프로필을 가진 두번째 증류소가 있으면 블렌더에게 더 넓은 팔레트를 제공할 수 있다. "요이치와 미야기쿄는 분명히 다릅니다. 따라서 똑같은 작업을 하더라도 결과가 달라질 수 있어요."라고 사쿠마는 말한다.

미야기쿄 증류소에는 아일랜드의 발명가 이니어스 코피Aeneas Coffey의 이름을 딴 닛카의 코피 스틸이 있는데, 기둥 두 개로 이루어진 연속식 스틸의 특허를 받았다. 다케쓰루는 1919년에 스코틀랜드 보네스에서 견습생으로 일하면서 코피 스틸에서 그레인 위스키를 증류하는 방법을 처음 배웠다. 수십 년 후인 1963년, 그는 스코틀랜드에서 코피 스틸을 수입해 고베 외곽의 니시노미야 증류소에 설치했다가 나중에 미야기쿄 증류소로 옮겨 고급 스피릿을 계속 생산하고 있다. 이 오래된 스틸을 사용하면 증류액의 개성이 더 뚜렷해진다. 가장 특이한 점은 스코틀랜드에서는 전통적으로 하지 않던 방식이지만, 요이치가 코피 스틸을 통해 100% 몰트 위스키를 생산한다는 사실이다.

위 다케쓰루의 콘셉트는 요이치가 닛카의 강건한 하일랜드 스타일의 증류소 역할을 하고, 미야기쿄는 부드러운 로랜드 스타일의 증류소가 되는 것이었다.

오른쪽 미야기쿄의 쿠퍼리지에서는 캐스크를 수리하고 새 캐스크를 만든다. 빈 캐스크는 건조해지지 않도록 밖에 놔둔다.

맨 오른쪽 미야기쿄의 우뚝 솟은 증기 가열식 팟 스틸에는 보일볼boil-ball(구리와의 접촉면을 넓히는 둥근 팽창부)이 있다. 라인 암lyne arm(팟 스틸 목 부분의 구부러진 파이프, 증류관)이 위를 향해 꺾인 요이치의 낮고 넓은 팟 스틸보다 키가 더 크다. 그 결과 더 가벼운 스피릿이 생산된다.

뜻한 바닐라 라테처럼 맛있는 냄새가 난다. "이 캐스크는 미국산 화이트 오크로 만들어진 것이에요. 이 증류소를 처음 시작했을 때는 일본 미즈나라를 사용했지만 누수가 발생해 지금은 미국산 화이트 오크가 가장 일반적이에요."라고 쇼지는 설명한다. 셰리 캐스크도 사용하지만 마스터 블렌더인 사쿠마 다다시는 미국산 화이트 오크가 요이치에 가장 잘 어울린다고 말한다.

사쿠마는 "원래는 새 캐스크에서 위스키를 숙성했어요."라고 말한다. 하지만 제2차 세계대전 이후 수십 년 동안 저렴하고 튼튼한 버번 배럴이 널리 보급되면서 닛카에서도 새 캐스크를 만드는 일이 흔하지 않거나 필요 없게 되었다. "우리는 캐스크 제작이 중요하다는 것을 깨달았죠."라고 사쿠마는 말한다. 새 캐스크는 스피릿에 다른 특성을 부여할 뿐만 아니라 캐스크 제작은 오랜 전통의 일부이다. "닛카에

서 계속 자체적으로 캐스크를 만들 수 있도록 우리는 마스터 쿠퍼인 고마쓰자키 요시로의 제자들을 데려와 닛카의 젊은 쿠퍼들에게 새 캐스크를 제작해서 전통을 이어갈 방법을 알려주려 했지요." 1990년대에 닛카는 소량의 새 캐스크를 자체 제작했지만, 본격적으로 생산하기 시작한 것은 2000년에 이르러서이다. 현재 미야기쿄에 있는 닛카의 쿠퍼리지에서 만든 새 캐스크는 전체 재고의 약 10%를 차지한다.

"우리는 우리가 만든 캐스크도 잘 관리합니다. 최대한 오랫동안 사용하고 싶기 때문이죠. 그건 우리의 책임이에요. 그렇게 한다면 우리가 사는 시간보다 훨씬 더 오래 사용할 수 있을 겁니다." 쇼지는 이렇게 말한다. 49세의 쇼지는 현재 요이치에서 일하는 세 명의 쿠퍼 중 최연장자이다. 다른 두 사람은 수십 년 연하이다. 쇼지는 "보고 배우기만 하는 옛날 일본식 방식은 이제 좋지 않습니다. 젊은 장인들은 직접 일을 해야 하고, 일하는 동안 보고 배워야 해요. 그것이 가장 좋은 방법이죠."라고 지적한다. 쇼지가 캐스크의 헤드를 들어 금속 테이블 위에 올려놓고 손으로 직접 차링 작업을 시작한다. "젊은 쿠퍼들은 제가 말하는 것을 받아들이고 효과적인 방법을 선택할 수 있어요. 그렇지 않은 것은 무시하면 되고요. 그리고 나서 다음 세대에게 그 정보를 물려주면 다음 세대는 무엇을 지키고 무엇을 지키지 않을지 스스로 결정할 겁니다." 효과가 있는 것은 유지하고 그렇지 않은 것은 버리는 사고방식은 증류소 전체에 스며들어 있다.

한 젊은 쿠퍼가 캐스크를 밀봉하기 시작한다. 그는 마른 갈대 줄기를 가져와 물에 적신 다음 통을 닫을 때 헤드 가장자리에 대고 단단히 밀봉한다. 쿠퍼리지의 천장에는 마른 갈대 줄기가 매달려 있다. 쇼지는 "이 근처에서 가져온 갈대예요."라고 설명한다. 필요한 경우 이 갈대 줄기를 스테이브 사이에 삽입해 누수를 막을 수도 있다. "스테이브 자체나 헤드에서 물이 새는 경우, 대나무 조각을 가져다가 나무에 박으면 나무 조직이 벌어지면서 틈이 꽉 조여져 새는 것을 막을 수 있어요. 대나무는 가볍고 작업하기 쉬운 데다 새지 않죠."

96쪽 맨 왼쪽 토치가 캐스크를 태울 때 불꽃이 캐스크 밖으로 솟구친다. 차링 정도는 라이트light, 미디엄medium, 헤비heavy, 세 가지로 나뉜다. 요이치에서는 미디엄이나 헤비로 차링한다.

96쪽 오른쪽 위 요이치 쿠퍼리지에 쌓여 있는 캐스크 헤드(뚜껑). 미야기쿄 쿠퍼리지에서 만든 미국산 오크 헤드에는 '센다이'라는 스탬프가 찍혀 있다.

97쪽 위 왼쪽 쿠퍼는 갈대로 캐스크를 밀봉해 새는 것을 방지한다.

97쪽 위 오른쪽 막 차링한 캐스크의 불을 물로 끄는 중이다.

96~97쪽 아래 차링 작업 덕분에 나무의 풍미와 아로마가 살아날 뿐만 아니라 나무와 위스키가 상호 작용하는 동안 스피릿의 불쾌한 화합물을 걸러내는 숯 층이 만들어진다. 여기서는 캐스크 헤드와 캐스크 둘 다 차링한다.

'일본 위스키'가
의미하는 것

"최근 '일본 위스키'라는 표현이 점점 더 많이 사용되고 있죠. 하지만 저는 큰 의미가 없다고 생각해요." 닛카의 마스터 블렌더 사쿠마 다다시의 말이다. 창밖에는 비가 내리고 사쿠마는 도쿄에서 기차로 조금 떨어진 곳에 위치한 닛카의 가시와 병입 공장 2층 회의실에 있다. 이곳은 닛카의 블렌더들이 빛나는 수상 경력을 자랑하는 위스키를 제조하는 곳이기도 하다.

1982년, 요이치 증류소 직원으로서 처음 닛카에 입사한 사쿠마는 놀라울 정도로 솔직하다. 그는 마스터 블렌더가 되었지만 후각이 뛰어난 것도 아니었고, 자격증을 취득하거나 전문 교육을 받은 적도 없다고 단도직입적으로 말한다. 사쿠마는 "닛카의 거물급 인사들이 '저 사람으로 가자'라고 한 셈이죠."라며 웃었다. 하지만 블렌딩은 경험이라고 그는 말한다. "매일 블렌딩을 하다 보면 저절로 알게 됩니다." 사쿠마만큼 블렌딩을 잘할 수 있을지는 또 다른 문제인 것이다. "블렌딩에 필요한 것은 경험과 인내심입니다. 위스키는 무한히 많은 방법으로 블렌딩할 수 있어요. 블렌더의 역할은 무엇이 잘 어울리고 무엇이 그렇지 않은지 찾아내는 것이죠."

닛카의 방식은 효과를 내고 있고, 그 전략은 성공적으로 작용하고 있다. 닛카는 몰트와 블렌딩 분야에서 수상 경력과 찬사를 계속 쌓아가고 있다. 사쿠마는 닛카의 위스키가 특별한 것일 수도 있다고 생각하지만, 일본 위스키와 스카치 위스키가 완전히 다르다는 견해에는 동의하지 않는다. "닛카의 창립자는 스코틀랜드에 가서 그 나라의 위스키 제조 방식을 배워 그대로 일본으로 가져왔죠." 사쿠마는 스카치 블라인드 테이스팅에 닛카 위스키를 넣으면 사람들이 일본산을 고를 수 없을 것이라고 덧붙였다. 사쿠마는 "물론 일본의 영향이 있긴 하지만 버번처럼 완전히 다른 종류라고 생각하지 않습니다. 다만 스카치 위스키와 일본 위스키는 같은 단어인데 발음만 조금 다른 경우와 비슷하죠."라고 말한다. '위스키'와 '우이스키'의 차이인 셈이다.

하지만 닛카는 스코틀랜드 증류소와 똑같은 방식으로 위스키를 만들지는 않는다. 사쿠마는 일반적으로 두 가지 균주만 사용하는 스코틀랜드 증류소보다 더 다양한 효모 균주를 사용한다고 지적한다. 닛카는 한 번도 사용하지 않은 새 미국산 화이트 오크를 사용하는 반면, 스코틀랜드에서는 나무가 스피릿을 압도할 것이라는 우려 탓에 이런 관행을 혐오하는 경향이 강했다. 또한 닛카는 앞서 언급했듯이 스코틀랜드에서는 전통적으로 행하지 않는 코피 스틸 공법을 통해 몰트 위스키를 생산한다.

사쿠마는 일본 위스키가 다르다는 생각을 빨리 접고 싶었을지 모르지만, 접근 방식과 사고방식이 같지 않다는 점은 인정한다. "간단히 말해서 스코틀랜드에는 100여 개의 증류소가 있습니다. 그들은 항상 보유해온 맛을 유지하기만 하면 됩니다." 이미 가지고 있는 것이 너무 좋기 때문에 보존하는 것이 목표라고 그는 설명한다. 개선할 이유가 없다는 말이다. "닛카는 그렇지 않습니다. 우리는 맛을 보존하는 것이 아니

98쪽 맨 왼쪽 마스터 블렌더 사쿠마 다다시가 블렌더 연구실에서 위스키를 시음하는 중이다. 닛카의 창립자 다케쓰루 마사타카와 마찬가지로 사쿠마도 흰색 실험복을 입고 있다. 그는 요이치 또는 미야기쿄 샘플에서 피펫 스포이트로 소량을 계량해 블렌딩할 때 유리잔에 넣는다.

왼쪽 가시와는 도쿄 외곽의 지바현에 있다. 이 공장은 일반에 공개되지 않는다.

아래 사쿠마는 재고를 확인하기 위해 미야기쿄와 요이치(사진)를 정기적으로 방문해야 한다.

라 개선하고 있습니다." 그 이유는 일본 위스키의 탄생으로 거슬러 올라간다고 그는 말한다.

"창립자가 처음 증류소를 설립했을 때는 스카치 스타일 위스키의 풍미를 성공적으로 만들어내지 못했습니다. 지금은 거의 100년에 이르는 위스키 제조 노하우가 있고 증류소에서 쓰는 장비도 동일하지만, 우리가 만드는 위스키가 스카치만큼 훌륭하지는 않다고 생각할 수도 있습니다."

사쿠마는 말을 멈춘다. "하지만 그렇게 생각하면 안 됩니다. 그래서 닛카에서는 스카치보다 더 좋은 위스키를 만들어야 한다는 생각이 모두에게 뿌리내려 있습니다. 우리가 변화를 두려워하지 않고 무언가를 바꾸려 하는 이유도 훨씬 더 맛있는 위스키를 만들기 위해서입니다. 아마도 그것이 일본 위스키의 차이점일지도 모릅니다." 아마 그럴지도 모른다.

캐스크를 밀봉한 후에는 인접한 공간으로 가져가 물을 채우고 하룻밤 방치해 물이 새는지 확인한다. 새지 않으면 위스키를 다시 채운다. "위스키와 물은 분명히 다르니까 그 후에도 다시 확인해야 합니다."

요이치의 전통 창고

하늘은 회색이고 곧 비가 내릴 것 같다. 쿠퍼들은 서둘러 일한다. 그들은 지게차에 캐스크를 가득 싣고 요이치 창고 스물여섯 군데 중 한 곳으로 운반한다. 창고는 네 군데만 선반 스타일이고, 나머지는 흙바닥에 캐스크를 2단 높이로 쌓아올린 더니지 창고dunnage warehouse이다. 더니지 창고는 스코틀랜드에서 위스키를 숙성시키는 전통적인 방식인데, 캐스크를 높게 쌓지 않기 때문에 자리를 많이 차지한다. 많은 애호가들은 더니지 창고의 숙성 환경이 더 안정적이고, 미기후micro-climate와 더 많은 상호 작용을 일으켜 더 좋은 위스키가 만들어진다며 찬사를 아끼지 않는다.

제2차 세계대전 이후 수십 년 동안 스코틀랜드의 증류소들은 선반형 창고를 점차 도입하기 시작했다. 철제 선반을 갖춘 다층 구조의 콘크리트 건물은 공간을 보다 경제적으로 활용할 수 있게 해주었고, 노동력 측면에서도 더 효율적이었다. 더니지 창고에서 캐스크를 꺼내는 작업은 선반형보다 시간이 두 배나 더 걸린다. 그뿐만 아니라 상단에 쌓인 캐스크를 내려 옮기는 과정은 엘리베이터로 실어 내리는 선반형 방식에 비해 훨씬 위험하다. 현재 일본의 뛰어난 위스키는 더니지와 선반형 창고 양쪽 모두에서 숙성되며, 요이치처럼 두 종류의 창고를 모두 갖춘 증류소도 있다.

밖에서는 비 냄새가 나지만 요이치의 더니지 창고에 들어서면 부드럽고 진한 흙의 달콤한 냄새가 느껴진다. 스틸 하우스의 스모키한 냄새와는 완전히 딴판이다. 건물은 슬레이트로 지어졌지만 바닥은 흙으로 되어 있다. 내부에는 단열을 위한 목재 패널과 낮은 서까래가 드리워져 있다. 창은 크지 않지만 반대편 출입구를 통해 빛이 길게 스며든다.

창고 문이 닫힌다. 비가 내리기 시작하자 쿠퍼들은 캐스크 싣는 작업을 중단한다. 들판 건너편 증류소 안에서는 오늘 하루 치의 증류가 끝나기 전 몇 번의 삽질이 더 남아 있다. 하지만 석탄 스틸이 조만간 잠잠해질 것이라고 기대하지 않는 게 좋다. 증류소장 니시카와는 말한다. "우리는 가능한 한 계속 석탄을 사용해 위스키를 만들 겁니다."

왼쪽 요이치는 현장에 스물여섯 채의 창고를 보유하고 있으며 5000개 미만의 캐스크를 숙성하고 있다. 창고 중 네 곳은 선반형이고 나머지는 이 같은 더니지 스타일이다. 캐스크를 2단으로만 쌓아놓았기 때문에 공간을 가장 경제적으로 사용하는 방식은 아니지만 그게 중요한 건 아니다.

아래 쌀쌀한 1월의 밤, 요이치 숙성 창고는 눈으로 덮여 있다. 창고 내부에서는 오크 캐스크 속 위스키가 천천히 숙성되고 있다.

닛카 위스키 28종 가와사키 유지

닛카는 저렴한 위스키부터 최고급 위스키까지 다양한 위스키를 만든다. 요이치 증류소와 미야기쿄 증류소는 일본 내에서뿐만 아니라 세계에서 풍미가 가장 뛰어난 스피릿을 생산한다. 요이치의 싱글 몰트는 묵직하고 견고하며 독특한 석탄 스모크의 풍미가 특징이다. 이와 대조적으로 미야기쿄는 꽃밭처럼 펼쳐지는 듯한 플로럴 싱글 몰트를 만든다. 최고의 블렌드는 잘 만들어져서 맛이 좋을 뿐만 아니라 합리적인 가격에 판매되는 경우가 많다.

블랙 닛카 블렌더스 스피릿 60주년 기념 2016년 병입 85/100

깊고 향긋한 숲 아로마에 이어 참나무와 꿀이 이어진다. 몸을 더 숙이면 여름철 낡은 오솔길을 따라 걷는 발자국 소리가 들리는 것만 같다.

이 위스키의 캐스크 노트는 균형이 매우 잘 잡혀 있으며 첫 모금에서부터 계속된다. 숙성 기간이 짧고 저렴한 가격의 블렌드인데, 나무 향이 왜 싸게 느껴지지 않을까? 단맛과 쓴맛이 네다섯 겹으로 켜켜이 쌓여 있는데, 그 사이를 번갈아 가며 떠다니는 듯하다. 블랙 닛카 블렌더스 스피릿은 어린 나무로 만든 목수의 테이블이다. 목재는 신선하지만 장인 정신이 깃들어 있다.

블랙 닛카 클리어 블렌드 56/100

첫 모금부터 맛있고 따뜻한 곡물 노트와 캐스크에서 풍기는 달콤한 향이 난다. 코끝을 붙잡고 놓아주지 않는 그을린 아로마가 느껴진다. 이 위스키는 부드럽게 시작해 몰트와 그레인의 향연이 이어진다. 특히 은은하게 느껴지는 철분의 맛이 뚜렷하다.

블랙 닛카 리치 블렌드 67/100

또 다른 일본 편의점 위스키로, 같은 계열의 위스키 중 최상품에 속한다. 병에는 "캐주얼한 위스키 애호가를 위한 풍부하고 균형 잡힌 맛"을 가진 위스키라고 적혀 있다. 달콤한 딸기, 꿀, 보리, 그을린 옥수수 껍질의 아로마가 있다. 한 모금 마시면 갓 잘라낸 보리의 맛이 가장 먼저 떠오른다. 오크 풍미가 확연히 느껴지고 금속성 풍미도 있다. 하지만 한 모금 더 마시면 벌써 흥미를 잃기 시작한다.

블랙 닛카 블렌더스 스피릿

미야기쿄 싱글 몰트(숙성 기간 미표기) 81/100

요이치 싱글 몰트 라인업과 함께 미야기쿄 싱글 몰트는 매장 진열대에서 사라지기 시작했다. 2015년 가을, 닛카는 어쩔 수 없이 미야기쿄와 요이치 싱글 몰트만 숙성 기간 표기 없이 재출시할 수밖에 없었다. 미야기쿄 제품은 요이치 제품에 비해 완성도가 떨어지지만, 갑작스러운 수요 증가와 재고 감소로 급히 대응해야 했던 상황을 고려하면 꽤 잘 만들어진 결과물이라고 할 수 있다.

노즈에서는 덜 익은 딸기 아로마가 새콤달콤할 것 같은 기대감을 불러일으키는 대신 장미 가시와 희미한 스모크가 구름 낀 하늘의 흐릿한 햇살을 연상시키는 경험을 선사한다. 얇게 펴 바른 초콜릿과 약간의 딸기 풍미가 뒤따라 등장한다.

미야기쿄 싱글 몰트 10년 85/100

보리로 감싼 꽃다발 같다. 딜리버리는 부드럽고 가볍다. 하지만 피니시는 8월의 마지막 여운처럼 길고 강렬하다. 1년 중 언제 마셔도 좋은 상쾌한 닛카 위스키이다!

미야기쿄 싱글 몰트 12년 85/100

베리, 녹색 잎, 화려한 꽃을 모은 다발. 뒤에서는 콘크리트, 뜨거운 아스팔트와 페인트 시너 향이 느껴진다. 일본의 그림 같은

미야기쿄 싱글 몰트(숙성 기간 미표기)

미야기쿄 싱글 몰트 10년, 미야기쿄 싱글 몰트 12년, 미야기쿄 싱글 몰트 15년

시골길과 산을 가로지르는 산들바람이 부는 시원한 터널을 연상시키는 한 모금. 편안하고 고요하다.

미야기쿄 싱글 몰트 15년 87/100

또 다른 꽃향기 가득한 미야기쿄 몰트. 잔에 코를 대면 마치 잔에서 꽃다발을 던져 얼굴에 직접 뿌려주는 것 같다. 약간의 스모크가 세련미를 더한다. 맛을 보면 곡물 몰트에 과일과 꽃 풍미가 가득하다.

닛카 프롬 더 배럴From the Barrel 86/100

닛카는 언피티드 몰트와 숙성된 그레인 위스키를 블렌딩한 뒤 바로 병입하지 않았다. 보다 조화로운 아로마와 풍미를 얻기 위해 캐스크에 넣어 3~6개월 더 숙성시켰다. 위스키 업계에서는 이를 '매링*'이라고 부른다. 이렇게 탄생한 위스키는 캐스크 스트렝스에 상당히 가까우며, 그보다 약간 낮은 51.4%의 도수로 병입된다. 이 도수의 위스키답게 알코올이 확실히 느껴지지만, 그 뒤로는 사랑스러운 라즈베리 노트와 함께 달콤하고 신선한 아로마가 이어진다. 배경에는 오래된 책과 타버린 나무

도 있다. 딜리버리는 매우 부드럽지만 이 블렌드는 선명하고 열정적인 존재감을 드러낸다. 일본뿐만 아니라 전 세계에서 가장 합리적인 가격의 성인용 위스키 중 하나이다.

닛카 싱글 몰트 23년 요이치 88/100

바닷바람과 젖은 모래의 향긋한 노트가 막 베어낸 싱싱한 소나무와 어우러진다. 달콤한 아로마가 살짝 묻어 있다. 팔레트는 수박처럼 시원하고 상쾌하며 긴 여름 저녁을 떠올리게 한다. 이 표현은 증류소 전용 병입으로, 안타깝게도 판매용이 아니다.

더 닛카 12년 87/100

닛카가 위스키에 정관사 '더The'를 붙일 때마다 위스키에 자신 있다는 느낌이 드는데, 그때마다 위스키에 대한 칭찬이 아낌없이 쏟아진다. 이 12년 숙성은 어떨까? 숙성 기간이 가장 짧은 '더 닛카'는 살짝 태운 꿀을 물로 식힌 것처럼 황홀할 만큼 달콤하다. 배경에는 상큼한 오렌지 아로마가 깔려 있고 팔레트에서도 느껴지며 그을린 오크 풍미를 얇은 시트러스 베일로

감싼다.

더 닛카 40년 98/100

닛카가 전력을 다해 만든 위스키이다. 제2차 세계대전이 끝난 1945년에 증류한 요이치 위스키와 센다이에서 증류소가 처음 문을 연 1969년에 증류한 미야기쿄 위스키를 함께 담은, 업체 창립 80주년 기념 한정판 블렌디드 제품이다.

그 결과 아름다운 교향곡이 완성되었다. 오크와 과일이 어우러져 꽤 청량한데, 한여름의 불꽃놀이에서 느낄 수 있는 스모크가 살짝 가미되어 있다. 입에 닿는 순간 여러 가지 위스키를 동시에 마시는 듯한 경이로운 느낌을 준다. 마치 오케스트라 연주를 들으며 각 악기가 연주하는 순간을 하나하나 포착해내는 것과 같다. 전체를 관통하는 공통된 음은 요이치 증류소의 시그니처인 스파이시함으로, 위스키에 힘을 더한다. 한순간에 닛카의 과거와 미래를 동시에 보여주는, 그야말로 완벽에 가까운 위스키이다.

더 닛카 위스키 1998 34년 98/100

이 닛카의 아로마는 '기분 좋은' 수준을

닛카 프롬 더 배럴

더 닛카 40년

다케쓰루 퓨어 몰트 12년

훌쩍 뛰어넘는다. 마치 셰리 캐스크를 병에 담아 향수로 판매하는 것 같은 아로마이다. 나무 노트가 따뜻하고, 잘게 썬 고급 햄의 냄새가 느껴진다. 온갖 추억이 떠오르면서, 노즈만으로도 취하고 싶다는 생각이 든다.

마우스필은 적절하게 부드럽지만, 동시에 혀에 닿는 느낌을 예민하게 인식하게 된다. 우아하게 숙성된 나무와 꽃 아로마가 코끝으로 전해지는 품위와 우아함을 모두 갖춘 위스키이다.

더 닛카 위스키 1999 34년 98/100

여기 닛카의 또 다른 34년 숙성 싱글 몰트 위스키가 있다. 그런데 1999년 제품이다. 이 위스키가 그토록 매혹적인 이유는 1998년 동급 제품들과 비교했을 때 드러나는 우월성에 있다.

쇠사슬, 돌, 젖은 낙엽mulch(토양의 수분 유지를 위해 덮는 짚이나 잎사귀)의 뉘앙스가 느껴지는 진하고 매혹적인 아로마이다. 약간 새콤한 향 아래에는 피어나는 꽃과 말린 꽃다발 같은 플로럴 노트가 숨어 있다. 일본산 인센스와 야구장에서 라인에 뿌리는 석회 가루들 연상시키는 분필 같은 느

낌도 있다.

입에 닿는 순간부터 놀라울 정도로 균형이 잡혀 있다. 피니시는 매우 묵직하고 스파이시하지만 숨을 내쉴 때까지 섬세한 아로마가 남는다. 복합적이고 다층적인 감칠맛의 세계이다. 이 위스키를 마시면 셰리 캐스크에서 숙성된 위스키는 달콤하거나 떫은 맛이 난다는 일반적인 설명에 휘둘릴 수 없다. 경험은 설명 그 이상이다.

레어 올드 블랙Rare Old Black 닛카 위스키 86/100

1956년에 처음 출시된 클래식 블랙 닛카의 현대적 재출시작이다. 이 위스키는 직설적이고 군더더기 없다. 노즈에서는 보리가 가득하고 희미한 스모크도 느껴진다. 입에 닿는 순간에도 그런 느낌이 이어지며, 마지막에는 당분 많은 워트의 단맛이 농축되어 위스키의 완성도를 높여준다. 기분 좋게 마실 수 있는 위스키이다.

슈퍼 닛카 위스키(퍼스트 리바이벌First Revival 버전) 86/100

다케쓰루 마사타카와 그의 아내 리타의 이야기를 다룬 NHK 인기 드라마 〈맛산〉

을 계기로 출시된 이 2015년 '복각판'은 1962년에 출시된 오리지널 슈퍼 닛카 위스키를 현대적으로 재창조해 현대 위스키 팬들이 맛볼 수 있도록 하는 것을 목표로 했다.

잔을 부드럽게 돌리면 달콤한 아로마 한 가운데에서 보리가 자신을 증명해 보인다. 살짝 구운 보리 노트가 느껴지는가? 크리미하게 마시기 편한 위스키로 매끄럽게 입 안을 감싸는 듯하다가 은은하지만 스모키한 피니시를 남긴다.

다케쓰루 퓨어 몰트(숙성 기간 미표기) 88/100

'다케쓰루'는 흔히 '일본 위스키의 아버지'로 알려진 닛카 위스키의 창립자를 가리킨다. 위스키, 특히 일본 위스키에 대한 수요가 증가하면서 숙성 기간을 표기하지 않은 버전이 점점 더 보편화되고 있다. 여기 좋은 제품이 있다. 노즈의 아로마는 달콤하지만 날카롭다. 숙성 기간이 짧은 위스키처럼 보인다. 하지만 모닥불 연기와 자갈 위로 흐르는 신선한 시냇물의 흔적이 남아 있다. 숲속 깊은 곳에서 캠핑할 때 나는 듯한 냄새가 난다. 고침이 도는 맛인데 베

다케쓰루 퓨어 몰트 17년, 다케쓰루 퓨어 몰트 21년, 다케쓰루 퓨어 몰트 논칠 필터드 21년.

다케쓰루 퓨어 몰트 25년

요이치 싱글 몰트 10년

리류가 살짝 느껴지다가 스파이시하고 스모키한 피니시로 이어진다. 매우 균형 잡힌, 잘 만들어진 위스키이다.

다케쓰루 퓨어 몰트 12년 85/100

다케쓰루 퓨어 몰트는 홋카이도의 요이치 증류소와 센다이의 미야기쿄 증류소 두 곳에서 생산된 몰트 위스키를 혼합한 제품이다. 그래서 '다케쓰루'라는 이름이 붙었다. 무화과, 살구, 대나무 숯, 민트, 타임, 로즈메리, 나무의 멋진 아로마가 있다. 팔레트에서는 이끼와 젖은 바위의 흔적만이 아니라 멋진 꽃향기와 풀 노트가 느껴진다. 한 모금 마시는 순간, 초여름의 울창한 일본 숲속으로 한 걸음 들어서는 듯하다. 상쾌하고 생동감이 넘친다.

다케쓰루 퓨어 몰트 17년 88/100

잔에 코를 대면 깊고 복합적인 아로마가 올라온다. 미국산 화이트 오크 캐스크의 강하고 달콤한 향이 있다. 그 뒤로 수박, 무화과, 당밀의 아로마와 함께 스모크가 느껴지다. 이 위스키의 듬직한 바디감은 스모키한 오크의 풍미를 생생하게 살려준다. 이 17년 숙성 위스키는 울창한 일본 숲 사이로 대형 철제 증기기관차가 리드미컬하게 지나가던 소박한 시절을 떠올리게 하며 시골의 향수를 자극하는 특성을 지니고 있다.

다케쓰루 퓨어 몰트 21년 88/100

아로마는 강렬하지 않고 세련되게 정돈되어 있다. 잔 위에 잔향이 오래 남는다. 풀, 오렌지 껍질, 훈제 무화과 향이 감돈다. 이 우아한 아로마는 균형 잡힌 부드러운 팔레트로 이어진다. 정말 훌륭하다. '다케쓰루' 라인이 일본에서 그다지 인기가 없는 점이 아쉽다.

다케쓰루 퓨어 몰트 논칠 필터드Non-Chill Filtered 21년 86/100

닛카의 80주년을 기념하기 위해 출시된 제품 중 하나로, '논칠 필터드*' 버전으로 출시되었다. 48%의 알코올 도수로 병입되어 복합적이고 훌륭한 아로마가 풍부하다. 살구, 약간의 스모크와 딸기가 겹겹이 펼쳐진다. 딜리버리는 부드럽고 청량하면서도 농밀하고 크리미해서 마치 거대한 지구본이 잔 안에서 묵직하게 돌아가는 것 같다.

다케쓰루 퓨어 몰트 25년 88/100

한정판 위스키로, 닛카 퓨어 몰트 중 비교적 숙성 기간이 길다. 스모키하고, 대나무 숯과 그을린 자두 노트가 느껴지며, 과일의 달콤함이 공중에 떠 있는 듯한 느낌이 난다. 꽃향기가 은은하게 피어나며 매우 산뜻하다. 한 모금 머금으면 갓 내린 눈처럼 부드러우면서도 따뜻한 온기가 숨어 있다. 우아하고 차분하며 껍질을 벗긴 사과, 책장, 건초의 노트가 있다.

다케쓰루 퓨어 몰트 셰리 우드 피니시 68/100

닛카의 훌륭한 '다케쓰루' 블렌디드 몰트와 셰리 우드 피니시는 좋은 아이디어처럼 들리지만, 막상 셰리 향이 피상적으로 느껴져 이 숙성 기간 표기 없는 위스키의 짧은 숙성 기간을 더 도드라지게 한다. 하지만 예상외로 딜리버리가 좋고, 처음에 생각했던 것보다 더 나은 셰리 캐스크 위스키 경험을 선사한다. 하지만 여운이 남는 피니시도 없고, 복잡하지도 않고, 재미도 별로 없다.

요이치 싱글 몰트 12년

요이치 싱글 몰트 15년

요이치 싱글몰트(숙성 기간 미표기) 87/100

엄청난 판매량은 곧 엄청난 부족을 의미했다. 2015년 가을부터 요이치 증류소의 싱글 몰트 라인업에는 이 숙성 기간 표기가 없는 것들만 남게 되었다. 닛카가 재고로 버텨야 했던 상황을 고려하면 꽤 괜찮은 결과라고 할 수 있다.

향은 먹물과 오래된 붓, 일본 유자, 로즈우드rosewood가 느껴지며, 입에 닿는 순간까지 이어진다. 금속성 숯 향의 따뜻한 피니시도 계속된다. 종합해보면 이 위스키는 뼛속까지 대담한 표현이다. 그 결과 고요하게 정제된 위스키가 탄생했다.

요이치 싱글 몰트 10년 86/100

노즈는 벽돌 더미로 맞은 듯 압도적이다. 스파이시한 캐스크 노트가 강렬하고, 강한 보리 향이 중독성 있다. 하지만 잠깐, 이게 뭐지? 첫 맛은 완전히 다른 경험이다. 오히려 부드럽다. 하지만 그 모든 힘은 길고 짭짤한 피니시로 다시 포효하듯 돌아온다.

요이치 싱글 몰트 12년 83/100

캐스크 아로마, 스파이스, 소금, 약간 그을린 보리가 즉각 느껴진다. 깊고 풍부하다. 한 모금 마시면 알코올의 따뜻한 열기가 구운 귀리로 이어져 긴 피니시를 남긴다.

요이치 싱글 몰트 15년 89/100

이것은 흰 꽃다발이 아니라 꽃밭이다. 꿀의 단맛이 약간 가벼운 스파이스, 은은한 사과와 균형을 이룬다. 나무와 견과류 노트도 있다. 맛은 과일과 꽃에 신선한 향신료가 더해져 긴 피니시를 남긴다. 매혹적이다.

요이치 싱글 몰트 피티 앤드 솔티Peaty and Salty 12년 55/100

요이치 싱글 몰트는 이미 일본 위스키치고는 다소 스모키한 편이다. 하지만 이것은 소금이 많이 들어간 더 스모키한(피트 향이 더 강한) 버전이다. 라벨에는 피트 연기가 피어오르던 요이치 증류소의 탑이 그려져 있다. 요즘 요이치는 자체적으로 몰팅을 하지 않고 전 세계의 많은 증류소와 마찬가지로 외부 공급에 의존한다.

잔에 코를 대면 훈제 언어를 말린 '시케토바鮭とば'의 냄새가 난다. 입안에서는 말린 연어가 가득하지만 씹는 식감은 없다. 맛볼 때마다 코에서 연기가 나지 않는지 의심스러울 정도로 스모키하다. 55%의 알코올 도수로 병입된 이 술은 요이치 증류소에서만 판매되었다. 아주 좋은 술은 아니지만 호기심을 자극한다. 일반 12년 숙성 요이치가 훨씬 더 뛰어나며 일반 요이치 싱글 몰트와 비교해도 마찬가지이다.

요이치 1987 싱글 캐스크 22년 87/100

어떠냐고? 꽤 괜찮다. 잔에 코를 대면 가장 먼저 느껴지는 것은 달콤한 멜론이다. 말린 과일과 오크와 수액 냄새도 뒤따른다. 딜리버리는 상큼하고 달콤하지만 입안에서 풍미가 확장되면서 타오르는 장작과 백단향으로 바뀐다. 하지만 동시에 정제되지 않은, 어쩌면 지나치게 거친 우디한 노트가 중심을 차지한다. 피니시는 따뜻해서 이 위스키는 겨울의 춥고 평화로운 날에 잘 어울린다.

혼보주조
마르스 신슈 증류소
HOMBO SHUZO • MARS SHINSHU DISTILLERY

현現 마르스 고마가타케 증류소
MARS KOMAGATAKE DISTILLERY

공기가 축축하고 날씨가 흐려서 그런지, 고사리, 이끼 등 숲속에서 나는 다양한 냄새를 맡을 수 있다.

증류소장 다케히라 고키는 "해가 뜨지 않으면 춥습니다."라고 말한다. 지금은 가을이지만 증류소가 눈으로 덮인 겨울에는 원숭이들이 죄다 산에서 내려와 부지를 돌아다닌다고 한다. "증류소 직원보다 원숭이가 더 많아요."라고 그가 농담을 던진다. 하지만 원숭이들은 숙성 창고로 들어가 위

느끼기 힘들 만큼 한 모금 마시지는 않는다.

혼보주조의 마르스 신슈* 증류소의 여름 기온은 30°C까지 오르지만 겨울에는 영하 15°C까지 떨어지기도 한다. 해발 약 800미터 고도에 위치한 이곳은 일본에서 가장 높은 지대에 있는 증류소이다. 하지

* 신슈 증류소가 2024년 3월
  고마가타케Komagatake(駒ヶ岳) 증류소로 이름을
  바꾸었다. 본문에서는 취재 당시의 명칭인 신슈
  증류소로 표기했다.

106쪽 맨 위 비 내리는 가을 오후의 신슈 증류소.

106쪽 가운데 신슈 증류소의 증류소장 다케히라 고키는 현장의 양조장에서 촉각을 쪼개가며 위스키와 크래프트 맥주를 만들고 있다.

106쪽 아래 신슈 증류소 옆에는 일본 남알프스에서 흘러나온 물이 흐른다.

위 이와이 기이치로는 셋쓰주조에서 미래의 닛카 창업자 다케쓰루 마사타카를 지도했다. 말년에는 혼보주조에 합류했다.

오른쪽 마르스에서 처음 사용한 팟 스틸은 증류소 주차장 옆에 전시되어 있다. 요이치에 있는 닛카의 첫번째 팟 스틸과 유사한 것은 스코틀랜드에 다녀온 다케쓰루의 메모를 바탕으로 디자인되었기 때문이다.

만 이 증류소가 이곳 나가노현, 전통적으로 신슈로 알려진 곳에 계속 있었던 것은 아니다. 혼보주조는 쇼추로 유명한 가고시마에서 탄생했다(15~16쪽 참조).

1872년에 혼보 마쓰자에몬이 설립한 이 회사는 양조 사업을 하기 몇 년 전에 가고시마에 최초의 서양식 면직 공장을 세우고 섬유 사업을 시작했다. 하지만 일본산 섬유로는 값싼 수입품과 경쟁하기가 어려워 1909년에 쇼추 제조로 전환했다. 1949년, 혼보주조는 위스키 제조 면허를 받았다. 그러나 1960년이 되어서야 야마나시현에 세운 공장에서 제대로 된 위스키를 증류하기 시작했고, 당시에는 위스키보다는 와인에 더 집중했다.

마르스는 1985년에 새로 지은 신슈 증류소로 이전했다. 현재는 이곳이 혼보의 핵심 증류소이지만, 2016년 말부터 가고시마의 쓰누키 증류소에서도 증류를 시작했다. 마르스는 쓰누키와 신슈 증류소에서뿐만 아니라, 스튜디오 지브리 애니메이션 영화 〈원령공주〉의 배경으로 영감을 준 규슈 남쪽의 습하고 이끼로 덮인 섬 야쿠시마의 사케 양조장에서도 위스키를 숙성하고 있다.

일본 위스키의 아버지가 남긴 기록

이 증류소가 지금의 자리에 터를 잡은 것은 1980년대 중반 이후에 불과하지만, 오랜 역사와 자부심을 지니고 있다. 일본 위스키의 아버지라 불리는 인물 중 한 명과도 직접적인 연결 고리를 갖고 있다.

다케히라는 주차장 옆에 있는 워시 스틸과 스피릿 스틸을 가리키며 말한다. "이게 오리지널 스틸이에요. 다케쓰루 마사타카가 스코틀랜드에 있을 때 작성한 메모를 바탕으로 이와이 기이치로岩井喜一郎가 이 스틸을 디자인했죠."

이와이는 혼보주조에 합류하기 전 오사카의 셋쓰주조에서 근무할 때 다케쓰루라는 뛰어난 젊은 화학자를 지도했디. 디케쓰루는 스코틀랜드에서 돌아와 그에게 자신의 연구 결과를 보고했다. 그런 이유로 마르스 신슈 증류소에서 쓰는 팟 스틸은 다케쓰루의 메모를 바탕으로 제작되었으며, 이는 일본 위스키의 아버지 중 한 명과 긴밀하게 연관되어 있다는 증거이기도 하다. 이와이는 최초의 제대로 된 위스키 증류소가 설립된 1960년 이후 특별 고문으로 혼보주조에 합류했다. 그는 위스키 증류소에 대한 정보가 필요할 때마다 다케쓰루의 오래된 공책을 꺼내 스코틀랜드의 몰트 위스키 제조법에 대한 통찰을 얻었다.

마르스의 역사는 오래되었지만, 상대적으로 '신생' 또는 '귀환자'로 보는 것이 적절할 듯하다. "1992년까지만 해도 이곳에서 위스키를 증류했습니다." 마르스 신슈 증류소의 증류소장 다케히라는 말한다. 그 후 판매기 둔화되지 증류소 문을 닫았

다. 생산이 중단된 것이다. "2011년에 증류를 다시 시작했을 때 위스키 제조 경험이 있는 직원은 단 한 명뿐이었죠." 하지만 그 직원은 일본 지도의 반대편 가고시마에 있는 혼보주조 본사에서 근무하고 있었다.

맥주 양조의 전문성

신슈에서 다케히라가 맡은 첫 업무는 위스키 제조가 아니었다. 마르스에서 일하는 것도 아니었다. 이 증류소에는 위스키 생산이 중단된 시기인 1996년에 설립한 미나미신슈南信州 맥주의 작은 양조장도 있었다. 미나미신슈 맥주는 일본 최초의 크래프트 맥주 양조장은 아니지만(그 영광은 니가타의 에치고 맥주에게 돌아간다), 최초의 맥주 양조장 중 하나임에는 틀림없다. 이 양조장은 위스키 증류소 부지 내에 있지만 별도의 회사이다. 다케히라는 양조장에 딸린 로컬 펍에서 아르바이트로 맥주를 따르기 시작했다. 그러다 양조장을 위한 컴퓨터 데이터베이스 구축을 제안한 것을 계기로 양조장에 채용되어 일하면서 맥주 제조법을 배우게 되었다. "혼보주조가 위스키 생산을 재개하기로 결정했을 때, 회사는 내가 맥주를 만들 수 있다면 위스키 만드는 방법도 알아낼 수 있을 것이라며

나에게 연락했습니다." 다케히라는 증류소 관리자로 채용되었지만 양조장 일을 겸하고 있다. 위스키 제조를 처음 접한 사람이 다케히라만은 아니었다.

혼보주조가 마르스 증류소에서 위스키 제조를 재개한다는 소식은 마르스 브랜드가 가진 역사를 고려할 때 일본 위스키 업계에서는 큰 뉴스였다. "운이 좋게도 이 증류소의 재가동 소식이 알려졌을 때 산토리와 닛카의 거물급 인사들이 찾아와 여러 가지를 가르쳐줬어요. 그분들은 위스키 만드는 기본 방법을 전수해주었고, 그 기술을 이용할지 여부는 우리가 결정했죠. 할 수 있으면 하고, 할 수 없으면 하지 않았어요. 일본의 모든 증류소가 다 같지는 않으니, 우리는 모두 우리가 만들고자 하는 위스키에 가장 적합한 것을 만들기 위해 노력하고 있습니다." 다케히라의 설명이 계속 이어진다.

"하지만 위스키 제조 사업에 다시 뛰어드는 것은 그리 쉬운 일이 아니었죠. 맥주 제조 경험이 있긴 했지만, 증류를 다시 시작했을 때 이해되지 않는 부분이 많았어요." 옆으로 이어진 철제 계단은 곡물을 분쇄한 뒤 물에 담가 발효를 시키는 곳으로 가는 통로로 연결된다. 다케히라는 "이

과정은 마치 맥주를 만드는 것과 같습니다."라고 말한다. 그는 그 정도는 할 줄 알았다. 하지만 위스키는? 초보였다. 다케히라가 참고할 만한 자료는 위스키 제조 과정의 각 단계에서 증류 시간, 알코올 비율, 평균 온도 등을 나열한 업무 흐름이 적힌 오래된 문서뿐이었다.

"위스키를 만드는 각 단계를 나열한 회사 내부 매뉴얼도 있었지만, 그건 업무를 숙지한 사람들을 위한 것이었죠. 아무것도 모르는 상태에서는 제대로 따라가기는 불가능했어요. 예를 들어, '분쇄'라고만 표시되어 있을 뿐 껍질husk, 그리스트(굵게 분쇄한 곡물 가루), 고운 가루flour가 몇 퍼센트씩 필요한지는 알려주지 않았어요." 각 성분의 비율은 위스키의 풍미에 영향을 미칠 수 있기 때문에 다케히라와 다른 증류사들은 이를 파악하기 위해 실험을 해야 했다. 한번은 그가 고운 가루 비율을 더 높게 해서 분쇄했는데 당화조가 꽉 막힌 적이 있었다고 회상한다. "힘들었지만 일하면서 배워나갔어요. 그런 실수 하나하나가 저에게 큰 교훈을 남겼죠."

2017년, 신슈 증류소는 1960년대에 제조된 철제 발효 탱크를 사용하고 있다. 이는 증류소들이 스테인리스 스틸이나 수입

산 미송 워시백으로 전환하기 전인 일본 위스키 생산의 다른 시대로 거슬러 올라가는 방식이다. 하지만 다케히라는 향후 리노베이션을 통해 새로운 스테인리스 스틸 탱크를 설치할 계획이다. 일본의 다른 증류소들은 과일 아로마와 풍미를 더하는 젖산균을 끌어내기 위해 나무 워시백을 사용한다. 신슈의 접근 방식은 다르다. 다케히라는 이렇게 설명한다. "우리는 되도록이면 유산균을 배양하지 않으려고 합니다. 그게 우리 위스키의 특성을 정의하는 데 도움이 되니까요. 마르스 신슈에는 다른 일본 위스키에서는 찾아볼 수 없는 달콤하고 부드러운 몰트 풍미가 있습니다."

맥주 양조장에서 위스키를 만들 때면 알코올 수율뿐만 아니라 풍미를 위해서도 확실히 효모를 매우 중요하게 여긴다. 현재 마르스 신슈 증류소는 세 가지 효모를 사용하는데, 일본 기준으로는 많지 않지만 스코틀랜드에서 일반적으로 사용되는 개수보다는 많다. 한 효모는 이 증류소가

1985년부터 사용해온 오리지널 균주이다. 다른 하나는 스코틀랜드 증류업체에서 수입한 효모이고, 나머지 하나는 인근 양조장의 에일 효모이다. 다케히라는 "우리는 다양한 아로마를 가진 다양한 맥주 효모를 선택할 수 있어요. 그중에서 위스키에 가장 잘 어울린다고 생각되는 에일 효모를 선택했죠."라고 설명한다.

마르스에서 워트에 효모를 첨가하는 방식은 두 가지이다. 산업용 고체 효모인 수입산 효모의 경우 한꺼번에 첨가한다. 그러나 자체적으로 확보한 액체 효모는 조금씩 첨가해 점차 양을 늘리고 세포가 증식해 농축되게 한다. 일본에서는 이러한 유형의 효모가 사케 생산에서 더 일반적이다.

신슈의 정신

4일이 지나면 발효된 맥주를 옆방에 있는 워시 스틸에 넣어 1, 2차 증류 과정을 거친다. 이 일본산 팟 스틸 두 대는 주차장 근처 야외에 전시된 오리지널 스틸을 거의 그대로 본뜬 것이지만, 증류 과정을 모니터링하기 위해 스틸 목 부분에 관찰용 창을 내는 식으로 일부 현대적으로 개조되었다. 워시 스틸 근처의 안내판에는 이와이 기이치로의 사진과 다케쓰루의 공책 사진이 함께

걸려 있다(원본은 요이치의 닛카 위스키 박물관에 전시되어 있다).

이와이를 영입한 것은 위스키를 만들기 위해서가 아니라 그가 셋쓰주조에서 술을 빚고 대학에서 강의하는 술 제조 전문가였기 때문이었을 것이다. 지금은 단식 증류로 쇼추를 만들지만 과거에는 연속식 스틸로 쇼추를 생산했다. 다케히라는 이와이의 딸이 회사 사장의 아내라는 점도 이와이가 혼보주조에서 감독 역할을 맡는 데 영향을 미쳤을 것이라고 덧붙였다. 이와이가 입사한 뒤로 혼보주조는 다른 분야로 사업을 확장하기 위해 노력했는데, 위스키도 그중 하나였다.

다케쓰루의 원본 도면은 헤이즐번 스틸을 그린 것이다. 이 도면은 현재 요이치와 마르스 신슈의 스틸에 영감을 주었을 뿐만 아니라 일본 위스키의 발전에 가장 큰 영향을 끼친 도면으로 꼽힌다. 스틸의 형태는 위스키의 성격을 좌우하는 중요한 요소이다. 목에서 뻗어나온 라인 암의 각도에 따라 알코올 도수는 높지만 풍미가 비교적 가벼운 스타일이 될 수도 있고, 반대로 알코올 도수는 낮지만 풍미가 더 풍부하고 묵직한 스타일이 될 수도 있다. 라인 암은 증기가 지나가는 통로로, 이곳을 거

왼쪽 라인 암이 끝으로 갈수록 가늘어지는 형태의 스틸에서는 증류액이 더 가벼워진다.

위 이 증류소의 작은 신사는 '스이진' 또는 '미즈노카미사마'라고도 불리는 물의 신 '미즈가미'를 모시는 신사이다. 이 신에 대한 표지석은 강, 논, 운하, 우물, 심지어 정화조 근처에서도 발견된다.

오른쪽 이 증류소에는 구리색 '셸 앤드 튜브' 콘덴서(오른쪽 뒤)와 회색 웜 터브(왼쪽 뒤)가 모두 있다.

친 증기는 콘덴서로 이동해 냉각되며 액체로 응축된다. 물보다 가벼운 알코올이 어느 정도의 비율로 통과할지는 바로 이 암의 각도에 따라 결정된다.

마르스 신슈의 라인 암은 끝으로 갈수록 얇고 좁아진다. 다케히라는 워시 스틸의 라인 암이 들어가는 튜브 콘덴서(관형 냉각기)를 가리키며 이렇게 설명한다. "셸 앤드 튜브shell and tube 콘덴서가 증류액을 빠르게 냉각시켜 위스키가 더 가벼워집니다." 이어서 라인 암이 퉁퉁한 탱크로 공급되는 두번째 스틸인 스피릿 스틸을 가리킨다. 웜 터브이다. 이것의 내부 물통 속에는 구리 코일이 나선형으로 감겨 있어, 증류액이 그 코일을 통과하며 식는다. "따뜻한 물이 담긴 통을 이용하면 훨씬 더 느리게 냉각되어 더 단단한 스피릿이 만들어집니다." 신슈는 두 가지 냉각 방법을 모두 사용하기 때문에 균형 잡힌 위스키가 탄생한다.

스틸 하우스 밖으로 나왔는데 비가 계속 내리고 있다. 옆 건물에는 맥주 양조장이 있고 길 건너편에는 높이가 1미터도 안 되는 작은 신사가 있다. "물의 신 미즈가미水神를 위한 신사입니다."라고 다케히라는 말한다. "매일 아침 일을 시작하기 전에 이 신사에 와서 안전과 좋은 위스키를 위해 기도합니다." 물은 청결과 순결을 중시하는 신도교의 핵심 요소이다. 다양한 가미를 모시기 위해 세워진 작은 신사들은 위험과 불행으로부터 지역을 보호한다.

마르스의 미래

다케히라는 두 개의 현장 숙성 창고 중 한 곳의 문을 열었다. 다른 창고와 마찬가지로 선반식 창고이다. "이곳에 세번째 창고를 지을 예정이지만 지역 환경에 영향을 미치지 않도록 신중을 기해야 합니다." 거대한 나무들이 증류소를 둘러싸고 있을 뿐만 아니라 부지 곳곳에 이끼로 덮인 거대한 바위가 있다. 숙성 창고는 대부분 중고 버번 배럴로 채워져 있지만 셰리 캐스크, 미국산 버진 화이트 오크 캐스크, 혼보주조 와이너리의 와인 캐스크도 있다.

"신슈의 다른 숙성 창고에는 미즈나라 캐스크가 있어요. 현지에서 재배한 보리로 위스키를 만드는 것을 검토 중인데, 만약 실제로 그럴 수 있다면 전량 미즈나라에서 숙성시켜 그야말로 완전한 일본산 위스키를 만들고 싶어요. 하지만 일본 보리가 워낙 비싸서 가격에 영향을 미칠 것이 분명합니다."

마르스는 현재 스코틀랜드와 독일에서 보리를 수입한다. (최근 몇 년 동안 스코틀랜드 증류소들도 보리 확보에 어려움을 겪고 있어 일정 물량은 유럽의 다른 지역에서 수입해야 하는 경우도 많다.) 다케히라는 맥주를 양조하던 시절부터 위스키와 맥주 사업의 주 원료인 일본산 보리에 관심이 있었다. 마르스가 테스트하고 있는 보리는 이와테현에서 나는 '고하루'라는 두줄보리 품종으로 주로 맥주에 사용된다. "일본은 농토가 넓지 않아서 모든 농산물이 비싸요."라고 다케히라는 말한다. 하지만 그뿐이 아니다. 예전처럼 인프라가 갖춰져 있지 않은 데다 관세도 예전 같지 않다.

"가격 통제 때문에 과거에는 일본산 보리를 사용하는 것이 더 저렴했어요."라고 다케히라는 말한다. 제2차 세계대전 전에 보리는 밀과 쌀에 이어 일본의 주요 작물이었다. 전통적으로 쌀을 보충하기 위해 재배되었지만 열등한 곡물로 여겨졌다. 1950년대 후반에는 일본산 보리가 과잉 생산되어 1960~1962년 수입이 중단되었다. 그러다 일보산 보리의 가격 하락과 생산량 감소로 수입 조치가 재개되자 외국산 보리의 수입이 증가했다. "시간이 지나면서 일본에서는 점점 더 몰트 생산이 줄었고, 이로 인해 일본의 몰팅 기술은 해외에서처럼 발전하지 못했죠." 다케히라에게 이것은 단순히 국내 몰트스터를 육성하는 것 이상의 문제이다. "객관적으로 볼 때 일본 보리를 사용한다면 단순히 현지 작물을 사용했다는 것만으로는 충분하지 않습니다. 차이가 분명하고 눈에 띄게 좋아야 하는데, 그렇지 않고 비싸기만 하다면 의미가 없으니까요." 마르스는 증류소에서 직접 몰팅을 하지 않고 일본 맥주 몰트 제조업체에 위탁할 예정이다.

"전 세계 위스키 제조업체는 곡물 1톤당 얻는 알코올 수율을 매우 중요하게 생각하죠. 저에게도 여전히 그게 중요하지만, 독창적인 것을 만들 수 있다면 수율이 낮더라도 추가 비용을 지불할 가치가 있습니다."

아래 신슈 증류소의 선반식 창고에 높이 쌓인 캐스크.

맨 아래 458리터(121갤런) 캐스크에 '신슈 증류소'라고 적혀 있다. 일본어 문자 'しゅ'는 'shu' 또는 'syu'로 표기할 수 있는데, 'shu'가 더 일반적이다.

새로운 일본 위스키 문화를 창조하다

지붕에 떨어지는 빗소리가 숙성 창고 전체에 울려 퍼진다. 다케히라는 말한다. "제가 정말 하고 싶은 일은 문화를 만드는 거예요. 일본 위스키 붐이 끝나더라도 훌륭한 위스키를 계속 생산한다면, 그것은 새로운 문화를 창조하는 일일 뿐만 아니라 그 문화에 깊이 뿌리내리는 일이 될 겁니다. 그것이 제가 하고 싶은 일이죠." 스코틀랜드에는 위스키 산업을 보호하고 홍보하기 위해 설립된 스카치위스키협회SWA가 있지만 일본에는 그런 단체가 없다고 한다.

"일본요슈주조조합이 있기는 하지만 위스키 증류업체만을 위한 단체는 아닙니다." 보드카, 진, 브랜디, 우메슈 제조업체까지 포괄한다고 한다. "일본 위스키만을 위한 협회가 필요합니다." 그는 그런 협회가 생기면 업계 내 관행을 표준화하고 증류소들이 정보를 공유하는 데 도움이 될 뿐만 아니라 품질 보장에도 기여할 것이라고 믿는다. "현재 외국인들이 일본 위스키에 대해 매우 좋은 인상을 가지고 있는 만큼, 우리는 이러한 인식이 바뀌지 않도록 노력해야 합니다." 모든 일본 위스키가 동일한 규칙을 따르지 않는다면 그런 인식은 바뀔 수도 있다.

"개인적으로 일본 위스키는 전적으로 일본에서 증류해야 한다고 생각합니다." 다케히라가 숙성 창고 문을 열고 빗줄기를 바라보며 말을 잇는다. "2011년에는 이런 것에 대해 깊이 생각하지 않았죠. 그런데 2012년, 블렌딩을 위해 스카치 그레인 위스키를 대량으로 구매했을 때 스카치위스키협회에서 용도가 무엇인지 묻더군요. 이 협회는 사제석으로 스게

쓰누키 증류소

"혼보주조의 본사가 있는 가고시마에 설립한 신생 증류소인 쓰누키 증류소에서는 훨씬 더 무거운 위스키를 증류합니다."라고 다케히라는 말한다. 두 증류기 모두 납작한 양파 모양으로, 라인 암이 아래로 기울어져 있다. 워시 스틸과 스피릿 스틸에서 발생한 증기는 웜 터브로 모여 천천히 냉각된다. 목표는 묵직한 풀 바디의 스피릿이다.

이 증류소는 '신생' 증류소일지 모르지만 가고시마에서 위스키를 만든 것이 이번이 처음은 아니다. 1950년대 초부터 1985년까지 위스키를 만들다가 이 지역에서 가장 유명한 술인 쇼추에 집중했다. 신슈 증류소와 비슷한 규모인 쓰누키 증류소는 일본 최남단에 위치한 위스키 증류소이다. 숙성은 현장의 더니지 창고에서 이루어진다. 마르스는 가고시마현의 작은 섬인 야쿠시마의 사케 양조장에서도 위스키를 숙성하고 있다. 이처럼 다양한 숙성 환경은 마르스가 자체적으로 다양한 위스키를 만들 수 있는 더 많은 옵션을 제공한다.

"스코틀랜드에서는 위스키 제조업체가 보통 하나의 증류소만 운영하지만, 일본에서는 한 제조사가 성격이 전혀 다른 두 곳의 증류소를 운영하기도 합니다. 다양한 스타일의 몰트 위스키를 생산하는 동시에 증류소 간의 블렌딩을 통해 균형 잡힌 블렌드를 만들기 위해서죠." 가고시마의 쓰누키가 강인한 알파라면, 나가노의 신슈는 그와 대조를 이루는 베타라고 할 수 있다. 쓰누키의 강렬하고 풍부한 풍미에 영감을 준 것은 가고시마의 활화산인 사쿠라지마였다. 이곳의 목표는 화산처럼 불타는 스피릿을 만드는 것이다.

오른쪽 맨 위 이 일본산 팟 스틸은 증류액이 흘러넘치는지 확인할 수 있도록 안전 예방 조치로 관찰용 창이 달려 있다.

위 쓰누키 증류소의 석조 창고에 달린 버건디색 문.

위 증류소 노동자가 새로 만든 증류액을 캐스크에 채우고 있다.

오른쪽 앞에 있는 것은 진 증류에 사용되는 하이브리드 스틸이다. 마르스는 넘버원 드링크, 닛카에 이어 고품질의 일본 진을 생산하고 있다.

맨 오른쪽 증류소 작업자가 스피릿 세이프에서 새로 만든 스피릿을 확인하고 있다.

오른쪽 쓰누키 증류소 유니폼을 클로즈업한 모습이다.

아래 쓰누키 증류소에는 더 이상 사용하지 않는 프랑스제 대형 연속식 스틸이 있다. 멀리서도 증류소임을 알 수 있는 붉은 지붕의 검은색 건물에 보관되어 있다.

위 쓰누키 팟 스틸 내부의 가열 코일.

오른쪽 위 증류사가 품질을 확인하기 위해 비커에 새로 만든 스피릿을 붓고 있다.

오른쪽 온도는 증류사가 증류 공정에서 '하트' 구간을 찾아내는 하나의 기준이 된다.

인 위스키 승류소를 누지 않은 일본의 소규모 증류소들이 수입한 위스키를 스카치 위스키 블렌딩에 사용하고 있다는 것을 알아차렸죠. 심지어 이를 우려하는 시선도 있었습니다."

일본의 소규모 위스키 회사들이 스카치 그레인 위스키를 섞은 위스키를 일본산으로 속일지도 모른다는 우려였다. 현재 일본에는 증류 장비를 갖추지 못해 스카치를 사다가 숙성하는 신생 위스키 브랜드가 몇 군데 있다. 그러나 화이트 앤드 매케이Whyte & Mackay의 마스터 블렌더인 리처드 패터슨이 회고록에서 언급했듯이, 1970년대에 일본 최대 증류업체들은 "자체 블렌딩을 강화하기 위해" 스카치 몰트 위스키를 대량으로 구매했다. 이 관행은 스코틀랜드에서 상당한 논란이 되어 1977년 10월에는 위스키 업계 관계자들이 글래스고에서 일본으로의 대량 수출을 줄일 것을 요구하며 일본이 스카치 위스키에 "진정한 위협"이라고 주장하는 시위를 벌였다고 로이터 통신이 보도하기도 했다. 당시 일본 위스키의 수출량은 미미했지만 스카치위스키협회 대변인은 이렇게 지적했다. "일본인의 상업 및 판매 기술을 과소평가하는 것은 완전히 어리석은 일이다."

일본에서 스카치를 대량 수입하는 관행은 계속되고 있으며, 최근 몇 년 동안 증가 추세이다. 일본 위스키 시장에 대한

2016년 미국의 농산물 부역 보고서에 따르면, 일본 위스키 제조업체들은 물량 부족을 극복하기 위해 위스키 대량 수입을 더 늘려서 블렌디드 위스키를 만들었다. 보고서는 "이는 지난 2년간 위스키 물량이 급증한 이유 중 일부"라고 덧붙였다.

현재 몰트 위스키에 더 집중하고 있는 마르스는 블렌딩에 일본산 그레인 위스키를 일부 사용하고 있다. 다케히라는 전 세계적으로 일본 위스키에 대한 호감이 너무 강해서 고객들이 일본에서 생산되는 것은 무조건 좋다고 생각하는 경향이 있는 만큼 일본 위스키가 정확히 무엇인지 정의할 표준과 가이드라인이 필요하다고 생각한다. "그날, 어떤 위기 같은 것이 일

찍 닥칠 수도 있다는 생각이 들었어요. 그래서 표준화를 위한 협회가 정말로 필요합니다." 다케히라는 우산을 편 다음 손을 내밀어 비가 오는지 확인하고 밖으로 나가기 전에 말한다. "오늘 오후에는 맑을 것 같네요."

혼보주조 위스키 13종 가와사키 유지

일본 위스키는 철저한 설계 아래 만들어진다는 관념이 있다. 하지만 일본의 모든 제조업체가 그렇지는 않다. 적어도 몰트 위스키에 거칠고 직관적인 품질을 부여하는 경향이 있는 마르스는 해당하지 않는다. 마르스 신슈 싱글 몰트와 블렌디드 위스키는 잎이 무성한 녹색의 노트가 도드라지는, 멋지고 오래된 나무 풍미를 가지고 있다. 신슈는 이미 강력한 펀치를 가지고 있고, 쓰누키 증류소가 앞으로 무엇을 선보일지 기대된다.

이와이 트래디션Iwai Tradition 와인 캐스크 피니시 85/100

이 블렌드는 와인 캐스크에서 1년 동안 숙성한 것이다. 향기로운 톱 노트와 장미 향, 식물원의 따뜻한 아로마가 있다. 그리고 그 아래에는 달콤하고 짭짤한 아로마가 있다. 이 모든 것이 풍부하고 부드러운 풍미와 따뜻한 스파이스로 이어진다.

고마가타케 더 리바이벌The Revival 2011 56/100

1992년에 생산을 중단했던 혼보주조 마르스 증류소가 2011년 위스키 증류를 재개해 처음으로 출시한 위스키가 바로 '더 리바이벌'이다. '고마가타케'라는 단어는 마르스 증류소가 자리한 고마가타케산을 의미한다.

미국산 오크 캐스크에서 3년간 숙성된 이 위스키는 6000병만 한정 생산된, 젊고 가벼운 피트 향을 담은 위스키이다. 노즈에서 가장 먼저 다가오는 것은 알코올이다! 마르스는 이 싱글 몰트를 도수 58%로 병입했다. 일본의 장마철인 6월에 이끼로 덮인 숲속을 산책하는 듯한 신선함을 느낄 수 있다. 가장 큰 인상은 이 위스키가 얼마나 상쾌한지이다. 다만 숙성 기간이 더 길었다면 가격 대비 훨씬 더 완성도 높은 위스키가 되었을 것이다.

고마가타케 퓨어 몰트 위스키 10년 78/100

말린 보리 냄새와 함께 폭신한 베개 같은 부드러움이 느껴진다. 첫 모금에서는 여름철 풀이 무성한 들판이 펼쳐지고 부드러운 산들바람이 스친다. 상쾌하면서도 좋은 기억을 떠올리게 한다.

고마가타케 바텐더스 초이스 샤토Bartenders Choice Chateau 마르스 와인 캐스크 피니시 83/100

첫 아로마는 딸기와 키위의 신맛이 느껴지는 과일이지만, 배경에는 훈제 연어포인 사케토바의 따뜻하고 부드러운 노트가 있다. 이 위스키는 예상치 못한 방식으로 놀라울 만큼 매끄러우며 약간의 스모크도 있다.

이와이 트래디션 와인 캐스크 피니시

고마가타케 더 리바이벌 2011

고마가타케 퓨어 몰트 10년

더 럭키 캣 '선' 포트 앤드 마데이라 캐스크 피니시

트윈 알프스

고마가타케 싱글 캐스크 1988 25년 89/100

마르스는 1992년부터 2011년까지 증류를 중단했다. 그러는 동안 이 위스키는 기다림의 시간을 보냈다. 2013년에 병입된 이 싱글 캐스크는 충분한 시간이 주어진다면 마르스 위스키가 무엇을 해낼 수 있는지를 보여준다. 마르스에서 468병밖에 출시하지 못한 것이 아쉽다.

그 결과는 강렬하고 스파이시한 셰리 위스키이다. 설익은 과일과 그을린 나무의 노트가 강조된다. 매끄럽지만 곧 스파이스가 효과를 낸다. 그다음에는 설익은 과일이 뒤따르며 입안을 진정시켜준다. 일본에서는 여름 내내 강 위에서 아름다운 불꽃이 수없이 터지는 대규모 불꽃놀이가 열린다. 하지만 불꽃놀이가 끝나면 강과 하늘은 다시 고요해진다. 이 위스키처럼.

더 럭키 캣 '선' 포트 앤드 마데이라The Lucky Cat 'Sun' Port and Madeira 캐스크 피니시 86/100

라벨이 여느 제품과는 다르다. 위스키 팬과 고양이 팬 모두에게 어필할 수 있는 고양이 사진이 등장한다. 병 안에는 오크 캐스크에서 숙성한 후 포트와인 캐스크와 마데이라 캐스크에서 피니시한 블렌디드 스피릿이 들어 있다. 잔을 가만히 코에 갖다 대면 양귀비 꽃과 신선한 흙, 심지어 빨간 크레용이 느껴진다. 한 모금 마시면 카펫 위에 늘어진 고양이가 기지개를 펴고 하품을 하는 것처럼 부드럽고 매끄럽다. 편안하게 즐길 수 있는 한 잔이다.

트윈 알프스Twin Alps 78/100

1922엔으로 매우 저렴한 가격이다. 그런데 왜 이리 좋을까? 이것은 다소 단순하지만 고상한 위스키이다. 노즈에서는 상당한 양의 오크(그리고 알코올)가 느껴진다. 오래된 일본 학교의 냄새가 어떤지 궁금하다면 이걸 마셔보라. 입에 머금으면 딸기처럼 달콤하고 부드러운 과일이 느껴지고, 이어서 나무향과 스파이시함이 팔레트에 남는다. 트윈 알프스는 가격대를 훌쩍 뛰어넘는 맛이다.

마르스 몰티지Maltage 3 플러스 25 퓨어 몰트 위스키 28년 87/100

월드 위스키 어워즈에서 수상한 이 블렌디드 몰트 위스키는 실제로 28년 숙성이다. '3 플러스 25'는 가고시마에서 3년간, 신슈 증류소가 있는 나가노현에서 25년 동안 숙성되었다는 뜻이다.

잔에 코끝을 갖다 대면 풍성한 달콤함이 있다. 그 아래에는 스파이스와 날카로운 나무 아로마가 훈제 민물고기와 함께 알코올과 어우러진다. 입에 닿으면 여름 과일처럼 상쾌하고 달콤하다. 46%의 알코올 도수 때문에 열감이 올라오는 순간부터 몰트 풍미가 서서히 또렷해진다. 하지만 피니시에서 다시 한번 단맛이 돌아온다.

더 몰트 오브 가고시마 H. 볼리나Bolina 93/100

여기 매우 희귀한 위스키가 있다. 111병 한정 생산된 이 위스키는 1984년에 마르스의 가고시마 증류소에서 증류되었다. 2016년, 위스키 생산을 위해 다시 가동된 곳이다. 'H. 볼리나'는 짙은 파란색의 달과 같은 무

마르스 몰티지 3 플러스 25 퓨어 몰트 위스키 28년

고마가타케 싱글 몰트 네이처 오브 신슈 린도

니가 있어 푸른달나비라고도 불리는 '히포림나스 볼리나Hypolimnas bolina'를 의미한다.

첫번째 노트는 유럽산 오크이다. 이 위스키는 셰리 캐스크에서 25년 동안 숙성되었으며 연한 단맛이 있다. 하지만 노즈는 압도적이지 않고 은은하게 퍼진다. 배경에는 커피와 신선한 녹색 잎이 있다.

맛은 송아지 가죽으로 만든 새 장갑이 떠오르고 약간의 미네랄이 느껴진다. 하지만 한겨울 하늘이나 바다가 막 시야에 들어와 빛에 반짝이는 순간처럼 명료한 위스키이다. 어떤 식으로 보든 결론은 하나뿐이다. 이 몰트는 아름다운 한 잔을 만들어낸다.

고마가타케 싱글 캐스크 1988 #566 90/100

이 위스키는 잔에 코를 갖다 대지 않아도 바로 향이 올라온다. 오래된 벽난로를 연상시키는 진한 연기와 그을린 나무가 느껴진다. 하지만 청량하고 잎이 무성한 멘톨이 아로마의 균형을 잡아준다. 첫맛은 스

파이시하지만 혀를 감싸는 부드러운 단맛으로 나아가 마치 시간이 멈춘 듯하다. 그 결과 오직 위스키에서만 느낄 수 있는 신비로운 경험을 선사한다.

고마가타케 싱글 캐스크 1988 #557 89/100

한마디로 봄이다. 근처에 맑은 시냇물과 큰 나무와 함께 향기로운 숲속 꽃이 있다. 스파이스가 균형을 이루고 팔레트가 조화로워 그림처럼 아름답다. 이 위스키와 함께 시간을 보내는 것은 즐거운 풍경을 바라보는 것과 비슷하다.

고마가타케 싱글 몰트 네이처 오브 신슈 린도Nature of Shinshu Rindo 85/100

만족스럽고 풍성한 아로마가 느껴진다. 톱노트는 품위 있는 달콤함이며 그 아래에는 은은한 스모키함이 있다. '린도'는 여름과 가을에 피는 짙푸른 꽃으로, 신슈 증류소가 있는 나가노현의 대표 꽃인 용담을 뜻한다.

알코올 52%로 병입된 이 싱글 몰트는

2012년에 증류한 위스키와 20년 이상 된 오래된 마르스 위스키로 블렌딩된다. 한 모금 마시면 단맛과 함께 적당한 스파이시함이 느껴지고 나가노의 풀밭 위를 스치는 바람이 연상되는 상쾌한 피니시로 이어진다. 이는 마르스의 고마가타케 몰트에서 흔히 만날 수 있는 특징이다. 차분하고 아름다운 위스키이다.

신슈 마르스 피닉스 앤드 더 선Phoenix and the Sun 2012~2015 75/100

이 위스키에 코를 대는 것은 배를 한 대 얻어맞는 것과 같다. 마치 방금 깎은 나무처럼 거칠다. 알코올은 너무 날카롭고 위스키는 너무 숙성이 안 되어 이것을 마실 수 있을까 싶을 정도이다. 한 모금 마셔보니 완전히 스파이시하다. 하지만 잠깐, 부드러움이 있다. 전반적으로 아슬아슬하게 일관성을 유지하고 있고, 완전히 숙성되지는 않았지만 갓 갈아낸 후추가 살짝 들어간 풍미가 느껴진다.

후쿠오카에서 열린 위스키 토크 이벤트를 위해 한정판으로 출시된 이 3년 숙성 위스키는 2012년에 증류해 미국산 화이트 오크 캐스크에서 숙성한 후 2015년에 병입했다. 3년의 숙성 기간이 다소 짧을 수도 있지만, 동해에서 혹독한 겨울을 보내고 있다면 이 위스키 한 병이 유용할 것이다.

기린
후지 고텐바 증류소

KIRIN · FUJI GOTEMBA DISTILLERY

맑은 날에는 후지산을 볼 수 있다. 푸른 들판에 서 있든, 고속도로 옆 편의점 앞에 서 있든 그 경치는 장관을 이룬다. 일본인에게 후지산은 단순한 산이 아니다. 자연에 대한 헌신을 담은 신사가 산봉우리 곳곳에 자리하고 있으며, 정상은 등산객들이 새해 첫 일출을 볼 수 있는 최고의 장소이다. 이 산이 일본인의 마음속 깊은 곳에 자리 잡고 일본을 대표하는 산이 된 것은 당연한 일이다. 그러므로 세계에서 위스키를 만드는 데 이만큼 극적인 배경을 지닌 곳은 거의 없을 것이다.

기린은 위스키 증류소를 단 한 곳만 보유하고 있다. 고텐바라는 마을을 선택한 것은 정말 잘한 일이었다. 하지만 단독으로 한 일은 아니다. 이전에는 일본 기린, 북미의 '조지프 E. 시그램 앤드 선스', 영국의 '시바스 브라더스'의 국제적인 협업을 통해 탄생했다. 당시 이름이 '기린 시그램스'였던 이 회사는 1972년에 설립되었는데 1년 뒤부터 증류를 시작했다. 스코틀랜드나 캐나다산 블렌디드 위스키를 선호하던 일본 고객에게 어필할 수 있는 위스키를 만드는 것이 콘셉트였다. 그 결과 친근한 위스키가 줄줄이 탄생했다.

2002년, 기린은 위스키 공장을 완전히 단독으로 운영하기 시작하면서 기린 증류소로 이름을 바꾸었다. 다른 일본 증류소에서는 매우 비싸고 오래된 싱글 몰트를 출시하지만 기린 증류소는 수백 달러에 달하는 숙성된 그레인 위스키 외에도 논칠

필터드 '후지 산로쿠富士山麓'를 비롯해 저렴한 슈퍼마켓용 블렌디드를 꾸준히 생산한다는 점에서 독특하다.

하지만 기린이 정말 특별한 이유는 이 대형 증류소 한 부지 내에서 매우 다양한 스타일의 위스키를 생산한다는 점이다. 이곳에서는 다채로운 그레인 위스키부터 스코틀랜드 스타일의 가벼운 피티드 싱글 몰트 위스키에 이르기까지 폭넓은 종류의 위스키가 만들어진다. 몰

맨 위 고속도로를 달리든, 신칸센을 타든, 기린 증류소에 있든 후지산을 놓치기란 쉽지 않다.

가운데 기린 증류소의 문장이 새겨진 빨간색 구조물은 교묘하게 위장된 곡물 사일로(저장탑)이다. 왼쪽 건물에는 발효실과 증류실이 있다.

위 마스터 증류사 이구라 오사무가 그레인 위스키의 장점에 대해 이야기하는 것을 필자가 메모하고 있다.

트 위스키 팟 스틸은 그레인 스피릿을 만드는 멀티 칼럼 스틸과 인접한 방에 있고, 케틀 및 더블러는 바로 아래층에 있다. 또한 외부에서 위스키를 병입하는 일본의 유명 증류소들과 달리 기린은 여전히 증류소에서 전 과정을 수행한다.

후지산이 배출한 위스키

1970년대 초, 몇 년에 걸친 조사 끝에 이곳이 선정된 이유는 크게 두 가지이다. 해발 고도 619미터에 위치한 이곳의 연평균 기온은 13°C로 일본 혼슈의 다른 지역보다 일관되게 시원하고 습도가 낮아 스코틀랜드의 기후에 더 가깝다. 또 다른 큰 이유는 수자원이다. 후지산은 위스키 제조의 극적

인 배경이 될 뿐만 아니라 기린에 물을 공급하는 원천이기도 하다. 증류소에 따르면, 지난 1만 년간 화산 폭발로 남겨진 퇴적물을 걸러내는 데 얼음이 녹는 순간부터 약 50년이 걸린다고 한다. 기린은 위스키 제조에 사용하는 후지산 물을 병에 담아 판매할 정도로 이 원천을 만족스러워한다.

기린의 심장부

깔끔한 작업복을 차려입은 마스터 증류사 이구라 오사무는 키가 크고 이목구비가 뚜렷하다. 그의 뒤에는 구리로 된 갈색 등 모양의 팟 스틸 세 대 중 하나가 서 있다. 원래는 네 대가 사용되었는데, 2016년 증류소 투어 때 방문객들이 가까이서 볼 수 있도록 한 대를 전시해놓았다. 2017년 현재, 기린은 위스키를 만드는 데 두 대의 팟 스틸만 사용하고 있으며, 여분의 워시 스틸은 대기 중이다. 각 팟 스틸의 라인 암이 위로 기울어진 채로 콘덴서로 이어져 있어서 깨끗한 에스테르(발효 과정에서 생성되어 청량한 과일 풍미를 내는 유기 화합물) 스피릿을 생산한다고 기린 관계자는 설명한다. 기린은 증류액의 하트 대신 '하트의 하트'를 사용하는데, 증류액의 가장 부드러운 부분에서 더 좁은 구간이다.

이구라는 "그레인 위스키는 우리의 선

문 분야입니다. 우리에게 전문 기술이 있기 때문이죠."라고 말한다. 기린은 라이트, 미디엄, 헤비, 세 가지 유형의 그레인 스피릿을 만든다. 단맛을 내는 미국산 옥수수가 매시 빌mash bill, 즉 각 곡물의 사용 비율을 결정짓는 데 가장 큰 비중을 차지한다. 그러나 호밀을 첨가해 특유의 스파이시한 특성을 부여할 수도 있다. 전분을 분해하고 단당을 생성하는 데 필요한 효소를 만들기 위해 스코틀랜드산 몰트도 첨가한다. 그런 다음 기린의 방대한 컬렉션에서 얻은 효모를 매시에 넣고 3일간

발효한다.

"쌀로도 위스키를 만들어보았습니다."라고 이구라는 말한다. 쌀 역시 곡물이지만 이것을 증류하면 위스키보다는 쌀로 만드는 쇼추에 더 가깝다(쇼추에 대한 자세한 내용은 15~16쪽 참조). 그렇다면 기린의

실험은 어떻게 되었을까? "잘되진 않았어요." 이구라는 웃으며 답한다.

우뚝 솟은 스틸

통제실을 지나 문을 통해 다른 복도로 들어가니 이구라가 다양한 높이의 타워 다섯 개를 가리킨다. 이 구성은 여러 개의 스틸을 통해 워시가 순환되는 멀티 칼럼 스틸이며, 그레인 위스키 원액을 생산한다. "여기서는 라이트 스피릿이 만들어집니다."라고 이구라는 말한다. 라이트하다는 말이 약하다는 것을 의미하지는 않는다. 생산되는 증류액은 알코올 도수가 90~94%에 달한다. 몰트 위스키보다 아로마와 풍미가 적은 깔끔한 스피릿이다.

초봄인데도 칼럼 스틸 룸의 공기는 시원하다. "여름에는 이 방의 온도가 50℃까지 올라가 창문을 모두 활짝 열어야 하지만 겨울에는 정말 좋지요." 이구라에 따르면 기린이 최대 규모로 운영되던 1980년대에는 몰트 증류와 그레인 증류를 동시에 진행했다고 한다. 지금은 한 번에 한 가지만 증류하며, 겨일로 증류한다. 이곳에서 증류한 스피릿 전부가 위스키로 만들어지는 것은 아니다. 기린의 추하이(쇼추 하이볼)

캔처럼 바로 마실 수 있는 주류 음료의 알코올도 이곳에서 만들어진다.

이구라는 한 달에 한 번씩 증류사를 위한 테스트가 있다고 한다. 증류사는 블라인드 맛 테스트를 통해 두 가지 기린 블렌드를 구분해야 한다. 정확하게 구분하면 합격이다. 불합격하면 증류를 할 날이 얼마 남지 않았다는 뜻이다.

많은 대형 증류소와 마찬가지로 자동화와 컴퓨터가 고품질의 스피릿을 안정적으로 생산하는 데 도움을 주지만, 이구라와 같은 증류사가 그 결과를 보장한다. 이구라는 "여덟 시간마다 향을 맡으며 스피릿을 검사해 일관된 품질을 보장합니다."라고 말하며 스피릿 세이프를 가리킨다. 이 스피릿 세이프는 고전적 의미의 박스형 스피릿 세이프가 아니라 곡선형 금속 튜브가 딸린 스테인리스 테이블이다.

이구라는 스피릿 세이프 앞의 금속 테이블에 손을 얹고 말한다. "이 테이블은 증류사들이 직접 만든 거예요. 필요하면 이곳에서 물건들을 고치죠." 그는 위스키만큼이나 금속 테이블에 대한 자부심이 대단해 보인다. 두 가지 다 다른 방식으로 증류 기술에 대한 애정을 표현한 것이다.

위 오른쪽의 은색 탱크는 더블러로, 기린은 이 장비 덕분에 묵직한 그레인 스피릿을 만들 수 있다.

오른쪽 우뚝 솟은 멀티 칼럼 스틸에서는 알코올 도수 94%의 라이트 그레인 스피릿을 생산한다.

버번과 일본 위스키가 만나는 곳

엘리베이터를 타고 1층으로 내려간다. 이곳에는 케틀형 스틸이 있다. 이 스틸은 멀티 칼럼 스틸(다단 연속식 증류기)의 비어 칼럼(1차 증류탑) 및 정류탑rectifier과 함께 작동해 미디엄 타입의 그레인 스피릿을 생산한다. 케틀 바로 옆에는 일본에서는 보기 드문 또 다른 장비가 있다.

"일본에서 더블러를 갖춘 증류소는 이곳이 유일하죠."라고 이구라는 말한다. '섬퍼thumper'라고도 부르는 더블러는 미국에서 버번 증류에 사용되는 설비이다. 비어 칼럼에서 나온 증류액을 다시 증류하는 장치로, 묵직한 스타일의 그레인 스피릿을 생산하는 거대한 금속 탱크이다. "이렇게 하면 버번과 매우 유사한 스피릿이 만들어집니다."라고 이구라는 말한다. 물론 그걸 버번이라고 부를 수는 없다. 모든 스파클링 화이트 와인을 샴페인이라고 부르지 않는 것처럼.

스코틀랜드의 증류소들이 효모를 다소 획일적으로 사용하는 것과 달리, 미국 증류소들은 완성된 위스키까지 이어지는 발효 과정에서 특정 성질을 끌어내기 위해 효모를 사용하며, 독특한 균주를 확실히 강조한다. 마찬가지로 맥주 양조의 전문성을 갖춘 기린은 수백 가지 다양한 효모 균주로 풍미를 조절할 수 있다.

그런데 버번을 연상시키는 것은 설비뿐만이 아니다. 기린은 미국 켄터키주에 포 로지스 증류소를 소유하고 있으며, 현재 마스터 블렌더인 다나카 조타를 마스터 증류사 짐 러틀리지 밑에서 일하도록 파견했다. 두 사람은 포 로지스의 뛰어난 싱글 배럴*과 스몰 배치* 버번을 공동 개발했다. 다나카는 버번과 그레인 위스키에 대한 깊은 지식을 블렌딩에 적용하고, 포 로지스의 버번 배럴을 일본으로 보내 기린의 스피릿 숙성에 쓰게 했다. 그 결과 단순히 미국 위스키를 일본식으로 재해석한 것을 넘어선 위스키가 탄생했다.

기린 숙성 창고의 꼭대기

분재 화분으로 재탄생한 캐스크들을 지나면 굽이진 길이 증류소 창고로 이어진다. 부지의 절반 이상이 나무로 덮여 있다. 이 지역의 벚꽃인 후지자쿠라가 주변 숲을 분홍빛으로 물들이고, 여름에는 반딧불이로 가득하다.

길 끝에는 고텐바의 숙성 장소 다섯 곳 중 하나인 10층짜리 숙성 창고가 있는데, 이곳에는 3만 5000~5만 개의 위스키 캐스크가 잠들어 있다. 창고 직원 다카스기 마사루가 거대한 문을 열어젖힌다. 안으로 들어서자 메이플 시럽을 뿌린 팬케이크 같은 향이 은은하게 나더니 점점 강렬해진다. 조용하고 엄숙하며 서늘한 분위기에 금속 선반이 하늘로 올라가는 모습까지 더해져 창고가 마치 성낭처럼 느껴진다. "보통 배럴을 싣고 내릴 때 이곳은 훨씬 더 시끄러워요. 여름이면 위쪽 선반은 사우나 같아요. 땀으로 범벅이 됩니다." 다카스기의 설명이다.

미국산 화이트 오크 캐스크가 가장 많은데, 대부분은 기린이 소유한 포 로지스 증류소에서 공급된다. 여기에는 그럴 만한 이유가 있다. 창고 선반이 최대 500리터(132갤런)인 셰리 벗butt이나 225~250리터(60~66갤런)인 호그스헤드보다 작은 180리터(40갤런) 배럴만 올릴 수 있도록 설계된 것이다.

하지만 기린의 캐스크는 크기가 작아서 숙성 과정에서 스피릿과 미국산 오크가 충분히 상호 작용할 수 있다. 기린은 다른 종류의 캐스크로도 실험하고 테스트하고 있다. 모든 위스키를 배럴에서 쏟아내는 덤핑 구역dumping area에서 기린 증류소 대변인 나카가와 가즈키가 나중에 기린 위스키로 채워진 올로로소Oloroso 셰리 캐스크를 가리키며 말한다. "미즈나라 캐스크로노 실험을 하고 있습니다. 위스키의 풍미를 확인하기 위해서죠."

창고로 돌아온 다카스기는 작은 카트에 올라 녹색 버튼을 누른다. 경보음이 울리고 불빛이 번쩍이며 카트가 엘리베이터처럼 천천히 창고 위층으로 이동한다. "우리는 위스키를 자리가 생기는 대로 어디에든 놓습니다."라고 다카스기는 도중에 지나가는 빈 공간을 가리키며 말한다. "특정 위스키를 특정 장소에 두는 것은 아닙니다."

카트는 가장 높은 10층 높이에서 멈춘다. "여기까지 온 건 처음이에요." 나카가와는 약간 현기증이 난다고 말한다. 위스키가 조용히 잠들어 있는 동안 알코올 증기가 목을 간지럽히는데 꿀이 든 참나무와 달콤한 시럽 향이 기분 좋게 난다.

논칠 필터링

유리 부딪치는 소리와 기계 소리가 병입 라인 전체에 울려 퍼진다. 1분에 약 150개의 병이 라인을 통과하고, 벽면에는 전광판이

위 후지 고텐바 숙성 창고의 상단 선반은 여름이면 뜨거워진다. 이 캐스크들은 기린이 자회사인 포 로지스 버번에서 인수한 버번 배럴이다. 현재는 이전 쿠퍼리지 업체였던 쇼와요타루제작소에서 분리된 별도 업체인 쇼와요타루콘키가 기린의 현장 캐스크 관리를 담당하고 있다.

왼쪽 기린의 숙성 창고에 있는 선반은 180리터(40갤런) 배럴을 보관할 수 있도록 설계되었다.

진행 상황과 하루 목표치를 표시한다.

한 여성이 형광등 아래에서 병이 통과하는 모습을 지켜보며 투명도를 확인하고, 가끔 뚜껑을 만져서 닫혔는지도 확인한다. 그러다 제대로 닫히지 않은 병을 꺼낸다. 그런 다음 병이 라벨링 기계를 통과하면 회전하는 병에 라벨이 부착되면서 권총 소리가 난다. 병을 확인하는 작업은 눈이 피곤하기 때문에 50분마다 휴식을 취한다.

후지 산로쿠 블렌드의 라벨에는 '논칠 필터드'라는 문구가 당당하게 적혀 있다. 기린은 일관된 색조를 유지하기 위해 캐러멜 색소를 첨가하지만 2016년 봄에 칠chill 필터링(냉각 여과)된 산로쿠 판매를 중단했다. 칠 필터링은 병입 전에 이루어지며 잔여물과 작은 입자를 제거한다. 위스키에 물이나 얼음을 넣을 때 생기는 '스카치 미스트Scotch mist'라는 자연적인 혼탁 현상을 방지하기 위한 조치이다. 몰트 위스키는 일반적으로 섭씨 0도에서 영하 4도 사이로 온도가 내려간 뒤에 여과한다. 칠 필터링이 위스키의 풍미나 마우스필에 실제로 영향을 미칠까? 아직 확실하지는 않지만, 많은 증류사와 위스키 애호가가 칠 필터링을 하지 않은 위스키를 선호한다.

"몇 년 전에 이 아이디어를 떠올렸죠. 몇 가지 테스트를 거쳐 이 블렌드를 '논칠 필터드'로 출시하기로 결정했습니다." 이구라가 이렇게 설명한 후지 산로쿠의 가격은 합리적으로 책정되어 있다. 득

위 병입 공장 직원이 위스키의 색상을 확인하고 있다.

왼쪽 병에 라벨을 붙인 후에 다시 한번 결함이 없는지 확인한다.

아래 기린의 추하이 음료도 기린 증류소에서 생산된다. 앞쪽에는 기린 위스키 후지 산로쿠가 병에 담겨 포장되어 있고, 왼쪽에는 기린의 효케쓰氷結 브랜드 추하이가 캔으로 포장되어 상자에 담겨 있다.

히 일본에서는 이 가격대의 위스키 중 논칠 필터드 위스키가 드물다. 저렴한 가격의 슈퍼마켓 위스키가 아닌 훨씬 더 비싼 프리미엄 위스키에서나 볼 수 있는 특징이다.

병입 공장 안쪽 구석에서는 캔이 부딪히는 둔탁한 소리가 들린다. 레몬이나 라임 등의 과일 주스로 맛을 낸 추하이가 캔에 담겨 배송을 위해 박스에 포장되고 있다. 추하이는 1980년대부터 일본인들이 즐겨 마시는 음료이다. 주말 피크닉을 가거나 집에서 TV를 볼 때 추하이 캔은 어디에나 있다. 기린은 지난 몇 년 동안 이 캔 라인을 회사 외부에 공개하지 않았다. 나카가와는 "아마도 이곳 증류사들 사이에서는 바로 마실 수 있는 추하이가 위스키의 라이벌로 여겨졌을 거예요."라고 말한다. 이러한 캔 음료가 회사의 수익을 책임지는 것은 사실이지만, 증류소와 블렌딩 연구소의 직원들에게 기린 증류소는 무엇보다도 위스키 증류소라는 인식이 강하다.

"위스키 사업은 파도처럼 기복이 심합니다."라고 이구라가 손짓으로 말한다. 그의 말에 따르면 1980년대 후반에 심한 불황을 겪었고, 그 후 몇 년 동안 상황이 크게 둔화되었다고 한다. 지금은 생산량이 크게 증가했고, 기린 증류소는 방문자 센터와 증류소 투어를 새롭게 단장하고 일본 위스키 팬들을 맞이할 준비를 마쳤다. 이구라는 "우리는 우리 위스키를 정말 자랑스럽게 생각합니다."라고 말한다. 당연히 그래야 한다.

기린 위스키 8종 가와사키 유지

일본 위스키 제조업체 중에서도 기린 증류소의 생산 방식은 독보적인 것이어서, 최상의 상태로 연마하고 다듬어 가볍고 부드러운 위스키를 만들어낸다. 여러 면에서 일본 요리의 '다시'와 비슷하며 고소한 풍미가 가득하다. 일반적으로 기린 위스키에서는 옥수수의 텁텁한 단맛이 느껴지지 않는다.

후지 고텐바 증류소 블렌디드 위스키 군푸Kunpu 2015 89/100

'군푸薰風(훈풍)'는 '여름 산들바람'이라는 뜻으로, 기린의 군푸 블렌드는 이 증류소가 제공하는 최고급 라인 중 일부를 선보인다. 먼저, 은은한 아로마. 꽃, 꿀, 부드러운 우디 스모크가 느껴진다. 그다음에 바닐라와 장미가 나오는데, 입에 닿는 순간 꽃이 피어난다. 아름답고 고상한 위스키이다.

후지 고텐바 증류소 블렌디드 위스키 군푸 2016 86/100

기린의 또 다른 훌륭한 군푸 출시작이다. 계속 피어오르는 라즈베리 향이 약간 화려한 노즈를 이룬다. 가볍고 뒷맛이 좋으며 은은하게 그을린 캐스크 노트가 전달된다.

후지 고텐바 증류소 싱글 그레인 위스키 25년 92/100

곧바로 부드러움을 알아차릴 수 있다. 마치 부드러운 빛이 내리쬐는 숲속에 있는 듯한 느낌이다. 달콤한 머스캣의 흔적은 마치 디저트 위에 뿌려진 소스 같다. 초콜릿 노트도 훌륭하다.

이 술의 맛은 끊임없이 변한다. 신선하다가도 약간 말린 과일 같은 느낌이다. 이

기린 위스키 싱글 몰트 18년

기린 증류소 퓨어 몰트 위스키 20주년

기린 위스키 후지 산로쿠

기린 위스키 오크 마스터

과정은 모래시계에서 천천히 떨어지는 모래에 집중하는 것과 같은 경험을 선사한다. 매끄러운 질감이 완전히 사로잡고 피니시는 매우 길어서 이 위스키에 다양한 개성을 부여한다.

후지 고텐바 증류소 싱글 몰트 위스키 스몰 배치Small Batch 17년 82/100

눈이 확 뜨이는 멘톨에 상쾌한 단맛이 이어진다. 딜리버리에서는 예상치 못한 날카로움이 펼쳐지지만, 머스캣 포도즙에 적신 비스킷으로 이 강렬함이 정제된다. 전체 경험은 본질적으로 섬세한 인상을 남긴다.

기린 증류소 퓨어 몰트 위스키 20주년 68/100

잔디밭에 푹신한 깔개를 깔고 누워 낮잠을 잔다고 상상해보라. 하늘의 구름을 바라보며 산들바람을 느낄 수 있을 것이다. 이것이 바로 이 20주년 기념 위스키이다.

다소 가볍고 산뜻하지만, 가장 놀라운 점은 바로 부드러움이다. 안타깝게도 그 이상은 그다지 특별할 게 없다.

기린 위스키 후지 산로쿠Fuji-Sanroku 72/100

이 저렴한 가격의 위스키는 '논칠 필터드'일 뿐만 아니라 알코올 도수 50%로 병입해 가성비가 뛰어나다. 이 위스키에는 온통 옥수수와 버번이라고 적혀 있는 듯하다. 맑은 옥수수 아로마가 입안에 들어오자마자 확 퍼지면서 점점 뜨겁게 달아오른다. 일본 버번이지만 마우스필은 부드럽다. 일본 위스키 중에서 버번과 이렇게 가까운 풍미와 아로마를 가진 위스키는 드문 편이다.

기린 위스키 오크 마스터Oak Master 56/100

노즈에는 오크 아로미외 함께 여문 곡물

이 섞여 있다. 마치 나무가 휘어지는 것처럼 부드러운 인상이다. 서서히 이 블렌드 안에서 다양한 캐스크가 드러나는데, 곡물이 베이스가 되고 오크는 향을 더하는 역할을 한다. 하지만 복잡하지는 않다.

기린 위스키 싱글 몰트 후지 산로쿠 18년 85/100

꽃 노트가 있지만 신선한 꽃이라기보다 말린 꽃에 더 가깝다. 알코올 도수는 43%이지만 뜨겁고 후추 향이 나며, 가을에 타는 낙엽을 연상시키는 위스키이다. 산속의 밝은 아침처럼 피부를 간질이는 빛과 신선한 나무 향이 있다. 따뜻한 피니시가 시작되자마자 꽃 노트가 다시 한번 피어난다.

벤처 위스키
지치부 증류소
VENTURE WHISKY • CHICHIBU DISTILLERY

아침 안개가 산을 뒤덮었다. 공기에서는 꽃 냄새가 나고 풀밭에는 이슬이 맺혀 있으니. 이른 아침, 논서 뻐꾸기에서 우렁 인 마리가 울어댄다. 이곳은 사이타마현 지치부이다. 이 지역은 오랫동안 비단과 사케로 유명했지만 요즘은 위스키로 더 유명하다. '지치부'는 한자로 '秩父'인데, 秩는 '질서'를 의미하고 父는 '아버지'를 뜻한다. 이 증류소에 이보다 더 어울리는 이름은 없을 것이다.

사케 양조의 명가

설립자 아쿠토 이치로가 이곳을 선택한 것은 단지 증류하기에 좋은 장소로 보였기 때문만은 아니다. "나는 이곳 지치부에서 자랐습니다." 실험복을 차려입은 아쿠토가 선병석인 일본 교외 주택처럼 보이는 블렌딩 연구실에서 손으로 쓴 공책을 살펴보며 말한다. 하지만 그곳 내부의 분위기는 사뭇 다르다. 커다란 유리창으로 복도와 블렌딩 연구실이 구분되어 있고, 위스키 샘플로 가득 찬 선반이 구비된 새하얀 방이 있다. 아쿠토가 블렌딩을 할 때는 마치 요리하듯이 이걸 조금 넣고 저걸 조금 부으며 메모하는 모습을 볼 수 있다.

"만족스러운 결과물이 나오면 나중에 다시 가서 정확하게 계량합니다."

아쿠토는 50대 초반의 나이였던 2004년에 이 증류소를 설립했다. 가족 중에 증류업을 한 사람이 그가 처음은 아니었다. "나는 21대째 술을 만드는 집안 출신이에요." 아쿠토 가문은 1625년에 사케 양조를 시작했고, 1941년 아쿠토의 할아버지가 인근 도시 하뉴에 양조장인 도아주조東亜酒造

위 안타깝게도, 지치부 증류소는 일반에 개방하지 않는다. 증류소 규모가 작아서 지속적인 투어는 위스키 생산을 불가능하게 만들 정도는 아니더라도 어렵게 만들 수 있기 때문이다.

왼쪽 가을에는 나뭇잎이 지치부의 색을 바꾼다. 앞마당의 워시 스틸은 하뉴 증류소에서 가져온 것이다.

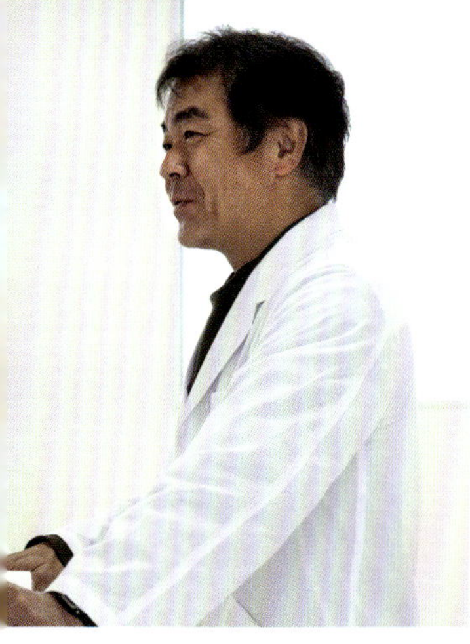

위 벤처 위스키의 사장 아쿠토 이치로가 블렌딩에 대한 자신의 접근 방식을 설명하고 있다.

오른쪽 맨 위 배송 준비 완료된 '이치로스 몰트'와 '이치로스 그레인' 위스키.

오른쪽 가운데 지치부 증류소에는 라벨링 기계가 한 대밖에 없어서 병 생산 라인의 절반은 옛날 방식인 수작업으로 라벨을 부착해야 한다.

오른쪽 아래 벤처 위스키는 위스키에 캐러멜 색소를 첨가하지 않는다. 이 색은 나무 숙성의 자연스러운 결과물이다.

주류 세법이 바뀐 것도 도움이 되지 않았다고 아쿠토는 설명한다.

게다가 하뉴 증류소는 일본의 음주 문화를 거스르는 상황이었다. "당시 일본에서는 물을 탄 위스키인 '미즈와리'가 가장 인기가 있었어요. 하뉴 위스키는 시대를 앞서간 것이죠." 일본은 아직 준비가 덜 된 상태였다.

아들이 잇는 아버지의 위스키

아쿠토는 가족 소유의 증류소에서 위스키 제조 경력을 시작하지 않았다. "졸업한 후 산토리에 취직했습니다. 야마자키에서 위스키를 만드는 것이 꿈이었지만 마케팅 부서로 발령받았어요. 일본 대기업에서는 이런 식으로 일하는 경우가 많습니다. 선택의 여지 없이 특정 분야에 배치되는 것이죠." 아쿠토는 "나는 영업을 잘했고 좋아했습니다."라고 덧붙이며 마케팅 재능을 뽐냈다. 하지만 위스키를 만들고 싶다는 생각이 계속 남아 있었다.

"내가 정말 이 일을 할 운명인지 고민하고 있을 때 아버지가 사업이 잘 안 된다며 집으로 돌아와 도와달라고 연락을 하셨어요." 아쿠토에게 이때가 단순히 가족을 돕는 것뿐만 아니라 자신의 위스키 제조 경력을 시작할 기회이기도 했다. "일본에서는 대기업을 퇴사하려면 용기가 필요합니다."라고 아쿠토는 말한다. 산토리는 대기업이고 그런 기업에서 일하면 안정적이다. "하지만 내가 정말 하고 싶었던 일이 더 중요했어요." 아쿠토는 집으로 돌아가기로 결정했다. "물론 일본 위스키 업계에서 일한 적은 있지만, 아버지의 회사에 들어가기 전에는 위스키 만드는 즐거움은 몰랐습니다."

아쿠토는 당시 가업이었던 도아주조에서 주로 판매 업무를 담당했지만, 틈틈이

를 설립했다. 초반에 이 양조장은 전쟁으로 쌀이 부족했기 때문에 증류된 알코올을 희석한 고세이세이슈合成清酒, 즉 '합성 사케'를 만들었다. 그러다 미군의 점령으로 목마른 군인들이라는 새로운 고객층이 생기자 1946년 도아주조는 위스키 제조 면허를 취득했다. "하지만 진짜 위스키를 만들지는 않았던 것 같아요. 비록 그때 식구들이 증류한 걸 마셔본 적은 없지만요."라고 아쿠토는 말한다. 그 후 수십 년 동안 회사는 블렌딩을 위해 스코틀랜드에서 위스키를 수입하기도 했다. 일본에서 몰트 스피릿을 증류하면 비용이 더 적게 들 것이라고 생각한 그의 아버지는 1983년에 현재 하뉴 증류소로 알려진 곳에 제대로 된 팟 스틸을 설치했다. 좋은 위스키였지만 불운이 뒤따랐다.

이듬해 위스키 소비량이 처음으로 감소하기 시작했고 그 이듬해인 1985년에는 미국 달러의 가치를 떨어뜨리기 위한 플라자 협정이 체결되었다. 1980년대 초, 미국 달러는 엔화보다 빠르게 절상되어 일본 기업들이 큰 이득을 보았다. 플라자 협정이 효과를 발휘해 달러화 가치가 절반으로 떨어졌다. 그러나 이듬해 엔화 가치가 급등하면서 도아주조에서 직접 증류하는 것이 스카치 스피릿을 수입하는 것보다 더 비쌌다. 그 후 10년이 채 지나지 않아 일본의

증류소에서 일하며 위스키 제조법을 배웠다. 아쿠토는 말한다. "아버지에게서 위스키 제조에 대한 조언은 전혀 듣지 못했어요. 내가 배운 것은 대부분 증류소 현장에서 일하는 사람들이 가르쳐준 것이죠." 하지만 회사의 수익은 나아지지 않았고 일본 위스키 사업은 바닥을 쳤다. 전망이 너무 어두워서 도아주조는 결국 매각되었는데, 회사의 새 주인은 위스키 제조에 관심이 없었다. 2004년 5월, 회사는 인수되었다. "서로 의견이 맞지 않아서 회사를 떠났죠."라고 그는 말한다. 그해 9월, 아쿠토는 벤처 위스키를 설립했다.

도아주조의 새 주인은 하뉴 위스키 캐스크에는 관심조차 없어 보였다. 아쿠토는 아직 관련 면허가 없었기 때문에 1765년에 설립된 사케 및 쇼추 제조업체인 사사노카와주조笹の川酒造가 아쿠토를 대신해 2004년에 하뉴 위스키 재고를 매입해 몰트 위스키 캐스크를 보관해주었다. "위스키를 진심으로 좋아하고 잘 아는 사람들이 아버지의 위스키에 대해 어떻게 생각하는지 궁금해서 이듬해 봄 도쿄의 유명 위스키 바에 한 병을 가져갔어요."라고 아쿠토는 말한다. 이때 클래식 위스키와 희귀한 위스키를 잔뜩 구비한 유명한 바 헬름

즈데일의 바텐더가 깊은 인상을 받았다면서 다른 바에도 소개해주겠다고 제안했다. "그때까지 누구도 아버지의 위스키를 칭찬하는 말을 들어본 적이 없었어요. 너무 행복했죠." 하지만 아쿠토는 거기서 멈추지 않았다. 그는 자신의 증류소를 설립하기 위해 1년 동안 밤마다 도쿄의 술집을 돌아다니며 아버지의 위스키에 관심을 갖도록 만들었다. 광고가 왕인 일본에서 아쿠토는 고급 위스키 마케팅에 전력투구했다.

2008년, 주류 관련 면허를 취득한 아쿠토는 하뉴 증류소의 위스키가 담긴 귀중한 캐스크를 사사노카와주조에서 다시 사들였다. 그 재고를 가지고 그는 지금까지 출시된 일본 위스키 중 가장 가치 있는 위스키를 생산했다. 2015년, 아쿠토가 선별해 개별 병입한 하뉴 위스키 54세트는 홍콩 경매에서 미화 약 49만 달러에 팔렸는데, 이는 일본 위스키 품목 중 역대 최고가였다. 아쿠토는 '미친' 가격이라고 말한다. 도아주조의 새 주인이 그 하뉴 위스키를 썩혀두었다면 어땠을지 상상해보라!

이처럼 세계적인 찬사를 받자 도아주조의 새 주인은 그제야 위스키에 관심을 보이며 스코틀랜드산 수입 몰트로 만든 골든 호스Golden Horse 블렌드를 출시했다. 이전 하뉴 증류소의 흔적은 거의 남아 있지 않았다. 하뉴 시설의 스틸 중 하나인 워시 스틸은 벤처 위스키 지치부 증류소 앞에 자리 잡고 있어 이 젊은 제조업체가 가진 유산을 상기시켜준다. 나머지 스피릿 스틸 하나는 그의 친척이 운영하는 사케와 주류 제조업체인 지치부 기쿠스이주조菊水酒造로 넘어갔는데, 그곳에서 쇼추 스틸로 용도가 변경되어 2014년에야 증류를 시작했다.

벤처 위스키의 탄생

벤처 위스키의 증류소가 시골에 있는 것과 대조적으로 벤처 위스키의 사무실은 기업 오피스 파크에 있다. 길 건너편에는 데이터 보안 회사가 있는데, 이 증류소의 벤처 기업다운 특성을 고려할 때 적절해 보인다.

"내가 처음 증류소를 설립한다고 이야기했을 때 바텐더들이 격려해주었어요. 그들은 대형 증류소만 있는 것보다 다양한 일본 위스키 증류소가 늘어나면 재미있을 거라고 생각했죠."라고 아쿠토는 말한다. 반면 은행들은 위스키 판매가 부진한 일본에서 왜 굳이 증류소를 설립하려고 하는지 의아해했다. 아쿠토는 국내 상황은 좋지 않지만 싱글 몰트 판매량은 세계적으로 증가하고 있으며, 전 세계에서 판매되는 위스키를 만들고 싶다고 어필했다.

벤처 자금이 확보되자 2007년 7월 증

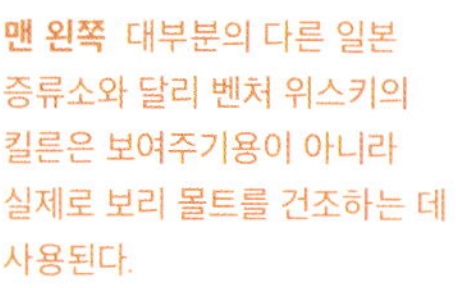

맨 왼쪽 대부분의 다른 일본 증류소와 달리 벤처 위스키의 킬른은 보여주기용이 아니라 실제로 보리 몰트를 건조하는 데 사용된다.

왼쪽 보리를 발아하려면 플로어 몰팅을 하는 동안 13~16℃의 온도를 유지해야 한다.

가운데 맨 왼쪽 플로어 몰팅 과정을 거친 일본산 보리에서 싹이 난 모습.

왼쪽 보리를 몰팅하려면 몰트스터가 몰트를 손으로 계속 뒤집어줘야 한다. 이 반복 작업으로 인해 과거에는 부상이 잦았다. 요즘 대형 상업용 몰트 제조업체에서는 거대한 회전 드럼에서 몰트를 뒤집는다.

아래 왼쪽 지치부의 당화조는 크기가 작아서 기계 대신 손으로 워트를 저어준다. 당화조의 뚜껑은 가키시부로 코팅되어 있다(자세한 내용은 41쪽 참조).

류소 기공식을 열었는데, 이때 일본에서 건물을 지을 때마다 흔히 행해지는 신도교 정화 의식이 거행됐다. 공사는 그해 연말에 완료되었다. "그때 '행복하냐'는 질문을 받았는데, 행복하다기보다는 현실이 되었다는 느낌이었어요. 행복한 느낌보다는 쉽지 않을 것이라는 인식이 더 컸죠." 3년 후, 지치부 증류소는 첫 위스키를 출시했다.

"내가 마셔본 3년 숙성 스카치 위스키는 대부분 숙성이 더 필요한 것처럼 느껴졌습니다. 하지만 3년밖에 안 된 우리 회사의 첫 위스키를 마셔보니 그 위스키들과 다르다는 생각이 들었어요. 사람들이 즐길 수 있을 것 같았죠." 지치부 증류소는 '이치로스 몰트 지치부 더 퍼스트 Ichiro's Malt Chichibu The First'를 출시했는데, 단 하루 만에 7400병이 모두 팔렸다. 이것이 벤처 위스키의 시작이었다.

지치부만의 방식

다른 일본 증류소와 달리 지치부 증류소의 탑은 단순히 보여주기 위한 용도가 아

니다. 이 탑은 보리 몰트를 건조하는 킬른을 위한 환기탑이다. 증류소 건너편에는 증류소 직원들이 위스키에 들어갈 소량의 일본 보리를 몰팅하는 몰팅 플로어가 있다. 브랜드 매니저 요시카와 유미는 "증류소를 가로질러 보리 몰트를 운반하기가 조금 힘들어서 플로어를 킬른에 더 가깝게 배치해야 했어요."라고 말한다. 보리를 몰팅하는 작업은 전통적인 방식이 가

장 힘들고 시간이 많이 걸리기 때문이다. 하지만 대부분의 위스키는 수입산 보리 몰트로 만들어진다.

요시카와는 "이곳은 '크래프트craft'를 표방하는 증류소가 아니에요. 전통적이죠. 지치부의 이념은 '전통으로의 회귀'입니다."라고 재빨리 설명한다. 크래프트와 전통을 구분하는 것은 미묘한 차이일 수 있지만, 이곳은 젊은 증류소임에도 전통과 계보를 잇는다는 의식이 분명하다. 이를 위해 아쿠토는 증류소 직원들을 정기적으로 스코틀랜드로 보내 캠벨타운의 스프링뱅크 증류소 같은 곳에서 일하며 경험을 쌓게 한다.

증류소 안에서는 오쿠야마 다로가 매싱 직업을 하고 있다. 오구아마의 나이는

위 이곳은 미즈나라 워시백을 발효에 사용하는 유일한 증류소이다.

위 오른쪽 지치부에서 발효하는 워시는 거품이 많이 나는데, 사케와 같은 우아한 아로마를 풍긴다.

왼쪽 증류사가 증류액의 하트를 찾는 동안 시음용 샘플이 담긴 잔이 스피릿 세이프에 줄지어 놓인다.

아래 지치부에서는 증류사들이 증류 과정을 추적하기 위해 시간과 온도를 기록한다. 또한 맛과 후각에 의존해 컷을 결정한다.

오른쪽 사람의 코는 증류액을 검사할 수 있는 가장 강력한 도구 중 하나이다. 증류 초기에는 휘발성 화합물이 너무 많아서 위스키로 만들기에 적합하지 않다. 증류 과정에서 하트 부분만 캐스크에 담아 숙성하고, 나머지 증류액은 다시 모아 다음 증류에 재사용하기 위해 다시 걸러진다.

23세로 젊은 편이지만, 직원들의 평균 연령이 30세인 지치부 증류소에서는 그리 놀라운 일도 아니다. 오쿠야마는 분쇄한 몰트를 뜨거운 물에 담가두고 시간을 확인한다. 탱크를 덮고 있는 나무 뚜껑은 감타닌의 즙인 가키시부로 표면이 코팅되어 갈색이 감도는 오렌지색을 띤다. 이것은 일본 사케 양조장에서 나무를 방수 처리할 때 흔히 쓰는 방식이다. 오쿠야마는 시계를 다시 한번 확인하고 대형 나무 주걱을 집어든다. 주걱의 긴 막대 가운데 부분을 손가락으로 잡고 오른손으로 균형을 유지한 채 천천히 저어준다. 대부분의 증류소에서는 이 작업을 손으로 하지 않고 기계장치를 사용하지만, 지치부는 탱크가 매우 작아 수작업이 가능하다.

부드럽고 우아한 아로마가 공기를 가득 채운다. 사케 양조장에서나 날 법한 은은한 탄산감이 느껴지는 향이다. 위스키 업계에서는 보기 드문 미즈나라 워시백이 가득 차 있다. 사다리를 타고 올라가서 안을 들여다보면 표면은 하얗고 폭신한 거품으로 덮여 있다. 위쪽에는 날개가 회전하며 거품이 넘치는 것을 막는다. 발효 첫날이다. 둘째 날에는 사과, 파인애플, 파파야 같은 과일 향으로 바뀐다. 셋째 날에는 요거트와 멜론 향이 난다.

발효 탱크 반대편에는 납작한 양파 모양의 팟 스틸 두 대가 있다. 문에는 '스코틀랜드'라고 자랑스럽게 적혀 있다. 현재 증류 작업 중인 오쿠야마는 언제 컷을 해야 하는지 확인하기 위해 스피릿 세이프의 온도계를 유심히 들여다보고 있다. 그 옆에는 아쿠토가 서 있고, 20대로 보이는 세 남자가 아쿠토를 바라보고 있다. 공장에서 흔히 볼 수 있는 일본식 작업복인 '사교후쿠作業服'를 입은 이들은 하뉴의 몰트 위스키를 지켜내는 데 도움을 준 사사노카와주조에서 온 사람들이다.

세 남자 중 한 명이 "우리 회사도 위스키를 증류하지만, 우리가 생산하는 위스키를 개선하는 방법을 배우고 싶어서 왔습니다."라고 말한다. 오쿠야마가 스피릿 세이프를 열고 샘플을 유리잔에 담아 임시 테이블 위에 올려놓고, 유리잔 바닥에 마커로 샘플을 채취한 정확한 시간을 적는다. 그동안 세 사람은 열심히 메모를 한다. 오쿠야마는 새로운 위스키를 만들기 위해 하트를 찾는데 집중하고 있다. 오전 9시 16분, 위스키의 맛은 좋지만 여전히 원치 않는 노트가 남아 있다. 오전 9시 17분에는 더 나아졌다. 오전 9시 18분, 마침내 하트를 찾아냈다. 아쿠토가 고개를 끄덕이며 오케이 사인을 보내면 증류사가 컷을 하고 위스키의 흐름을 전환한다. 이것이 바로 배럴에 들어가 '이치로스 몰트'가 될 스피릿이다. 사교후쿠 차림의 세 방문객은 헤드와 하트 샘플을 직접 비교하며 메모를 한다.

스틸 뒤쪽 벽에는 작은 신사인 가미다나가 있다. 가미다나는 눈높이에 놓아서는 안 되기 때문에 높이 매달려 있다. 신사 안에는 신성한 구역을 표시하는 데 사용되는 신도교 금줄인 시메나와가 있고 투명한 액체가 담긴 유리잔이 있다. 이것은 신인 가미에게 바치는 제물이다. 요시카와는 "이건 사실 물입니다. 신이 너무 취하면 곤란하니까요."라고 농담을 건넨다. 이런 가

미다나는 사케 양조장에서 흔히 볼 수 있는 것으로, 참배와 제물을 위한 작은 공간이 마련된다. 요시카와는 "이는 좋은 위스

맨 위 지치부 신사에서 온 이 스티커는 차량의 '교통 안전'을 기원하는 표지이다. 증류소 지게차에도 붙어 있다.

왼쪽 위 쿠퍼인 나가에 겐타는 캐스크 제작뿐만 아니라 지치부의 창고에서 캐스크를 쌓고 옮기는 작업도 한다.

왼쪽 홋카이도산 미즈나라 원목을 쪼개기 전에 앞마당에서 자연 건조하는 중이다. 뒤쪽 건물은 벤처 위스키의 최신 숙성 창고이다. 이 창고는 열을 흡수해 숙성 속도를 높이기 위해 어두운 색으로 칠해졌다.

키를 위한 것이라기보다 증류소를 보호하고 작업자의 안전을 위한 것입니다."라고 말한다.

벤처 위스키의 창고

창고 내부는 시원하고 쾌적하다. 오크와 캐러멜 향이 공기 중에 가득하다. 지치부의 모든 창고와 마찬가지로 흙바닥에 캐스크를 3~4단 쌓아올린 더니지 스타일이다. 캐스크의 절반 이상은 버번 배럴이고, 나머지는 펀천, 포트 파이프*, 호그스헤드, 셰리 벗, 럼, 코냑, 와인 캐스크 등 온갖 캐스크가 즐비하다. 지치부만의 오리지널 캐스크도 있다. 쿠퍼 니가에 겐다는 작

은 캐스크를 가리키며 말한다. "이건 위스키를 더 빨리 숙성하는 데 사용하는 '지비다루ちび樽'예요. 그래서 더 빨리 숙성하기 위해 네번째 층에 올려놓습니다." '지비다루'는 말 그대로 '작은 통'이라는 뜻으로, 용량은 약 130리터(34갤런)이며 쿼터 캐스크(표준의 1/4 용량)와 가장 비슷하다.

날씨가 따뜻해지자 창고에서는 나무가 팽창하며 삐걱거리는 소리가 들린다. 나가에는 여러 개의 캐스크를 꺼내기 시작한다. 목표한 캐스크를 옮기려면 주변의 모든 통을 움직여야 한다. 특히 혼자서 250kg의 캐스크를 움직여 2단 판자를 따라 토요다 지게차로 옮기는 작업이 힘들고

일본 위스키 바 '키스'에서 한 잔 더

"2006년에 모든 것이 바뀌었어요."라고 바 키스Keith의 야마모토 데루히코는 말한다. "일본 위스키가 내 평생의 업이 될 것이라는 사실을 깨달았죠." 그가 운영하는 오사카의 바에서는 주로 스카치와 버번을 제공했는데, 점차 일본 위스키로 중심을 옮겨갔다. 2012년에는 화이트 라벨 지치부 블렌드를 하우스 위스키로 선보이기 시작했다. 오늘날 이곳은 일본 내 몇 안 되는 일본 위스키 전문 바 중 하나가 되었다. 일본에는 일본 위스키 컬렉션을 폭넓게 갖춘 월드 위스키 바도 있고, 닛카 바나 산토리 바처럼 특정 브랜드를 전문으로 취급하는 바도 있지만, 일본 위스키에만 집중하는 바는 손에 꼽을 정도이다.

야마모토는 말한다. "특히 지치부는 나에게 큰 영향을 미쳤어요. 바텐더로서 인상 깊었던 건, 이치로 씨(아쿠토 이치로)가 증류소를 세우기 전부터 수많은 바를 직접 찾아다니며 관계를 쌓고 자신의 위스키를 선보였다는 점이었습니다. 그렇게 결국 증류소를 세웠을 뿐만 아니라 이토록 훌륭한 위스키까지 만들어냈죠. 일본인으로서 무척 자랑스럽습니다."

바 키스의 벽에는 여전히 잭 다니엘과 아드벡 표지판이 걸려 있고, 예전의 조니 워커도 몇 병 남아 있다. 그 사이로 벤처 위스키 포스터가 여기저기 붙어 있고, 진열대에는 거의 일본 위스키만 진열되어 있다. 최근에는 현지 술을 마시고 싶어서 이 바를 찾는 관광객이 급증했다. "일본 인구가 감소하고 있기 때문에 일본 위스키의 미래는 의심힐 여지없이 해외에 있습니다."라고 그는 말한다.

일본의 위스키 전통은 이제 갓 100년이 넘었고 위스키의 많은 이야기가 아직 기록되지 않았다. "나는 항상 사람들에게 가루이자와나 하뉴처럼 더 이상 구할 수 없는 오래된 위스키를 마시지 못한다고 아쉬워하지 말라고 말합니다. 훌륭한 위스키는 늘 등장하게 마련이니까요." 야마모토는 이렇게 말하며 지치부는 점점 더 좋아지고 있고 새로운 증류소가 점점 더 늘어나는 추세라고 덧붙인다. "스카치 위스키가 오랜 전통을 가지고 있다면, 지금 일본 위스키는 완전히 새로운 장으로 들어서는 느낌입니다. 우리는 위스키의 역사가 만들어지는 장면을 눈앞에서 보고 있는 거죠."

왼쪽 위 이 미즈나라 통나무는 위스키 업계에서
가장 까다롭고 탐나는 캐스크가 된다.

위 도끼로 미즈나라를 쪼개면 결이 손상되지 않아서
캐스크의 누수가 줄어든다.

까다로운데, 지게차 뒷면에는 신도교 사제가 차량의 안전을 기원하며 축복했다는 스티커가 붙어 있다. 캐스크를 내리는 일은 신중하게 계산된 작업이자 육체적으로 힘든 노동이다. 나가에는 서두르지 않는다. 팰릿 위에 있는 캐스크를 신중하게 움직여 나무판자 위로 살며시 올린 뒤 천천히 바닥으로 내린다. 마지막으로 판자를 빼내고 캐스크를 창고 바닥으로 굴려보낸다.

지치부의 쿠퍼들

36세의 나가에는 "나는 이곳 쿠퍼 중에 나이가 많은 축이에요."라고 말한다. 12년 동안 가고시마의 쇼추 증류소인 사쓰마주조에서 쿠퍼로 일했던 그는 지치부 증류소의 구인 소식을 듣고 짐을 싸서 예고 없이 일자리를 구하러 찾아왔다. "쇼추 증류소에서는 배럴을 수리하는 일만 했는데, 이곳에서 새 캐스크를 만들려고 한다는 이야기를 들었습니다. 따라서 이곳에 취직하면 쿠퍼로서 제 기술을 넓힐 수 있을 거라고 생각했죠."

나가에는 일본 최고의 서양식 쿠퍼의 전통을 이어받은 사람이다. 사쓰마주조에서 캐스크를 다룰 때 나가에의 사수는 이전에 닛카에서 수십 년간 쿠퍼로 일했던 하야사카 히로쓰구였다. 하야사카의 스승은 다케쓰루 마사타카가 닛카를 설립할 때 직접 발탁한 캐스크 장인 고마쓰자키 요시로 밑에서 제자로 일했던 사사키 료이치였다. 이 도제 제도를 통해 닛카의 첫번째 전설적인 캐스크 장인부터 바로 이곳 지치부에까지 직계가 이어져 내려온다.

증류소 본관에서 길을 따라 내려가면 쿠퍼리지가 있고, 옆에는 새 숙성 창고가 있다. 창고 중 하나는 검은색으로 칠해져 있다. "숙성 속도를 높이기 위해서 그렇게 칠한 겁니다."라고 나가에는 말한다. 쿠퍼리지 내부에서는 나무 냄새, 그을음 냄새, 금속 냄새가 난다. 이곳의 오래된 캐스크 제조 기계들은 하뉴 증류소에서 캐스크를 수선하던 쿠퍼리지인 마루S('동그라미 S'라는 뜻으로 S는 '사이토'를 의미한다)의 대표이자 마스터 쿠퍼인 사이토 미쓰오에게서 구입한 것이다.

"1960년대 후반 하뉴로 이주했을 때만 해도 그곳에 증류소가 있는지 몰랐습니다." 사이토의 말이다. 그는 자신의 우수한 캐스크를 닛카와 와인 및 쇼추 제조업체에 판매했다. 하뉴 출신인 아내와 함께 고향으로 이사한 사이토는 넓은 부지에 새 쿠퍼리지를 열었다. 사이토는 "길을 가다가 앞에 캐스크가 쌓여 있는 건물을 보았어요. 그때 하뉴에서 위스키를 만든다는 사실을 알게 되었죠."라고 말한다. 그는 하뉴를 위해 새 캐스크를 만든 기억은 없고 대부분 버번 배럴과 일부 셰리 캐스크를 수선했다고 말한다. 이제 90대의 나이에 접어든 사이토는 공구를 내려놓고 도쿄에서 살지만, 그가 설계하고 제작했던 오래된 장비 중 일부는 여전히 지치부에서 사용된다. 이러한 혁신 정신은 오늘날 벤처 위스키에도 그대로 이어져, 이 증류소는 나무를 더 잘 쪼개고 새지 않는 미즈나라 캐스크를 민들기 위해 새로운 캐스크 제

위 오래된 하뉴 증류소의 워시 스틸이 지치부 증류소 앞에 전시되어 있지만, 사진 속 스피릿 스틸은 쇼추 증류에 쓰이면서 제2의 삶을 산다.

아래 벤처 위스키 사무실 바로 옆에 심어진 미즈나라는 앞으로 150년은 캐스크에 쓰일 수 없을 것이다. 150년 후가 되어도 지치부의 기온 때문에 양질의 캐스크가 될 만큼 나뭇결이 촘촘하지 않을지도 모른다. 하지만 그게 중요한 것은 아니다. 이 나무들은 작은 증류소의 큰 꿈을 상징한다.

조 기계와 기술을 개발하고 있다.

나가에가 후프를 망치로 두드려 오래된 캐스크에 고정한다. 창고 전체에 탕, 탕, 탕 소리가 울려 퍼진다. 대형 위스키 제조업체가 현장에서 캐스크를 만드는 경우는 드물고 통나무로 직접 캐스크를 만드는 경우는 더더욱 드물다. 예를 들어, 아리아케 산업에서는 미리 절단한 일본 오크를 팰릿에 실어 홋카이도에서 직접 들여온다. 캐스크로 만들 준비가 된 상태로 도착하는 것이다. 지치부에서는 이 작업을 현장에서 진행한다. 쿠퍼 앞에는 홋카이도에서 가져온 미즈나라 통나무가 줄지어 놓여 있다. 나가에가 그중 하나를 집어 쿠퍼리지로 옮긴다. 그는 도끼날을 장착해 목재 절단용으로 개조한 후프 기계 아래에 통나무를 세운다. 도끼날이 나뭇결을 따라 미즈나라를 쪼개고, 분리된 조각을 더 작은 조각으로 나눈다. 그런 다음 작업하기 쉽도록 한 번 더 잘라 귀중한 미즈나라 캐스크의 스테이브로 만든다. 이 모든 과정은 미즈나라 특유의 심한 누수를 줄이기 위해 나뭇결을 따라 이루어진다.

하지만 갓 자른 스테이브를 곧장 캐스크를 만드는 데 쓸 수는 없다. 먼저 나무의 수분을 줄이기 위해 야외에서 건조해야 한다. 지치부에서는 미즈나라를 3년간 건조하지만, 그 기간이 지나도 나무의 수분은 18%에 달한다. 그래서 킬른에서 건조를 마무리해 나무가 가공하기 쉬우면서도 더 이상 수축하지 않는 목표치인 15%까지 수분을 낮춘다. 일반적으로 야외에서 자연 건조하면 스테이브의 좋지 않은 풍미를 천천히 완화해주므로 그 방식이 바람직하다고 여겨진다. 하지만 미즈나라를 캐스크 제작에 사용할 수 있으려면 시간이 너무 오래 걸리기 때문에 지치부는 킬른 건조 테스트를 진행하고 있다.

위스키의 세계에서 이 새로운 나무는 이제 막 그 여정이 시작되었다. 나가에가 자신이 만든 캐스크를 바라보며 말한다. "내가 죽은 후에도 이 캐스크는 여전히 곁에 있을 겁니다. 앞으로 50~80년은 더 사용할 수 있을 거예요. 캐스크를 만드는 동안 늘 그 점을 생각합니다."

일본 위스키의 차세대 생산자들

몇 년간 이어진 침체를 지나 일본 위스키 사업은 성장하고 있다. "그렇습니다. 일본 위스키 붐이 일어나고 있어요." 지치부의 리셉션 공간에서 커피를 한 모금 마시며 아쿠토가 말한다. "하지만 그보다는 사람들이 일본 위스키를 재평가하고 있다고 봐야죠."

일본 전역에서 새로운 증류소들이 문을 열면서 새로운 세대가 위스키 제조 기술을 배우고 있다. "매년 젊은이들이 위스키를 만들고 싶다며 이곳을 찾아오죠."라고 아쿠토는 말한다. 물론 그들 모두를 고용할 수는 없지만, 지금처럼 일본 젊은이들이 위스키에 대해 품은 열정이 뜨거웠던 적은 없다.

보통 신입 사원을 사무실에 배치하는 대형 위스키 제조업체와 달리 벤처 위스키는 증류소 현장에 배치해 위스키 제조법을 배울 수 있는 기회를 준다. 사사노카와주조의 직원 세 명이 지치부 직원을 따라다니며 작업 과정을 관찰하고 메모하며 자신이 맡은 공정을 개선하기 위해 노력한 것처럼 다른 증류소에서 온 사람들에게도 이러한 기회가 주어진다.

"산토리에서 근무할 때 공식 사사社史를 보았는데, 다케쓰루에 대해 전혀 언급되지 않았던 것이 기억납니다."라고 아쿠토는 말한다. 그는 일본 위스키 산업이 과거의 치열한 경쟁 관계에 기반해 각 기업이 경쟁사를 없애버리려는 듯한 모습을 보이는 것을 원하지 않는다. 오히려 스코틀랜드처럼 증류소들이 서로 협력하기를 희망한다.

아쿠토는 말한다. "일본에서 새로운 증류소가 문을 열면 일본 위스키 업계에 좋은 일이에요. 사람들이 일본 위스키에 관심이 있다는 뜻이니까요. 더 많은 증류소가 문을 열면 사람들이 위스키를 선택할 수 있는 폭이 더 넓어집니다. 다른 소규모 증류소들도 좋은 제품을 만들었으면 좋겠어요. 그러면 우리 모두에게 도움이 될 것입니다."

벤처 위스키 15종 가와사키 유지

지치부 위스키는 아직 증류소 고유의 특성을 갖지 못했다고 알려져 있지만, 이는 사실이 아니다. 이 증류소는 매우 훌륭한 위스키를 만들 뿐만 아니라 새로운 것을 실험하고 시도하는 것을 두려워하지 않는 폭넓은 스펙트럼으로 유명하다. 이러한 점들이 지치부 위스키의 특징이다.

아스타 모리스 지치부 이치로스 몰트 Asta Morris Chichibu Ichiro's Malt 5년(2010~2016) 78/100

벨기에의 독립 병입업자인 아스타 모리스를 위한 지치부 위스키이다. 달콤한 부케가 직설적이지만 복잡하지 않고, 첫인상에서 약간의 다크 초콜릿 뉘앙스가 느껴진다. 품위 있는 스타일이다. 해변의 나무 테이블에 앉아 대형견을 곁에 두고 손가락으로 리듬을 타면서 즐기는 주말의 한잔으로 제격이다.

이치로스 몰트 앤드 그레인 85/100

라벨에는 '월드 블렌디드'라고 적혀 있다. 가격 면에서는 벤처 위스키의 엔트리급 제품이지만 꽤 훌륭하다. 아침 해변의 공기와 망고, 딸기, 바나나의 맛이 느껴지며 달콤하고 나른한 피니시로 이어진다.

이치로스 몰트 앤드 그레인 프리미엄 87/100

2012년에 처음 출시된 벤처 위스키 '월드 블렌디드'의 더 비싼 블랙 라벨 버전이다. 스토브 위 냄비에서 끓이는 따뜻한 딸기잼 냄새, 뒤이어 사과 노트가 뚜렷하다. 이 블렌드는 상쾌한 초여름날의 깨끗한 리넨처럼, 골프 라운드처럼 천천히 달아오른다. 로스트 비프와 같은 맛 좋은 고기를 우아한 석양과 함께 즐기고 싶은 욕구를 불러일으킨다.

이치로스 몰트 지치부 지비다루 86/100

'지비다루'는 말 그대로 '작은 통'이라는 뜻으로 지치부에서 사용하는 쿼터 캐스크를 가리킨다. 잔에 코를 갖다 대면 꿀과 딸기가, 그리고 나서는 산미 섞인 스모크가 나타난다. 나무 탁자 위에 일렬로 놓인 무화과, 호두, 아몬드의 풍미가 인상적이다. 입에 닿는 순간 날카로운 노트가 이내 기분 좋은 청량한 스파이스로 발전한다. 강렬하거나 웅장한 위스키는 아니지만 깊이가 있다.

이치로스 몰트 지치부 포for HBA 82/100

2010년에 증류해 2016년에 병입한 이 독점 한정판(328병만 출시!)은 일본호텔바텐더협회HBA를 위해 만들어졌다. 바나나, 머스캣 포도, 망고, 심지어 리소토까지 느껴진다. 알코올 도수 59.5%로 병입된 이 위스키에서는 강한 알코올 노트가 불안정하게 서성이다가 간신히 균형을 이룬다. 처음에는 알코올이 튀어나오지만 서서히 차분해진다. 활기찬 요소는 정제되고, 정제된 요소는 다시 활기를 띤다. 완성된 위스

아스타 모리스 지치부 이치로스 몰트 5년

이치로스 몰트 앤드 그레인

키이면서도 여전히 진행 중인 작품 같아서 흥미롭다. 유동적인 중간 단계의 경험을 음미할 수 있는 기회를 선사한다.

이치로스 몰트 지치부 뉴본Newborn 버번 배럴 4개월 87/100

벤처 위스키의 초창기인 2008년의 아주 아주 젊은 결과물이다. 버번 배럴에서 4개월 숙성된 게 전부여서 이후 32개월간은 '위스키'라고 부를 수 없었다. 그렇지만 이 대단한 한정판은 지치부의 초기 증류액을 보여주는 매력적인 타임캡슐이다. 첫인상은 전분을 당분으로 바꾸어 만든 투명하고 끈적끈적한 감미료인 미즈아메(말 그대로 '물사탕')의 소박한 단맛이다. 별이 빛나는 밤을 연상시킬 만큼 맑다. 그러다 무뚝뚝한 감칠맛 풍미 뒤에 숨어 있던 꽃이 피어난다. 피니시는 뜨겁고 묵직하다.

이치로스 몰트 지치부 뉴본 뉴 호그스헤드New Hogshead 6개월 84/100

2008년에 증류된 이 위스키는 미국산 화이트 오크로 만든 새로운 호그스헤드 캐스크에서 단 6개월간 숙성되었다. 이 새로운 스피릿은 아직 위스키로 분류되지는 않았지만 증류소가 첫 3년 숙성 위스키를 향해 어떻게 발전해가는지를 보여주기 위해 병입되었다. 장인의 정확한 사양에 따라 특별히 제작된 가구처럼, 이 위스키에 들어간 노력을 느낄 수 있다. 하지만 이 술은 큰 소리로 경적을 울리며 등장하지는 않는다. 그저 부드럽게 열리며 당신이 이 경험을 음미하기를 기다린다. 그리고 새 식탁처럼 시간이 지나면 이 신상품도 더 많은 질감을 갖게 될 것 같다. 하지만 현재로서는 여전히 갓 만들어진 듯 신선한 조합으로, 벤처 위스키의 장인 정신을 맛볼

이치로스 몰트 지치부 지비다루

수 있는 경험을 제공한다.

이치로스 몰트 지치부 포트 파이프Port Pipe 80/100

잔을 기울여 코를 가까이 가져가면 먼저 도수 높은 브랜디와 새콤한 포트와인의 향이 느껴진다. 그다음 생강과 스파이시한 캐스크 노트가 이어진다. 더 깊게 들어가면 덜 익은 감과 생크림 속 럼주에 절인 건포도를 드러낸다. 캐스크 스트렝스 54.5%로 병입되어 강한 알코올이 뜨겁게 느껴지지만, 그 안에는 으깬 건포도와 레몬이 있다. 이 위스키는 캐스크의 풍미도 분명하지만, 밸런스를 위협할 정도로 스파이스를 고집스럽게 밀어붙인다. 모든 것이 붕괴되기 직전인 것 같다. 그 스파이스들이 하루 휴무였다면 더 즐거웠을 텐데.

이치로스 몰트 지치부 위스키 페스티벌 2017 89/100

매년 2월 벤처 위스키는 지치부 신사에서 페스티벌을 개최하는데, 점점 더 많은 사람이 참가하고 있다. 2017년에는 3000여 명이 찾아왔다! 이 축제를 위해 벤처 위스키는 293병만을 병입했고, 추첨을 통해 구

이치로스 몰트 지치부 포트 파이프

입할 기회를 제공했다. 2017년에 병입한 이 희귀한 위스키는 피노 셰리 호그스헤드 캐스크에서 6년간 숙성되었다. 그 결과 명료하고 깊고 우아한 최고의 아로마가 완성되었다. 향은 피아노의 흑백 건반처럼 질서 있게 배열되어 있다. 하지만 배경에는 봄의 들판 같은 흙내음이 깔려 있다. 팔레트에서는 스파이시한 노트가 독주를 선보이고, 소박한 오케스트라가 멜로디를 따라간다. 가볍고 경쾌하지만 심오하다.

이치로스 몰트 지치부 X 구스다Kusuda 2015년 병입 65/100

메이드 인 재팬 위스키와 메이드 인 뉴질랜드 와인의 만남. 물론 '이치로'는 지치부 증류소의 설립자 아쿠토 이치로를 뜻한다. '구스다'는 법학을 전공하고 뉴질랜드로 건너가 자신의 포도원을 설립한 후 뉴질랜드의 떠오르는 와인 제조업자가 된 구스다 히로유키이다. 그러니 구스다의 훌륭한 와인을 담았던 캐스크에서 이치로의 훌륭한 위스키를 숙성하면 당연히 성공할 수밖에 없지 않을까? 이번엔 그렇지 못했다. 이 위스키는 조금 과한 느낌이다. 강한 와인 노트와 함께 짙은 노란색 난초 향이 느껴진

다. 하지만 팔레트에서 위스키는 편히 자리 잡지 못하고 전속력으로 계속 달린다. 위스키가 지치고 당신도 지칠 때까지.

이치로스 몰트 지치부 조이트로프
반자이Banzai 8주년 89/100

도쿄 위스키 바 조이트로프의 8주년 기념 스페셜 병입으로, 일반 매장에서는 찾아볼 수 없다. 2009년에 증류해 버번 배럴에서 숙성한 이 위스키는 가장 먼저 건포도가 훅 느껴진 뒤 다소 떫은 노트가 이어진다. 크고 청량한 펀치감이 있다. 브랜디에서 느낄 수 있는 단맛이 있지만 매우 공격적이다! 바로 그 점이 이 위스키를 흥미롭게 만든다. 반항적이지만 여전히 어른스럽다.

이치로스 몰트 더블 디스틸러리스
Double Distilleries 88/100

벤처 위스키 설립자 아쿠토 이치로의 아버지가 소유했던 하뉴 증류소와 지치부 증류소의 위스키를 블렌딩한 제품이다. 지배적인 아로마는 가을의 캠핑. 낙엽, 시원한 하늘, 따뜻한 재킷, 달콤한 솔방울, 말린 무화과를 떠올리게 한다. 산속의 이른 오후처럼 차분한 이 위스키는 놀랍도록 부드럽고 팔레트에서 다채롭게 발현된다. 위스키에서 흔히 맛볼 수 없는 풍미가 있어 티타임에 쿠키와 함께 마셔도 좋을 것 같다.

이치로스 몰트 파이브 오브
스페이즈Five of Spades 87/100

지치부에서 증류된 것은 아니지만 아쿠토 이치로가 그의 가족 사업체가 다른 사람에게 인수된 후 지켜낸 위스키 중 하나이다. 파이브 오브 스페이즈는 하뉴 증류소가 운영되던 마지막 해인 2000년에 증류되었지만, 2008년에 일본에서 흔히 접할

이치로스 몰트 더블 디스틸러리스

수 없는 60.5%의 도수로 병입되었다. 아쿠토는 이 트럼프 카드 시리즈로 54종의 위스키를 출시했다. 그렇다면 파이브 오브 스페이즈는 어떤가?

아로마가 피어오르며 오감을 가득 채운다. 마치 일본 시골의 고향집으로 돌아간 것 같은 기분이다. 다정한 꽃다발이 있고, 살짝 열린 문 너머로는 집 안의 식탁이 보인다. 그 위에는 포도와 배가 놓여 있다. 맛으로 보자면 비정제 흑설탕을 입힌 바삭한 과자인 가린토가 있고 스모크, 태운 곡물이 느껴지고 그 뒤를 홍차가 잇는다. 파이브 오브 스페이즈는 풀 바디로, 8년 숙성 위스키치고는 놀라울 정도로 부드럽게 시작하지만 스파이시한 피니시가 이어진다.

이치로스 몰트 MWR 83/100

MWR은 '미즈나라 우드 리저브Mizunara Wood Reserve'의 첫 글자를 딴 단어이다. 처음에는 맛있는 밥 냄새가 난다. 하지만 이것은 전기밥솥에서 나는 향이 아니라 야외에서 신선한 계곡물로 솥에 끓인 밥에서 나는 향이다. 배경에는 초콜릿도 약간 있나. 미즈나라 득유의 쌉쌀함이 풍미에

이치로스 몰트 MWR

서 쉽게 드러난다. 깊고 날카로운 쓴맛이 아니라 소금을 뿌려 구운 민물고기의 그을린 껍질처럼 미묘하고 우아하게 입안에 머문다. 쌉싸름한 맛의 독특한 조화가 정말 사랑스럽다.

이치로스 몰트 투 오브 클럽Two of Clubs
95/100

잘 재단된 실크 셔츠의 장점은 단정하고 정돈되어 있어도 제작자의 불타는 열정을 느낄 수 있다는 점이다. 그것은 부드러운 까다로움이다. 하뉴 위스키의 이치로 병입 제품도 마찬가지이다. 노즈는 완전히 매혹적이다. 마치 팔이 소매 속으로 들어가는 것처럼 편안하고 자연스러운 방식으로 당신과 하나가 된다. 아로마는 매우 복합적이어서 그 안에 모든 것이 담겨 있는 듯하다. 옷과 마찬가지로 당신이 이 위스키에 어떤 마음으로 다가서는지가 위스키가 당신에게 무엇을 건네는지만큼이나 중요하다. 하지만 피니시는 장인의 거친 손등처럼 의외로 강건하다. 정말 탁월한 위스키이다.

일본 위스키의 미래

보랏빛 야생화가 둘러싼 오래된 흙길을 따라가면 일본의 최신 위스키 제조업체 중 하나인 앗케시 증류소가 모습을 드러낸다. 이곳은 2016년에서 2018년 사이에 생산을 시작한 신생 증류소 중 하나이다. 홋카이도의 어촌 마을에 위치한 이곳은 일본 최북단 증류소는 아니지만(요이치가 여전히 그 명예를 차지하고 있다) 가장 동쪽에 있다. 항구에서는 짠내 섞인 바다 공기가 콧속을 가득 채운다. 증류소는 만이 내려다보이는 절벽 위에 자리해 차로 조금만 올라가면 나온다.

습지와 언덕이 있는 앗케시의 풍경은 스코틀랜드를 떠올리게 할지도 모른다. 그렇지 않다면 증류소 사무실 앞에서 일본 국기와 함께 나부끼는 스코틀랜드 깃발이 도움이 될 수 있겠다! "스코틀랜드에 비해 앗

케시는 더위와 추위의 온도 차이가 극심합니다."라고 이 증류소를 설립한 식품 회사인 켄텐실업堅展実業의 도이타 게이이치 사장은 이렇게 말한다. 기온이 영하 20°C까지 내려가는 겨울의 평균 기온은 영하 5°C이다. 여름에는 기온이 25°C를 넘지 않는다. 도이타는 이러한 극심한 온도 변화가 "독특한 숙성 환경"을 조성해 앗케시 위스키를 만들어낸다고 믿는다.

도이타는 2010년에 처음으로 위스키 제조를 시도했다. "원래 식품 사업을 하다가 몇 년 전부터 일본 위스키를 수출하기 시작했어요. 하지만 일본 위스키 붐이 폭발적으로 일어나면서 재고를 확보하기가 어려워졌죠. 그때부터 직접 위스키를 만들기로 마음먹었습니다." 2013년이 되어서야 사이타마에서 증류한 스피릿으로 네 개의

캐스크(버진 화이트 오크 캐스크 세 개, 세리 캐스크 한 개)를 채우고, 에이가시마주조에서 증류한 스피릿으로 네 개의 캐스크(중고 브랜디 캐스크 한 개, 세리 캐스크 한 개, 버진 화이트 오크 캐스크 두 개)를 채우는 첫 숙성 테스트에 착수했다. 2016년 가을, 공사가 완료되자 앗케시는 자체 스피릿을 증류하기 시작했다.

앗케시 증류소의 또 다른 특징은 피티드 증류를 많이 하고, 언피티드 증류는 제한적으로 진행한다는 점이다. 이런 생산 방식은 다수의 일본 증류소가 언피티드 몰트 위스키를 기본 라인으로 삼고 피티드 증류를 간헐적으로 하는 것과는 반대되는 방식이다.

현지화를 위한 시도

"현지 피트도 부족하지 않습니다. 현재 홋카이도 피트와 스코틀랜드 피트의 차이점을 연구하고 있어요. 식생이 같지 않으니 맛에도 상당한 차이가 있을 것으로 보입니다." 도이타의 설명이다. 수십 년 전 일본산 보리를 사용하던 시절에는 홋카이도 피트로 몰트를 건조했다. 다케쓰루 마사타카가 증류소를 차릴 때 홋카이도를 선택한 이유 중 하나도 바로 이 피트의 가용성이었다.

앗케시는 다른 증류소의 위스키를 먼저 시험 삼아 숙성시켰다. 캐스크의 '에이가시마 증류소'는 에이가시마주조의 화이트 오크 증류소를 의미하며, '아라사이드'는 사이타마에 본사를 둔 유명 위스키 제조업체(벤처 위스키 / 지치부 이전 시절)의 브랜드 이름이다.

앗케시 위스키는 궁극적으로 현지 피트와 일본산 보리를 일정한 비율로 사용하는 것이 목표이다. "하지만 아직 몇 년은 더 있어야 합니다."라고 도이타는 말한다. 앗케시는 증류를 시작하면서 스코틀랜드 보리를 수입해 활용하고는 있지만, 국내 작물에 관심을 보이는 신규 증류소는 앗케시만이 아니다.

지치부 증류소의 발자취를 따라 현지 피트와 보리를 일정 비율로 사용하거나 실험하는 일본 증류소가 점점 더 늘어날 것으로 예상된다. 다만 모든 출시 제품을 현지에서 다 생산하기는 어려울 것이다. 비용과 생산 인프라로 인해 크고 작은 제조업체 모두에서 수입 곡물이 계속 우위를 점할 것이다.

2016년에 설립된 시즈오카 증류소에서는 수입 보리와 경쟁하기 위해 개발된 '사치호 골든'이라는 비교적 새로운 종류의 고품질 일본산 보리를 사용한다. 주로 일본 필스너 맥주에 사용되는 품종이다. "첫 해에는 일본산 보리를 45톤 사용할 계획입니다."라고 증류소 설립자 나카무라 다이코는 말한다. "아직 확정된 것은 아니지만 일본산 보리가 전체 사용량의 20~30% 정도 될 것 같습니다." 현재 인근 농부들이 위스키 생산에 쓰일 보리를 새배하고 있다.

나카무라가 세운 가이아플로는 원래 위스키 수입 업체이자 병입 업체였는데, 나카무라의 꿈은 항상 자신만의 위스키를 만드는 것이었다. 현대적인 일본 스타일로 지어진 이 증류소는 대부분의 다른 증류소가 스코틀랜드 증류소에서 영감을 얻는 것과 다르게 독특한 외양을 보인다. "외부에서도 시즈오카 증류소를 바로 알아볼

수 있었으면 해서 현대적인 일본 건축 양식을 선택했어요."

내부 설비도 독특하다. 장작을 태워서 워시 스틸을 가열하는데, 이는 일본의 다른 증류소에서는 찾아볼 수 없는 방식이다. 가이아플로의 발효 탱크 중 네 개는 일반적인 미송으로 만들어졌지만, 다섯번째 발효 탱크는 일본 삼나무로 만들어졌으며

가이아플로의 시즈오카 증류소 뒷산을 안개가 덮고 있다. 처음에는 건물의 외관에 '가이아플로'라고 적혀 있었는데, 지금은 '시즈오카 증류소'라고 적혀 있다.

앞으로 삼나무 탱크를 더 설치할 계획이다. 가이아플로에 따르면 일본 삼나무 자체는 산뜻한 알싸함이 있는 반면, 일본 삼나무 발효 탱크에서는 과일 향이 나는 스피릿이 생산된다. 처음에는 증류업체에서 만든 건조 효모를 사용했지만, 나카무라는 현재 에일 효모를 사용해 더 많은 풍미와 아로마를 추가하는 것을 검토 중이다. 증류소가 자리를 잡아가면서 숙성용 증류액으로 버번 배럴을 먼저 채우고 있지만, 셰리 캐스크, 작은 캐스크, 새 캐스크, 와인 캐스크 등 다른 옵션에도 관심을 갖고 있다.

나카무라는 경매에서 전설적인 가루이자와 증류소의 남은 장비를 505만 엔에 낙찰받았다. "여기에 팟 스틸 네 대가 포함되었는데, 구리가 너무 닳아서 구멍이 나 있었어요. 스틸 네 대를 통틀어서 부품을 회수해 완전한 스틸 한 대를 조립할 수 있었습니다." 나카무라는 여기에 새로운 증기 코일을 추가했다. 가루이자와의 스틸은 이제 시즈오카에서 워시 스틸로 활용되면서 스코틀랜드산 포시스 스틸 두 대와 함께 운영되고 있다. 가루이자와의 포르테우스 제분기는 훨씬 양호한 상태로 시즈오카 증류소에서 곡물을 계속 분쇄하고 있다.

마찬가지로 기우치주조木內酒造도 일본 특유의 위스키를 증류하는 것을 목표로 현지화에 힘쓰고 있다. 1823년에 설립된 기우치주조는 사케, 와인, 쇼추를 제조하지만 부엉이 로고가 새겨진 일본 크래프트 맥주인 '히타치노 네스트 비어常陸野ネストビール'로 가장 잘 알려져 있다. 이바라키현에 위치한 이 양조장은 2016년에 하이브리드 스틸을 설치해 양조장에서 위스키 증류를 테스트하기 시작했다. 2018년 3월에는 스코틀랜드에서 수입한 스틸을 갖춘 누카다額田 증류소를 신설해, 맥주 양조 노하우를 활용한 우수한 일본 위스키를 만들어가고 있다.

8대째 가업을 이어가고 있는 기우치주조의 기우치 도시유키 이사는 "100% 일본산 위스키를 출시할 예정입니다."라고 말한다. 이 양조장은 일본산 보리인 아스카 골든과 가네코 골든을 사용하며, 두 품종 모두 일본 맥주 몰트 제조업체가 국내에서 몰팅한 것이다. 특히 가네코 골든은 역사적으로 중요한 품종으로, 일본에서 최초로 재배된 맥주 보리이다. 1900년 가네코 우시고로라는 농부가 미국 보리 품종인 골든 멜론과 국수용 일본 보리 품종인 시코쿠를 교배해서 탄생했다.

"이바라키현에는 일본이 GATT에 가입하기 전 일본 최대이 맥주 보리 재배지였어요." 기우치의 설명이다. 일본은 1955년에 관세 및 무역에 관한 일반 협정GATT에 서명했는데, 기우치에 따르면 그때부터 이바라키의 보리 생산량은 거의 제로로 떨어졌다. "그 결과 버려진 농지가 너무 많았습니다. 이를 바로잡기 위해 약 10년 전부터 우리 회사의 한 가지 맥주에 사용할 목적으로 가네코 골든을 재배해 지역 보리 생산을 되살리려고 노력했죠." 이 양조장은 일본 농무성에서 열여섯 가지 종자를 얻어 오랫동안 사라진 보리 품종을 5년 동안 재배했다. 이제 기우치는 새로 건립한 증류소에서 이 부활한 작물로 스피릿을 만들고자 한다. 음료 제조에서 축적한 노하우와 수상 경력이 있는 맥주에 사용되는 에일 및 라거 효모를 포함한 10여 가지 효모 품종을 활용해 특색 있는 일본 위스키를 만드는 데 중점을 두고 있다. 그러나 팟 스틸은 스코틀랜드 제품인데, 이는 일본 위스키의 뿌리에 경의를 표하는 상징적인 선택이다.

현지 보리와 피트 외에도 일본 미즈나라는 일본 위스키를 정의하는 데 계속 도움이 될 것이며, 벚나무와 일본 삼나무 등 점점 더 많은 현지 목재도 그런 역할을 할 것이다. 일본에는 위스키의 오크 숙성을 의무화하는 법령이 따로 없고, 중소 제조업체의 주요 공급처인 아리아케산업이 숙성용으로 다양한 목재를 도입하고 있는 만큼, 더 많은 위스키 제조업체가 차별화와 새로운 표현을 위해 실험을 펼칠 것으로 예상된다. 예를 들어, 기우치주조는 향후 출시를 위해 벚나무 캐스크 헤드를 사용한 숙성 테스트를 진행하고 있다.

현지 그레인 위스키 생산은 더 어려울 수 있다. 닛카와 산토리는 자체적으로 통합 생산 공정을 갖추고 있지만, 대부분의 일본 중소 제조업체는 일본산 그레인 위스키 생산이 불가능해 수입 스피릿에 의존해야만 했다. 하지만 혼보주조는 블렌딩에 사용할 일본산 그레인 위스키를 조달하기 시작했고, 신생 업체인 앗케시 증류소는 언젠가 수입에 의존하지 않고 자체적으로 곡물 증류소를 설립할 수 있기를 희망한다. 칼럼 스틸을 갖춘 쇼추 제조업체도 향후 블렌딩용 일본산 그레인 위스키의 공급처가 될 수 있다.

신구 생산자의 등장과 부활

앗케시, 시즈오카, 누카다뿐만이 아니다. 오카야마에 본사를 둔 유명한 사케 양조업체이자 음료 제조업체인 미야시타주조宮下酒造도 증류주를 생산하기 시작했으며, 앞으로 더 많은 업체가 등장할 예정이다. 하지만 일본 위스키는 붐을 넘어서는 현상을 경험하고 있다. 어떤 이들이 볼 때는 재탄생이라고 할 수도 있다. 새로운 제조업체 외에도 이전에 방치되거나 문을 닫았던 증류소들이 부활하고 있기 때문이다.

1946년, 위스키 제조 면허를 처음 취득한 음료 제조업체 사사노카와주조는 2015년에 새로운 스틸을 설치했다. 사사노카와의 저가형 브랜드 체리Cherry 위스키는 1980년대에 대히트를 쳤다. 하지만

일본 위스키 산업이 침체되자 위스키 증류를 중단하고 쇼추와 사케에 집중했다. 그 대신 다른 증류소에서 위스키 스피릿을 구매해서 블렌딩해 판매하기 시작했다. 지치부의 아쿠토 이치로가 캐스크 400개에 담긴 하뉴 위스키를 지켜낼 수 있도록 도와준 회사가 바로 사사노카와주조이다. 이에 아쿠토는 사사노카와주조의 젊은 증류소 직원들에게 더 나은 위스키를 생산할 수 있도록 자신의 노하우를 제공함으로써 보답하고 있다.

생산 방식을 혁신하고 있는 또 다른 제조업체로는 와카쓰루주조若鶴酒造도 있다. 1862년에 설립된 사케 양조장이었던 이 회사는 1952년에 위스키 제조 면허를 취득했다. 이 음료 제조업체는 2016년 온라인 크라우드 펀딩을 통해 3800만여 엔을 모금해 낙후된 사부로마루三郎丸 증류소를 개조하는 데 보탰다.

모든 신규 증류소가 대규모 공사를 필요로 하거나 그렇게 넓은 부지가 필요한 것은 아니다. 나가하마長浜 증류소가 대표적인 사례이다. 시가현 북부에 위치한 이 증류소는 1000리터(264갤런) 규모의 워시 스틸과 500리터(132갤런) 규모의 스피릿 스틸을 갖춘, 일본 내 가장 작은 위스키 증류소이다. 이 증류소는 포르투갈산 구리 알렘빅alembic 스틸을 모든 고객이 볼 수 있도록 레스토랑의 바 뒤편 좁은 공간에 설치했다. 위스키 증류는 2016년 말에 시작되었지만 레스토랑과 자체 크래프트 맥주 양조장은 1996년에 문을 열었다. 바 끝에는 버번 캐스크가 쌓여 있고 벽 근처에는 미즈니리 기스그

맨 위 캐스크에 적힌 날짜는 누카다 증류소 스피릿이 캐스크에 담긴 시기를 나타낸다.

위 누카다 증류소의 오리지널 하이브리드 스틸. 기우치주조는 스코틀랜드산 대형 팟 스틸로 전환하기 전에 이 스틸로 증류를 시작해 기반을 다졌다.

두 개가 놓여 있다. 냉방이 잘되는 레스토랑 내부는 숙성하기에 이상적인 환경은 아닐 수도 있다. 그래서 나가하마 증류소는 나가하마시와 함께 버려진 터널을 위스키 숙성 창고로 개조하는 방안을 논의하고 있다.

나가하마의 생산 책임자인 32세의 오쿠무라 후토시는 "맥주 제조 전문 지식을 갖춘 덕분에 위스키 제조가 비교적 순조로웠다고 생각합니다."라고 말한다. 레스토랑에서 서빙을 하다가 맥주 양조장으로 일자리를 옮긴 그는 현재 맥주와 위스키 두 가지 다 만드는 직원 네 명 중 한 명이다. 증류소가 소규모로 운영되기 때문에 레스토랑 직원들이 서빙을 하지 않을 때는 병입을 도와준다고 오쿠무라는 덧붙인다.

나가하마는 위스키를 만들기 위해 독일산 언피티드 몰트와 스코틀랜드산 피티드 몰트, 그리고 산업용 증류업체의 효모를 모두 사용한다. "앞으로 더 많은 경험을 쌓은 후에는 우리의 맥주 효모를 위스키 제조에 써보고 싶습니다."라고 오쿠무라는 말한다.

나가하마 증류소는 첫 위스키가 숙성되기를 기다리는 3년 동안 해외의 다른 증류소처럼 일본적인 감각을 가미한, 갓 증류한 위스키를 병입해 판매하기 시작했다. 나가하마의 레스토랑에서는 유자 시트러스를 곁들인 하이볼을 선보이고 있다. 숙성되지 않은 스피릿에는 과일과 멘톨 노트가 있다. 그리고 이 증류소에서는

발효 온도를 조절하는 등 공정의 일부를 조정하고 있다. 수백 년 전에는 위스키를 별도로 숙성하지 않았다는 점을 고려할 때, 숙성되지 않은 스피릿을 병에 담아 판매하는 것은 좋은 사업 아이디어일 뿐만 아니라 과거를 긍정하는 일이다.

일본 위스키의 다음 단계는?

스카치 위스키와 달리 일본 위스키는 전통이나 규칙에 얽매이지 않고 관습에 따라 만들어진다. 스카치 위스키 제조 관습을 따르면서도 그 과정에서 일본 고유의 관습과 문화를 접목했다. 일본의 위스키는 새로운 세대의 위스키 제조업체들과 함께 계속 발전해나갈 것이다. 전통은 전승되지만 관습은 변할 수 있고 또 실제로

142쪽 아래 사사노카와주조는 하뉴 캐스크를 지켜내는 데 도움을 준 후, 2016년에 아사카安積 증류소를 새로 열었다.

오른쪽 나가하마 증류소는 말 그대로 '마이크로 증류소'라는 표현이 딱 어울리는 곳이다. 일본에서 유일하게 스틸 바로 옆에 앉아 로스트 비프나 피시 앤드 칩스를 먹으며 갓 증류한 비숙성 스피릿을 시트러스가 가미된 하이볼 스타일로 마실 수 있다. 2층 뒤편에는 위스키와 맥주 생산에 사용되는 발효 탱크가 있다.

아래 나가하마 증류소는 작은 증류소에 이상적인 포르투갈산 구리 스틸인 호가Hoga 알렘빅 스틸을 사용한다.

오른쪽 아래 증류소가 너무 작아서 증류 과정에서 컷을 만들 때 전용 스피릿 리시버 탱크를 넣을 공간이 충분하지 않다. 그래서 작은 플라스틱 용기를 사용한다.

변한다.

일본 위스키 제조업체들끼리 캐스크를 거래하지 않는다는 오랜 관행도 변할 수밖에 없다. 몇몇 중소 제조업체들은 협력에 관심을 표명하고 있다. 예를 들어, 앗케시의 도이타 게이이치는 다른 제조업체와 재고를 교환하는 데 '확실히' 관심이 있다고 말한다. 에이가시마주조와 벤처 위스키도 마찬가지이다. 위스키를 업체끼리 서로 교환하시 않는 일본의 오랜 선통은 적어도 소규모 증류소들 사이에서는 결국 막을 내릴 것이다.

이 새로운 업체들은 이미 일본 위스키를 재정의하며 실험에 대한 의지를 보이고 있다. 잘못된 시도와 실패도 있을까? 아마도 그럴 것이다. 하지만 일본 최초의 위스키 제조업체들이 그랬던 것처럼 경험을 통해 발전할 것이다.

시즈오카 증류소의 나카무라 다이코는 "새로운 증류소의 등장은 비즈니스 활성화에 도움이 될 겁니다."라고 말한다. 그렇다고 해서 거대 기업들이 혁신과 훌륭한 제품 생산에 무관심하다는 뜻은 아니다. 그들도 변화할 것이다. 산토리와 닛카는 앞으로도 결정적이고 중요한 역할을 계속할 것이고, 신생 증류소들은 신선한 아이디어를 제시할 것이다. 지금의 일본 위스키가 훌륭하다고 생각한다면 10년 후를 기대해보라. 분명 지금보다 훨씬 더 진화해 있을 것이다.

용어 해설

ㄱ

그레인 위스키 grain whisky
보리 외의 곡물(옥수수, 밀 등)이 주원료인 위스키. 주로 칼럼 스틸로 증류하고, 블렌디드 위스키의 베이스로 사용된다.

ㄴ

노즈 nose
잔에 담긴 위스키에서 피어오르는 전체적인 향의 인상, 또는 그 향 자체를 뜻한다.

노트 note
위스키 테이스팅 시 느껴지는 개별적인 향이나 맛의 특징을 가리키는 표현.

논칠 필터드 non-chill filtered
위스키를 병입할 때 냉각 여과를 하지 않는 방식. 지방산과 에스테르 성분을 제거하지 않아 풍미와 질감을 더 풍부하게 유지할 수 있다.

ㄷ

당화 mashing
맥아(또는 곡물)의 전분을 효소로 분해해 발효 가능한 당분으로 바꾸는 과정.

당화조 mash tun
분쇄한 곡물(그리스트)과 물을 넣고 당화해 워트(당화액)를 만드는 설비.

더블러 doubler
버번 위스키 생산 시 칼럼 스틸을 거친 증류액을 재증류하는 2차 증류기. 알코올 농도를 높이는 동시에 풍미를 보완하는 역할을 한다.

딜리버리 delivery
위스키가 입안에 들어오는 순간 처음 전달되는 맛과 질감의 인상, 그리고 향에서 맛으로 전이되는 방식.

ㅁ

마우스필 mouthfeel
위스키를 마신 뒤 입안에서 느껴지는 질감이나 촉감으로 점도, 오일리함, 무게감 등을 포함한다.

매링 marrying
캐스크에서 숙성한 스피릿을 두 가지 이상 블렌딩한 뒤 일정 기간 함께 두어 풍미를 안정화하고 조화를 이루게 하는 과정.

매시 mash
분쇄한 곡물과 물을 섞어 당화가 진행 중이거나 끝난 혼합물. 매시를 여과하면 워트가 된다.

멀티 칼럼 스틸 multi-column still
여러 개의 칼럼 스틸을 연결한, 다단 연속식 증류기. 알코올 정제 단계가 세분화되어 대량 생산과 높은 순도의 증류가 가능하다.

몰트 malt
물을 주어 싹을 틔운 뒤 건조한 보리(맥아). 위스키 풍미와 당화의 핵심 원료.

몰트스터 maltster
몰트를 제조하는 사람이나 전문 업체.

미국산 화이트 오크 American white oak
위스키 숙성에 가장 많이 사용되는 참나무 품종.

미즈나라 Mizunara
미즈나라 캐스크의 재료가 되는 일본 참나무 품종.

ㅂ

배럴 barrel
위스키 숙성에 쓰이는 캐스크의 한 종류. 보통 190~200리터급을 가리킨다.

배치 batch
같은 기준으로 생산되거나 병입된 위스키의 단위 또는 묶음.

버번 위스키 bourbon whiskey
미국에서 생산되는 위스키로, 옥수수를 51% 이상 사용해서 만든다. 차링 처리한 새 캐스크에서 숙성하는 것이 법적 필수 조건이다.

부케 bouquet
캐스크 숙성과 산화 과정을 통해 형성된 복합적이고 깊이 있는 향의 집합체. 아로마가 1차적인 향인 데 비해, 부케는 숙성을 통해 발전한 2차적인 향을 뜻한다.

블렌디드 몰트 위스키 blended malt whisky
두 곳 이상의 증류소에서 생산된 몰트 위스키만을 섞은 위스키.

블렌디드 위스키 blended whisky
몰트 위스키와 그레인 위스키를 섞어 만든 위스키. 싱글 블렌디드 위스키는 한 증류소에서 나온 몰트 위스키와 그레인 위스키를 섞은 것이다.

비어 칼럼 beer column

칼럼 스틸 시스템에서 워시를 처음으로 가열해 알코올을 1차 분리하는 증류탑. 여기서 생성된 증류액은 정류탑rectifier은 거쳐 더 높은 농도의 스피릿으로 정제되거나, 더블러 또는 케틀로 보내져 풍미를 더한다.

ㅅ

셰리 캐스크 sherry cask

스페인의 강화 와인인 셰리 와인을 담았던 캐스크로, 위스키 숙성 시 셰리 특유의 풍미를 더한다.

스몰 배치 small batch

소수의 캐스크 원액을 선별해 블렌딩한 뒤 병입해 소량 생산하는 방식.

스테이브 stave

캐스크를 구성하는 길고 좁은 나무 판재. 여러 개의 스테이브를 정교하게 이어 붙여 캐스크를 만든다.

스카치 위스키 Scotch Whisky

곡물, 물, 효모 세 가지 재료로 만든 증류주. 반드시 스코틀랜드에서 생산하여 700리터 캐스크에서 3년 이상 숙성하고, 병입 시 알코올 도수 40% 이상 등의 규정을 충족해야 한다.

스콧 스틸 squat still

목이 짧고 둥근 형태의 팟 스틸(단식 증류기). 상대적으로 무겁고 풍부한 스타일의 원액을 생산한다.

스틸 still

알코올을 분리하고 농축하는 증류기. 1차 증류기인 워시 스틸과 2차 증류기인 스피릿 스틸 등으로 구분된다.

스틸 하우스 still house

증류소에서 증류기가 설치된 가장 핵심적인 건물, 즉 증류동을 뜻한다.

스피릿 spirit

발효액을 증류해 얻은 고도수의 알코올 원액으로 캐스트 숙성 전의 상태이다.

스피릿 세이프 spirit safe

증류사가 증류 과정에서 나온 스피릿을 확인하고 컷 시점을 판단할 수 있도록 만든, 유리창이 달린 잠금식 장치.

스피릿 스틸 spirit still

팟 스틸을 이용한 단식 증류 공정에서 워시 스틸의 나온 1차 증류액을 재증류해 고도수의 스피릿을 뽑아내는 2차 증류기.

싱글 몰트 위스키 single malt whisky

한 증류소에서 팟 스틸을 사용해 보리 몰트 100%로 만든 위스키.

싱글 배럴 single barrel
싱글 캐스크 single cask

단 하나의 캐스크에서 숙성한 위스키.

ㅇ

아로마 aroma

위스키 테이스팅에서 코로 느껴지는 향의 총칭. 노즈와 구분하여 쓸 때는 주로 원료나 발효 과정에서 비롯된 1차적인 향을 가리킨다.

엔젤스 셰어 angel's share

숙성 중 증발로 사라지는 위스키로, '천사의 몫'이라는 의미이다.

워시 wash

워트에 효모를 넣어 발효한, 증류 직전 단계의 술로 알코올 도수는 약 5~10%다.

워시백 washback

워트에 효모를 넣고 발효시켜서 워시를 만드는 발효조.

워시 스틸 wash still

팟 스틸을 이용한 단식 증류 공정에서 발효가 끝난 워시를 넣어 1차 증류하는 증류기.

워트 wort

당화 과정을 거친 매시를 여과해 찌꺼기를 제거한 달콤한 액체. 우리말로 맥아즙 또는 당화액.

웜 터브 worm tub

증류기에서 나온 뜨거운 알코올 증기를 코일 형태의 관을 통해 차가운 물 속에서 냉각해 액체로 응축시키는 전통식 냉각 장치.

ㅊ

차링 charring

캐스크 내부를 불로 강하게 태워 탄화하는 작업. 나무의 풍미를 활성화하고 불순물을 걸러내는 필터 역할을 한다.

ㅋ

칼럼 스틸 column still

연속적으로 알코올을 생산할 수 있는 연속식 증류기. 주로 그레인 위스키 생산에 사용된다.

쿠퍼 cooper

캐스크를 제작·수리·관리하는 기술자.

쿠퍼리지 cooperage
캐스크를 제작·수리·관리하는 작업장 또는 회사.

캐스크 cask
참나무(오크)로 만든 위스키 숙성통의 총칭.

캐스크 스트렝스 cask strength
캐스크에서 숙성한 위스키를 물에 희석하지 않고 그대로 병입하는 방식. 평균 알코올 도수는 50~60% 이상으로 일반 위스키보다 높다.

캐스크 피니시 cask finish / **피니싱** finishing
숙성 중이거나 숙성을 마친 위스키를 다른 캐스크로 옮겨서 추가 숙성해 풍미를 더하는 방식.

컷 cut
증류 과정에서 나오는 증류액을 헤드heads(초류), 하트hearts(중류), 테일tails(후류)로 나누는 작업. 증류사가 향과 맛, 온도 등을 확인해 어느 시점의 스피릿을 제품용으로 사용할지 결정한다. 보통 하트 부분만 숙성용 위스키로 사용한다.

케틀 kettle
칼럼 스틸과 연동해 사용하는 단식 증류기 형태의 설비. 칼럼 스틸만으로는 조절하기 어려운 스피릿의 풍미를 세밀하게 다듬는 데 쓰인다.

콘덴서 condenser
증류기에서 나온 알코올 증기를 냉각해 액체로 바꾸는 장치.

킬른 kiln
몰트의 발아를 멈추기 위해 뜨거운 공기로 건조하는 설비. 이때 피트를 연료로 사용하면 이 과정에서 발생한 연기가 몰트에 스며들어 피트 향을 만든다.

ㅌ

토스팅 toasting
새 캐스크 내부를 차링보다 낮은 온도의 열로 천천히 가열해 나무의 향미 성분을 활성화하는 처리.

ㅍ

팔레트 palate
혀와 입안 전체에서 느껴지는 위스키의 맛과 질감, 그리고 그 인상을 뜻하는 테이스팅 용어. 원래 발음은 '팰릿'이나 이 책에서는 한국에서 통용되는 표기를 따랐다.

팟 스틸 pot still
전통 방식의 구리 단식(배치식) 증류기. 주로 싱글 몰트 생산에 사용한다.

펀천 puncheon
약 450~500리터 크기의 대형 캐스크로, 용량이 커서 숙성이 천천히 진행된다.

포트 파이프 port pipe
포트와인을 숙성했던 캐스크. 보통 약 550리터 규모로, 위스키 피니싱에 자주 사용된다.

피니시 finish
위스키를 마신 뒤 입안과 목에 남는 여운이나 뒷맛.

피트 peat
습지 식물의 퇴적물이 오랜 세월에 걸쳐 탄화가 진행된 연료. 몰트 건조 시 피트를 태워 훈연하면 스피릿에 특유의 스모키한 풍미를 더한다.

ㅎ

하트 hearts
증류 과정 중간에 얻는 핵심 증류액. 품질이 가장 좋아 실제 숙성에 사용된다.

호그스헤드 hogshead
스카치 위스키 숙성에 주로 사용되는 약 250리터의 캐스크. 버번 배럴을 분해해 재조립해 만드는 경우가 많다.

효모 yeast
당을 분해해 알코올과 이산화탄소를 생성하는 미생물.

효소 enzymes
화학 반응을 촉진하는 단백질 촉매. 위스키 제조에서는 전분을 당으로 분해하는 당화 효소가 역할을 한다.

감사의 말

이 책은 많은 사람들의 통찰력이나 협력이 없었다면 출간이 불가능했을 것입니다. 아베 다케시, 아베 기헤이 4세, 아이카와 야스타케, 아이자와 가즈히토, 아쿠토 지에코, 아쿠토 이치로, 아쿠토 유타카, 아오키 다케시, 아라이 히코지, 아라야 구니오, 바바 료, 조앤 W. 베넷, 데이브 브룸, 루 브라이슨, 크리스 번팅, 올리브 체크랜드, 지바 신이치로, 후지이 류, 후지타 기요시, 후쿠다 바, 후쿠요 신지, 후나오 가즈키, 고텐바 시청, 하타케야마 슌지, 하야사카 히로쓰구, 하야시 도시유키, 히라야마 다쓰야, 히로타 후토시, 이구라 오사무, 이시이 기요타카, 이토 아키카즈, 이와모토 아사미, 이즈 티라, 마이클 잭슨, 간다 히로후미, 가리노 아키코, 가시와기 유키, 가와구치 신야, 가와이 유지, 기무라 도시카즈, 기타다이 준지, 고니시 요스케, 바 칸미의 곤야 아즈사, 고야노 요시카즈, 구보타 데쓰지, 과타 시즈코, 호르스트 뤼닝, 찰스 매클린, 마에다 준, 바 케이의 마쓰바 미치히코, 마쓰모토 미치히코, 마쓰시마 신지, 크리스틴 매카퍼티, 미에다 도시유키, 미카미 다카유키, 미오 박물관, 랠피 미첼, 미야자키 유카리, 미즈시마 미키, 무라타 가요코, 나가에 겐타, 나가모토 히로노리, 나카가와 가즈키, 나카하라 하루코, 나카무라 유지, 나카노 다이사쿠, 나스 히로시, 네모토 사사나, 더 닛카 바, 닛카 바 파시나, 바 아마미의 니시지마 도시타카, 니시키타 야시마, 오비쓰 도시마사, 오치기이치로, 오다 다쓰야, 오다와라 다카요시, 오이와케 히사코, 오카노보리 지에, 오쿠무라 후토시, 오모리 가나에, 오노 마코토, 오사카 대학교 도서관, 오시마 히로야, 오시타 오사무, 오와시 가즈히사, 오야나기 고지, 오자와 하스미, 클레이 라이젠, 사코다 고시로, 사쿠마 다다시, 사메지마 요시히로, 사노 히데타다, 산노 쓰요시, 사사키 스에키치, 사사키 유스케, 사토 미키오, 사토 시게오, 시마미야 다쓰지로, 샷 바 조이트로프, 마크 스킵워스, 소노이 히로코, 스즈키 요시미, 다카하라 난부, 다카하시 쇼지, 다카이 도시히로, 다카미네 가즈노리, 다카미자와 도모에, 다케히라 고키, 다나베 가즈야, 다나카 슈지, 다나카 다카유키, 다테야마 시게미, 다쓰사키 가즈유키, 쓰보우치 히로시, 쓰치야 노보토시, 쓰도메 야스로, 쓰지 야스시, 데라사와 사부로, 도미사코 히데아키, 도미야 히로아키, 도요나가 시로, 우에다 가쓰노리, 우라카와 시청, 스테판 판 아이켄, 야부시타 마사유키, 야마다 미노루, 야마모토 겐자이, 야마모토 미나코, 야마모토 데루히코, 야마시타 쇼고, 요이치 시청, 요시카와 유미, 요시무라 미쓰코, 요

시노 유미, 요리모토 노보루에게 감사드립니다.

브라이언 애시크래프트는 쇼코, 렌, 루이스, 이언, 부모님 론과 조이, 고타, 고타쿠(스티븐, 라일리, 루크, 제이슨, 마이크, 서실리아, 지타, 헤더, 크리스 K., 크리스 P., 팀, 이선), 게르고, 안드라스에게 감사의 인사를 전하고 싶습니다.

우에다 이즈히코는 교코와 고타에게 감사의 인사를 전하고 싶습니다.

가와사키 유지는 가와사키 가나에, 이마이치 바의 이마이치 도시하루, 바 트레의 구라하시 유, 바 플라밍고의 마쓰무로 료, 바 나카후쿠의 나카후쿠 마코토에게 감사의 인사를 전하고 싶습니다.

사진 제공자는 다음과 같습니다. 브라이언 애시크래프트 (pp. 41, 83, 98), P. S. Duval & Co, Heine, W. & Queen, J. F. (미국 의회 도서관, p. 12), 가나자와 위인 기념관 (p. 24), 히로시게 (미국 의회 도서관, p. 12), 도쿄대학교 사료편찬소 (p. 12), 홋카이도대학교 도서관 (p. 38), KPG_Payless (Shutterstock, p. 40), 야리 호타카 (color corrected, https://www.flickr.com/photos/miurasat/24823535911, p. 95), 가우치주조 (pp. 57, 141), 마이니치 포토뱅크 (p. 17), 마쓰다 히로시 (p. 60), 무로타 히로미치 (p. 109), Chris 73 (Thomas_Blake_Clover_Statue_Clover_Garden_Nagasaki.jpg, p. 21), 닛카 (pp. 4, 10, 21, 22, 57, 86, 88, 91, 95, 98), 시마미야 다쓰지로 (courtesy of, pp. 90, 91), 혼보주조 (p. 107), 사사노카와주조 (p. 57), 와카쓰루주조 (p. 57), 산토리 (pp. 10, 11, 21, 23, 25, 42, 43, 50, 60), 우에다 다로 (p. 47). 나머지 사진은 모두 우에다 이즈히코가 찍은 것입니다.

일본 위스키의 모든 것

1판1쇄 펴냄 2026년 4월 20일

지은이 브라이언 애시크래프트(글) 우에다 이즈히코(사진)
옮긴이 이주민

펴낸이 김경태
편집 조현주 홍경화 강가연
디자인 박정영 김재현 **마케팅** 정현우 김예은

펴낸곳 (주)출판사 클
출판등록 2012년 1월 5일 제311-2012-02호
주소 03385 서울시 은평구 연서로26길 25-6
전화 070-4176-4680 **팩스** 02-354-4680
이메일 bookkl@bookkl.com

ISBN 979-11-94374-68-8 13590

MARS WHISKY
NO. 5145
NO. 5146
NO. 514
MARS WHISKY
NO. 5157
156